모든 개념을 다 보는 해결의 법칙

3-1

일차	날짜	내용
1일차	월 일	1. 덧셈과 뺄셈 10쪽 ~ 13쪽
2일차	월 일	1. 덧셈과 뺄셈 14쪽 ~ 17쪽
3일차	월 일	1. 덧셈과 뺄셈 18쪽 ~ 21쪽
4일차	월 일	1. 덧셈과 뺄셈 22쪽 ~ 25쪽
5일차	월 일	1. 덧셈과 뺄셈 26쪽 ~ 29쪽
6일차	월 일	1. 덧셈과 뺄셈 30쪽 ~ 33쪽
7일차	월 일	2. 평면도형 36쪽 ~ 41쪽
8일차	월 일	2. 평면도형 42쪽 ~ 47쪽
9일차	월 일	2. 평면도형 48쪽 ~ 51쪽
10일차	월 일	2. 평면도형 52쪽 ~ 55쪽
11일차	월 일	3. 나눗셈 58쪽 ~ 63쪽
12일차	월 일	3. 나눗셈 64쪽 ~ 67쪽
13일차	월 일	3. 나눗셈 68쪽 ~ 71쪽
14일차	월 일	3. 나눗셈 72쪽 ~ 75쪽
15일차	월 일	4. 곱셈 78쪽 ~ 83쪽
16일차	월 일	4. 곱셈 84쪽 ~ 89쪽
17일차	월 일	4. 곱셈 90쪽 ~ 95쪽
18일차	월 일	4. 곱셈 96쪽 ~ 101쪽
19일차	월 일	4. 곱셈 102쪽 ~ 105쪽
20일차	월 일	5. 길이와 시간 108쪽 ~ 111쪽
21일차	월 일	5. 길이와 시간 112쪽 ~ 115쪽
22일차	월 일	5. 길이와 시간 116쪽 ~ 121쪽
23일차	월 일	5. 길이와 시간 122쪽 ~ 125쪽
24일차	월 일	5. 길이와 시간 126쪽 ~ 129쪽
25일차	월 일	6. 분수와 소수 132쪽 ~ 135쪽
26일차	월 일	6. 분수와 소수 136쪽 ~ 139쪽
27일차	월 일	6. 분수와 소수 140쪽 ~ 145쪽
28일차	월 일	6. 분수와 소수 146쪽 ~ 151쪽
29일차	월 일	6. 분수와 소수 152쪽 ~ 155쪽
30일차	월 일	6. 분수와 소수 156쪽 ~ 159쪽

스케줄표 활용법

1 먼저 스케줄표에 공부할 날짜를 적습니다.
2 날짜에 따라 스케줄표에 제시한 부분을 공부합니다.
3 채점을 한 후 확인란에 부모님이나 선생님께 확인을 받습니다.

예〉 1일차 월 일
1. 덧셈과 뺄셈
10쪽 ~ 13쪽

직각 알아보기

[관련 단원] 2. 평면도형

본책 40쪽에 있는 직각을 알아볼 때 활용하세요.

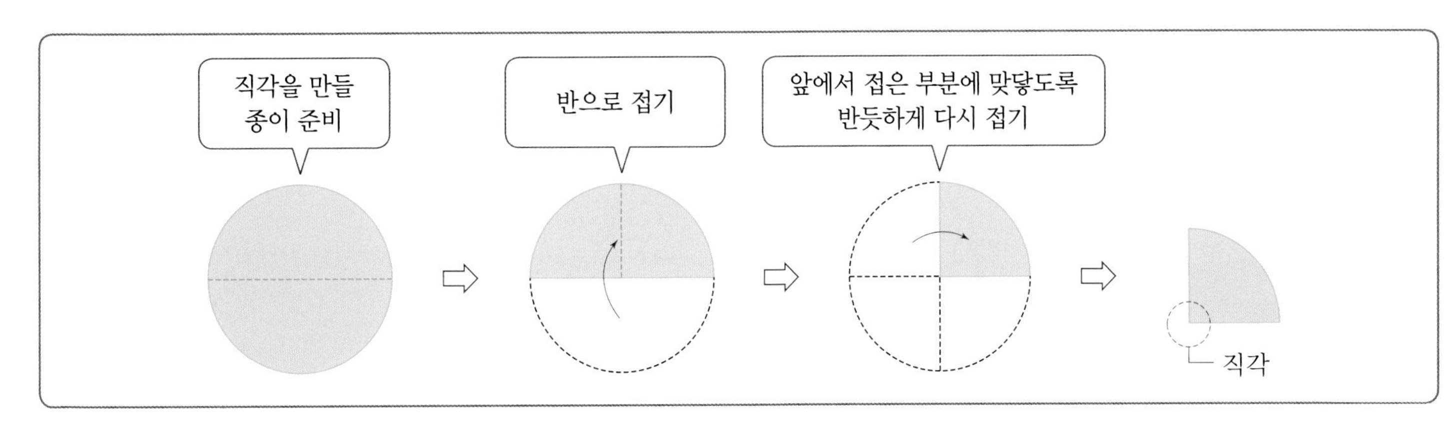

자르는 선

책의 모서리는 직각입니다.
접어 만든 종이를 책의 모서리에 맞대어 겹쳐 보아 직각인지 확인해 볼 수 있습니다.

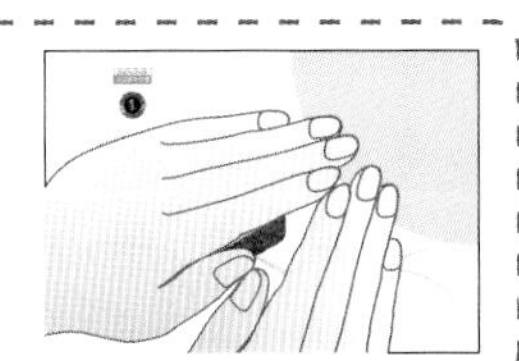

모든 개념을
다 보는
해결의 법칙

수학

3·1

개념 해결의 법칙만의

학습 관리

1 개념 파헤치기

교과서 개념을 만화로 쉽게 익히고

기본 문제, 쌍둥이 문제를 풀면서 개념을 제대로 이해했는지 확인할 수 있어요.

개념 동영상 강의 제공

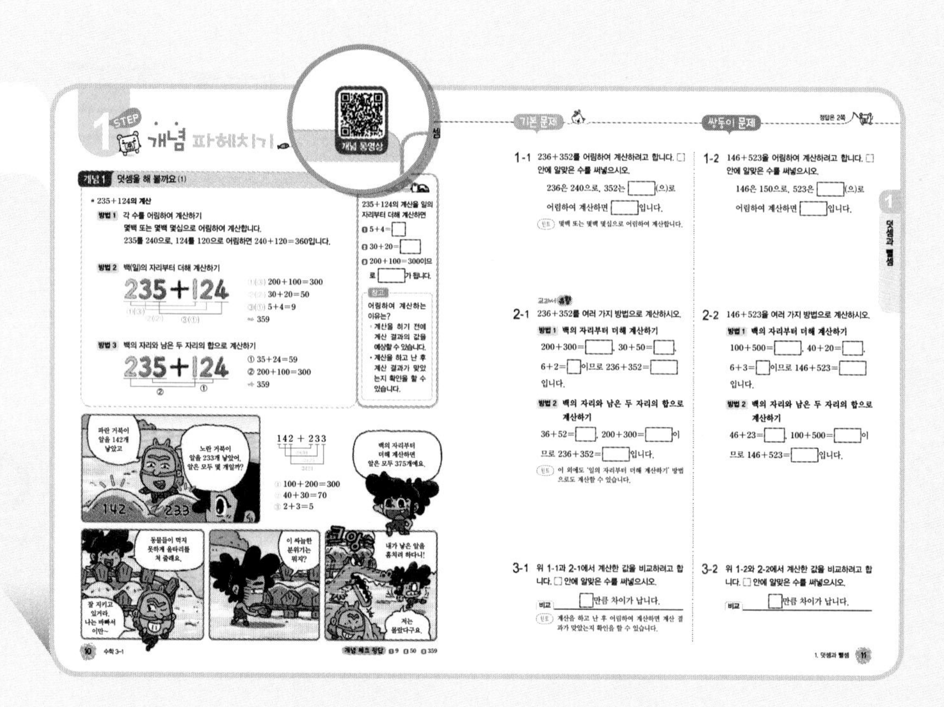

2 개념 확인하기

다양한 교과서, 익힘책 문제를 풀면서 앞에서 배운 개념을 완전히 내 것으로 만들어 보세요.

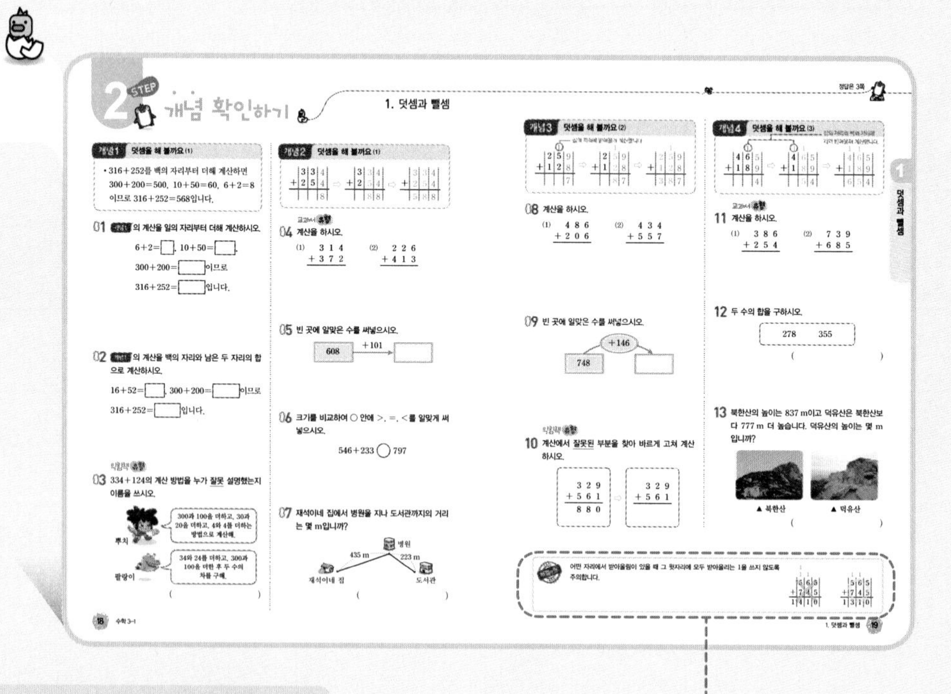

꼭 알아야 할 개념, 주의해야 할 내용 등을 아래에 해결의 창으로 정리했어요. 해결의 창을 통해 문제 해결 방법을 찾아보아요.

3 단원 마무리 평가

단원 마무리 평가를 풀면서 앞에서 공부한 내용을 정리해 보세요.

유사 문제 제공

학습 게임 제공

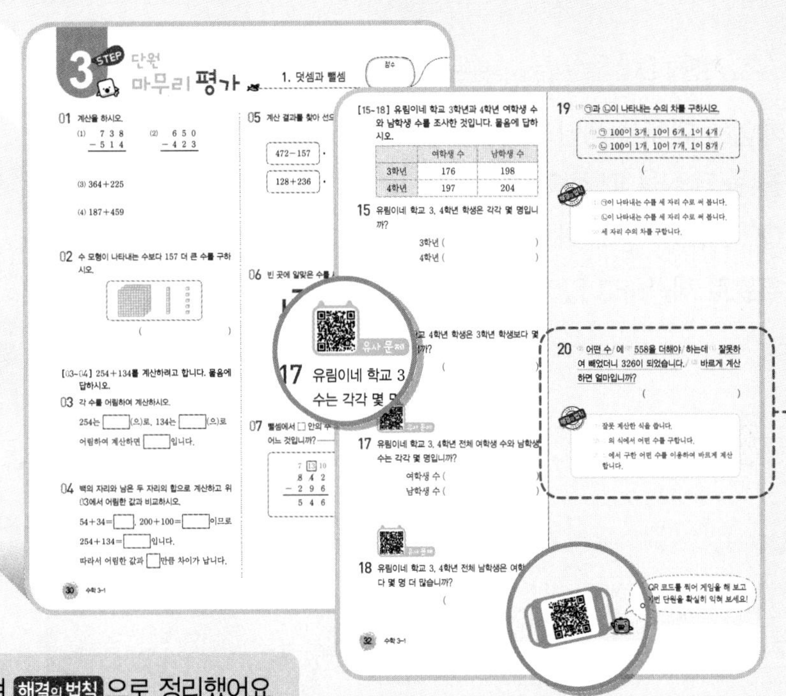

응용 문제를 단계별로 자세히 분석하여 해결의 법칙으로 정리했어요.
해결의 법칙을 통해 한 단계 더 나아간 응용 문제를 풀어 보세요.

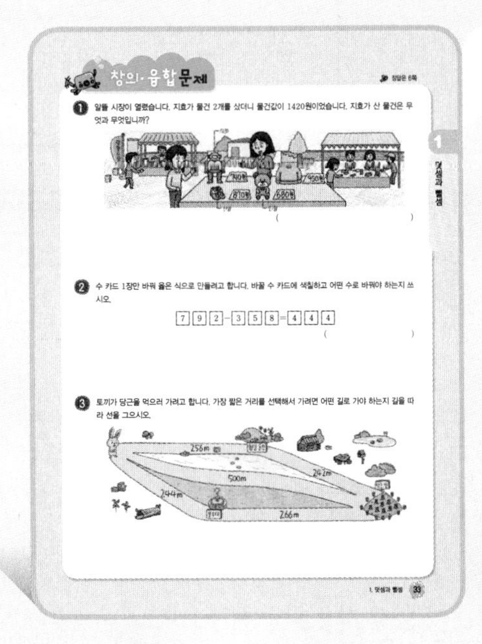

창의·융합 문제

단원 내용과 관련 있는 창의·융합 문제를 쉽게 접근할 수 있어요.

개념 해결의 법칙

QR 활용법

❗ 모바일 코칭 시스템 : 모바일 동영상 강의 서비스

개념 동영상 강의

개념에 대해 선생님의 더 자세한 설명을 듣고 싶을 때 찍어 보세요. 교재 내 QR 코드를 통해 개념 동영상 강의를 무료로 제공하고 있어요.

1단계 개념 동영상 강의

유사 문제

3단계에서 비슷한 유형의 문제를 더 풀어 보고 싶다면 QR 코드를 찍어 보세요. 추가로 제공되는 유사 문제를 풀면서 앞에서 공부한 내용을 정리할 수 있어요.

3단계 유사 문제

학습 게임

3단계의 끝 부분에 있는 QR 코드를 찍어 보세요. 게임을 하면서 개념을 정리할 수 있어요.

3단계 학습 게임

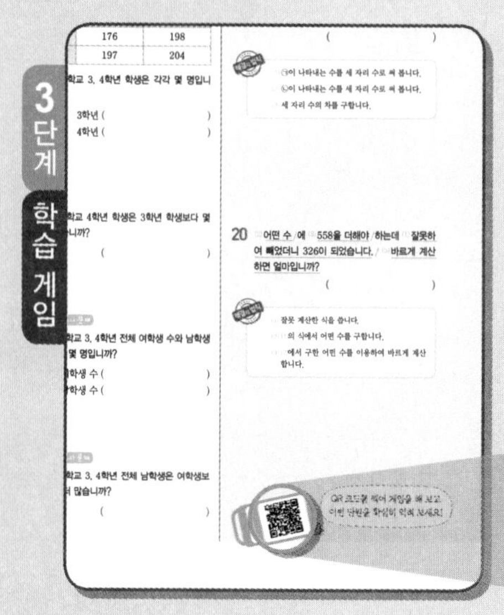

해결의 법칙
이럴 때 필요해요!

우리 아이에게 수학 개념을 탄탄하게 해 주고 싶을 때

>>>

교과서 개념, 한 권으로 끝낸다!

개념을 쉽게 설명한 교재로 개념 동영상을 확인하면서 차근차근 실력을 쌓을 수 있어요. 교과서 내용을 충실히 익히면서 자신감을 가질 수 있어요.

모든 개념을 다 보는 해결의 법칙
수학 3·1

개념이 어느 정도 갖춰진 우리 아이에게 공부 습관을 키워 주고 싶을 때

>>>

기초부터 심화까지 몽땅 잡는다!

다양한 유형의 문제를 풀어 보도록 지도해 주세요. 이렇게 차근차근 유형을 익히며 수학 수준을 높일 수 있어요.

개념이 탄탄한 우리 아이에게 응용 문제로 수학 실력을 길러 주고 싶을 때

>>>

응용 문제는 내게 맡겨라!

수준 높고 다양한 유형의 문제를 풀어 보면서 성취감을 높일 수 있어요.

모든 응용을 다 푸는 해결의 법칙
수학 3·1

개념 해결의 법칙

차례

1 덧셈과 뺄셈

제1화 뿌치와 아저씨, 사냥을 떠나다!!

이미 배운 내용

[2-1 덧셈과 뺄셈]
- 받아올림이 있는 두 자리 수의 덧셈하기
- 받아내림이 있는 두 자리 수의 뺄셈하기

이번에 배울 내용

- 여러 가지 방법으로 덧셈하기
- 세 자리 수의 덧셈
- 여러 가지 방법으로 뺄셈하기
- 세 자리 수의 뺄셈

앞으로 배울 내용

[4-2 분수의 덧셈과 뺄셈]
- 분수의 덧셈과 뺄셈하기

[4-2 소수의 덧셈과 뺄셈]
- 소수의 덧셈과 뺄셈하기

개념 파헤치기

개념 1 덧셈을 해 볼까요 (1) – 여러 가지 방법으로 덧셈

• 235+124의 계산

방법 1 각 수를 어림하여 계산하기
몇백 또는 몇백 몇십으로 어림하여 계산합니다.
235를 240으로, 124를 120으로 어림하면 240+120=360입니다.

방법 2 백(일)의 자리부터 더해 계산하기

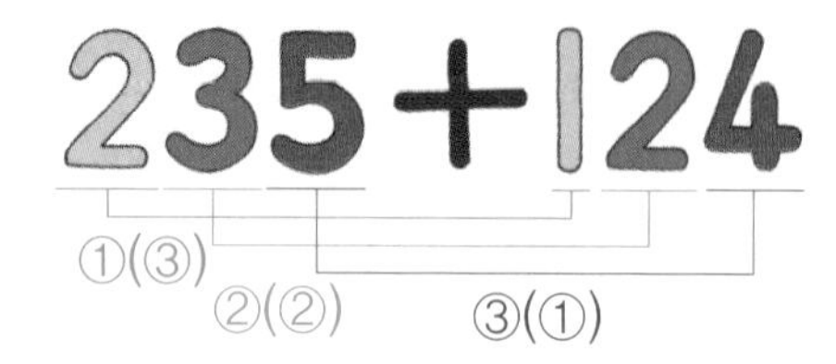

①(③) 200+100=300
②(②) 30+20=50
③(①) 5+4=9
➡ 359

방법 3 백의 자리와 남은 두 자리의 합으로 계산하기

① 35+24=59
② 200+100=300
➡ 359

개념 체크

235+124의 계산을 일의 자리부터 더해 계산하면
❶ 5+4=□
❷ 30+20=□
❸ 200+100=300이므로 □가 됩니다.

참고

어림하여 계산하는 이유는?
• 계산을 하기 전에 계산 결과의 값을 예상할 수 있습니다.
• 계산을 하고 난 후 계산 결과가 맞았는지 확인을 할 수 있습니다.

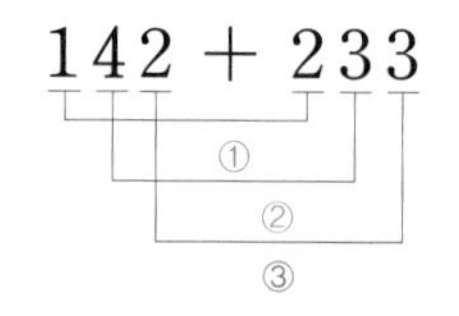

① 100+200=300
② 40+30=70
③ 2+3=5

개념 체크 정답 ❶ 9 ❷ 50 ❸ 359

1-1 236+352를 어림하여 계산하려고 합니다. □ 안에 알맞은 수를 써넣으시오.

236은 240으로, 352는 □(으)로

어림하여 계산하면 □입니다.

힌트 몇백 또는 몇백 몇십으로 어림하여 계산합니다.

1-2 146+523을 어림하여 계산하려고 합니다. □ 안에 알맞은 수를 써넣으시오.

146은 150으로, 523은 □(으)로

어림하여 계산하면 □입니다.

교과서 유형

2-1 236+352를 여러 가지 방법으로 계산하시오.

방법 1 **백의 자리부터 더해 계산하기**

200+300=□, 30+50=□,

6+2=□이므로 236+352=□

입니다.

방법 2 **백의 자리와 남은 두 자리의 합으로 계산하기**

36+52=□, 200+300=□이

므로 236+352=□입니다.

힌트 이 외에도 '일의 자리부터 더해 계산하기' 방법으로도 계산할 수 있습니다.

2-2 146+523을 여러 가지 방법으로 계산하시오.

방법 1 **백의 자리부터 더해 계산하기**

100+500=□, 40+20=□,

6+3=□이므로 146+523=□

입니다.

방법 2 **백의 자리와 남은 두 자리의 합으로 계산하기**

46+23=□, 100+500=□이

므로 146+523=□입니다.

3-1 위 1-1과 2-1에서 계산한 값을 비교하려고 합니다. □ 안에 알맞은 수를 써넣으시오.

비교 □만큼 차이가 납니다.

힌트 어림하여 계산하면 계산을 하고 난 후 계산 결과가 맞았는지 확인을 할 수 있습니다.

3-2 위 1-2와 2-2에서 계산한 값을 비교하려고 합니다. □ 안에 알맞은 수를 써넣으시오.

비교 □만큼 차이가 납니다.

개념 파헤치기

개념 2 덧셈을 해 볼까요 (1) – 받아올림이 없는 덧셈

• 426+132의 계산

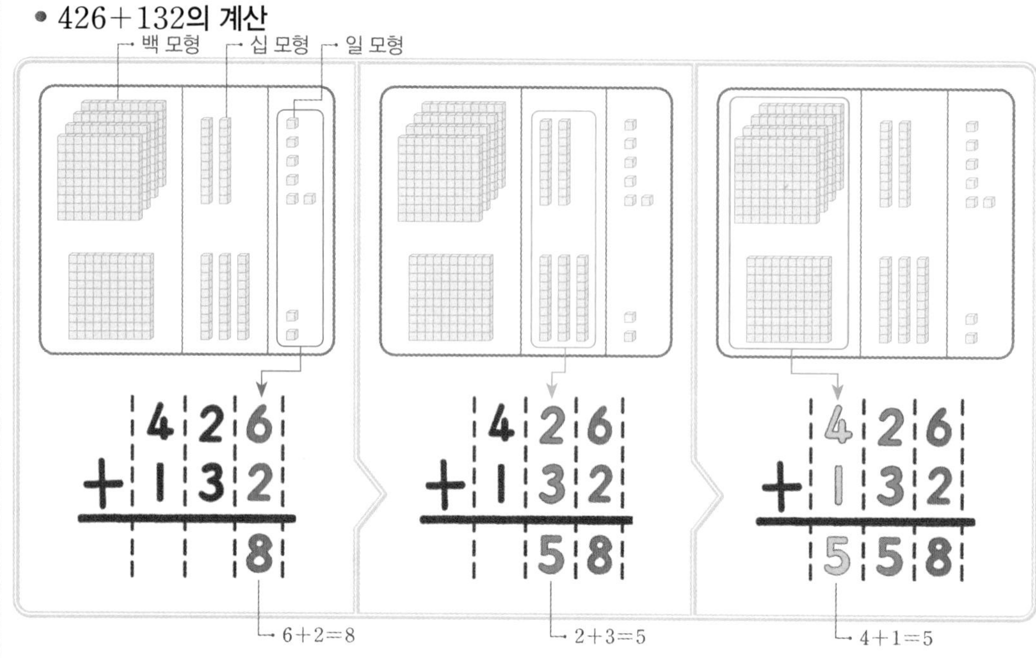

계산 방법 ① 각 자리의 숫자를 맞추어 적습니다.
② 일의 자리부터 더한 값을 적어 줍니다.
③ 십의 자리, 백의 자리까지 더한 값을 차례대로 적어 줍니다.

개념 체크

❶ 왼쪽 수 모형에서 일 모형끼리 더하면 ☐개, 십 모형끼리 더하면 ☐개, 백 모형끼리 더하면 ☐개이므로 426+132=☐입니다.

❷ 세로셈 계산은 각 자리의 숫자를 맞추어 적은 뒤 (일 , 십)의 자리부터 더한 값을 차례대로 적어 줍니다.

각 자리의 숫자를 맞추어 적은 뒤 일의 자리부터 십의 자리, 백의 자리까지 더한 값을 차례대로 적으면 모두 567마리네.

$$\begin{array}{r}245\\+322\\\hline 7\end{array} \Rightarrow \begin{array}{r}245\\+322\\\hline 67\end{array} \Rightarrow \begin{array}{r}245\\+322\\\hline 567\end{array}$$

개념 체크 정답 ❶ 8, 5, 5, 558 ❷ 일에 ○표

정답은 2쪽

기본 문제

교과서 유형

1-1 수 모형을 보고 계산을 하시오.

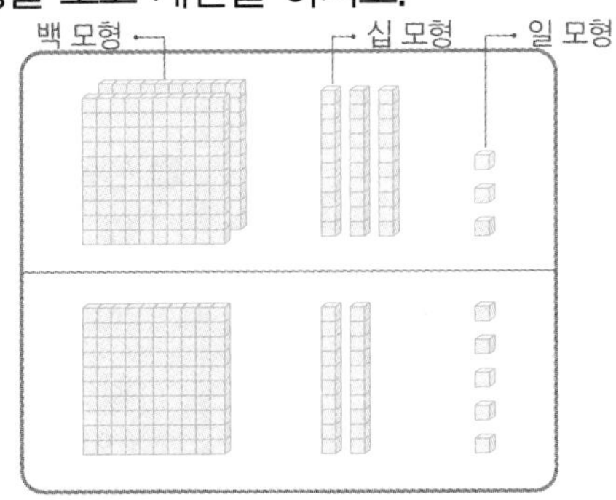

$233+125=\square$

힌트 백 모형, 십 모형, 일 모형이 각각 몇 개인지 알아봅니다.

2-1 □ 안에 알맞은 수를 써넣으시오.

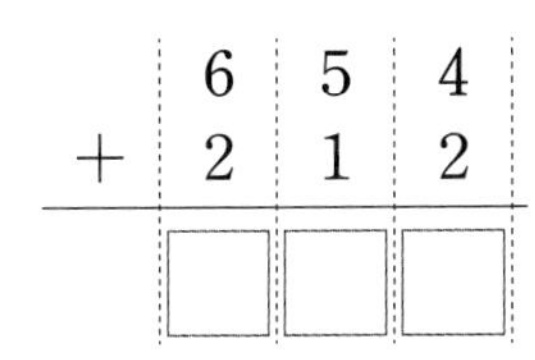

힌트 일의 자리, 십의 자리, 백의 자리의 순서로 계산합니다.

3-1 계산을 하시오.

(1) $167+322$

(2) $741+123$

힌트 일의 자리, 십의 자리, 백의 자리의 순서로 계산합니다.

쌍둥이 문제

1-2 수 모형을 보고 계산을 하시오.

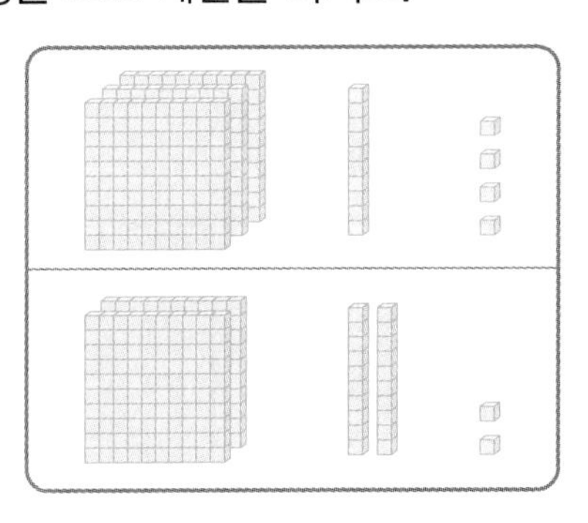

$314+222=\square$

2-2 계산을 하시오.

(1) $\begin{array}{r} 425 \\ +\,263 \\ \hline \end{array}$

(2) $\begin{array}{r} 207 \\ +\,611 \\ \hline \end{array}$

(3) $\begin{array}{r} 387 \\ +\,112 \\ \hline \end{array}$

(4) $\begin{array}{r} 546 \\ +\,323 \\ \hline \end{array}$

3-2 두 수의 합을 구하시오.

578 120

(　　　　　　　)

개념 3 덧셈을 해 볼까요 (2) – 받아올림이 한 번 있는 덧셈

• 238+144의 계산

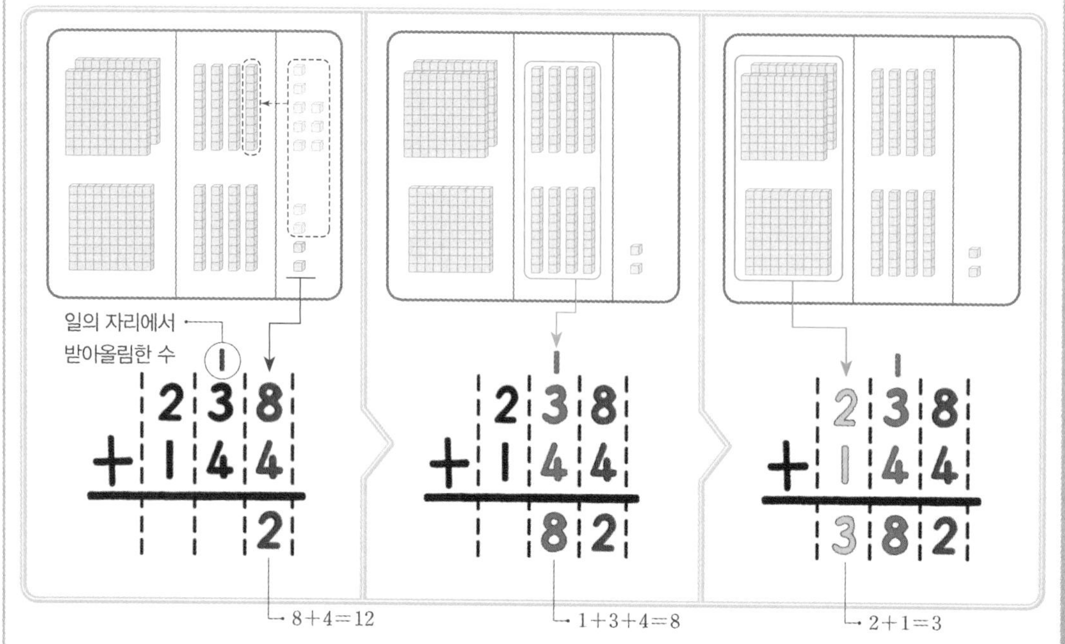

계산 방법 ① 각 자리의 숫자를 맞추어 적습니다.
② 일의 자리에서 받아올림이 있으면 십의 자리에 받아올려 계산합니다.

개념 체크

❶ 왼쪽 수 모형에서 일 모형끼리 더하면 일 모형은 ☐개이므로 일 모형 10개를 (일 , 십 , 백) 모형 1개로 바꿉니다.

❷ 세로셈 계산에서 일의 자리에서 받아올림이 있으면 (십 , 백)의 자리에 받아올려 계산합니다.

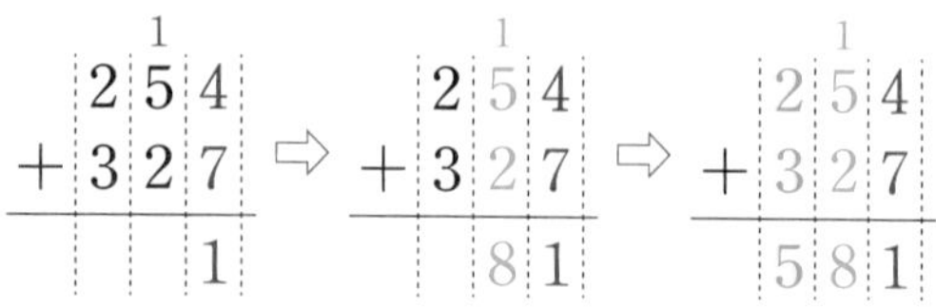

개념 체크 정답 ❶ 12, 십에 ○표 ❷ 십에 ○표

교과서 유형

1-1 수 모형을 보고 계산을 하시오.

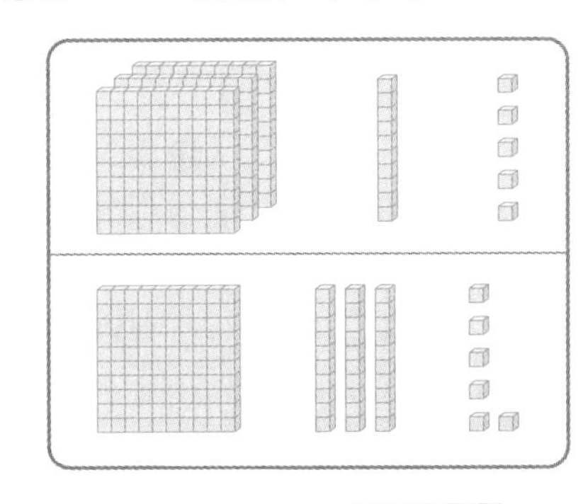

315+136=□

힌트 일 모형이 10개가 되면 십 모형 1개로 바꿉니다.

1-2 뿌치가 말하는 수를 구하시오.

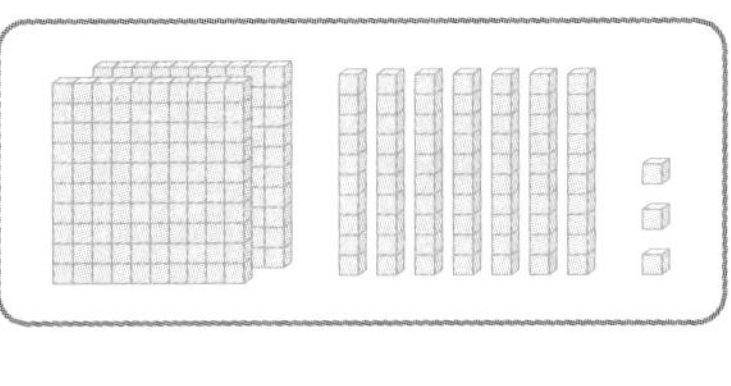

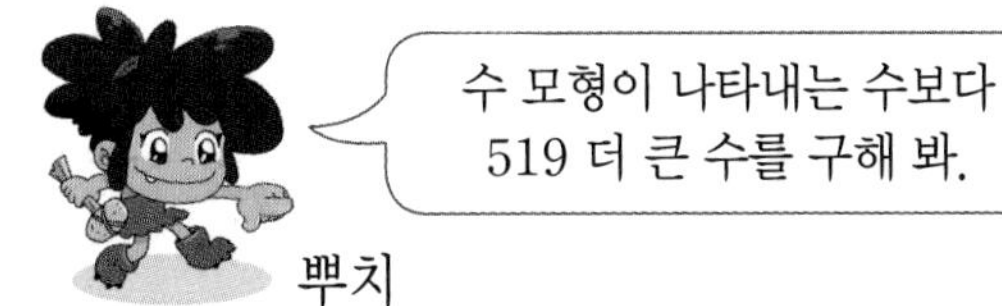

273+519=□

2-1 □ 안에 알맞은 수를 써넣으시오.

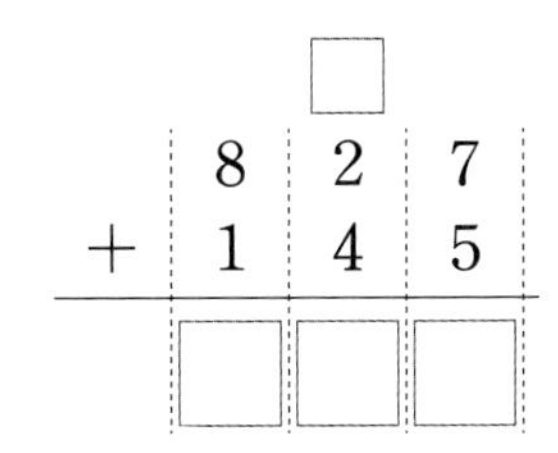

$$\begin{array}{r} \square \\ 8\ 2\ 7 \\ +\ 1\ 4\ 5 \\ \hline \square\ \square\ \square \end{array}$$

힌트 일의 자리에서 받아올림이 있으면 십의 자리에 받아올려 계산합니다.

2-2 계산을 하시오.

(1) $\begin{array}{r} 469 \\ +\ 423 \\ \hline \end{array}$

(2) $\begin{array}{r} 147 \\ +\ 528 \\ \hline \end{array}$

(3) $\begin{array}{r} 384 \\ +\ 109 \\ \hline \end{array}$

(4) $\begin{array}{r} 728 \\ +\ 158 \\ \hline \end{array}$

3-1 계산을 하시오.

(1) 627+238

(2) 234+257

힌트 각 자리의 숫자를 맞추어 세로셈으로 계산해 봅니다.

3-2 빈 곳에 알맞은 수를 써넣으시오.

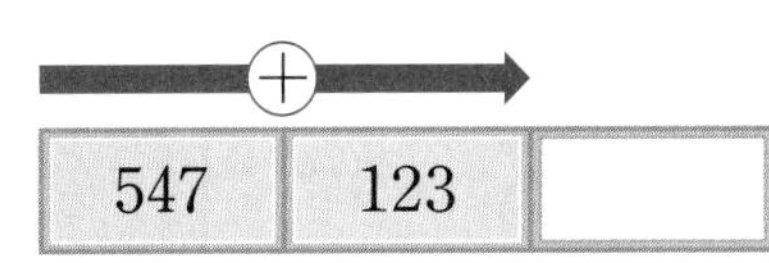

개념 파헤치기

개념 4 덧셈을 해 볼까요 (3) – 받아올림이 두 번, 세 번 있는 덧셈

• 578+267의 계산

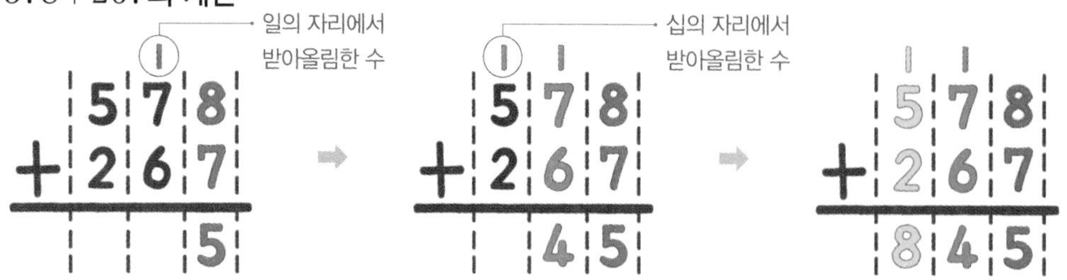

$$578+267 \rightarrow \cdots5 \rightarrow \cdots45 \rightarrow 845$$

계산 방법 일의 자리에서 받아올림이 있으면 십의 자리에, 십의 자리에서 받아올림이 있으면 백의 자리에 받아올려 계산합니다.

• 846+785의 계산

$$846+785 \rightarrow \cdots1 \rightarrow \cdots31 \rightarrow 1631$$

백의 자리에서 받아올림한 수

계산 방법 일의 자리에서 받아올림이 있으면 십의 자리에, 십의 자리에서 받아올림이 있으면 백의 자리에, 백의 자리에서 받아올림이 있으면 천의 자리에 받아올려 계산합니다.

개념 체크

❶ 일의 자리에서 받아올림이 있으면 (십 , 백)의 자리에 받아올려 계산합니다.

❷ 십의 자리에서 받아올림이 있으면 (백 , 천)의 자리에 받아올려 계산합니다.

❸ 백의 자리에서 받아올림이 있으면 (백 , 천)의 자리에 받아올려 계산합니다.

모두 몇 마리인지 알아볼까요? 일의 자리에서 받아올림이 있으면 십의 자리에, 십의 자리에서 받아올림이 있으면 백의 자리에 받아올려 계산하면……

$$167+185 \Rightarrow \cdots2 \Rightarrow \cdots52 \Rightarrow 352$$

모두 352마리 잡았네요.

개념 체크 정답 ❶ 십에 ○표 ❷ 백에 ○표 ❸ 천에 ○표

교과서 유형

1-1 수 모형을 보고 계산을 하시오.

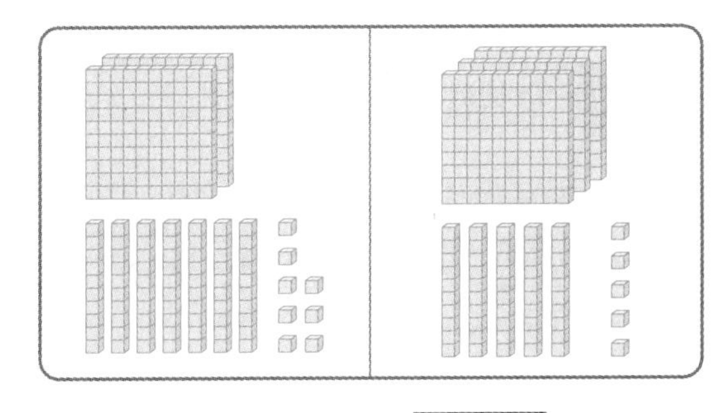

278＋355＝□

힌트 일 모형이 10개가 되면 십 모형 1개로, 십 모형이 10개가 되면 백 모형 1개로 바꿉니다.

1-2 수 모형을 보고 계산을 하시오.

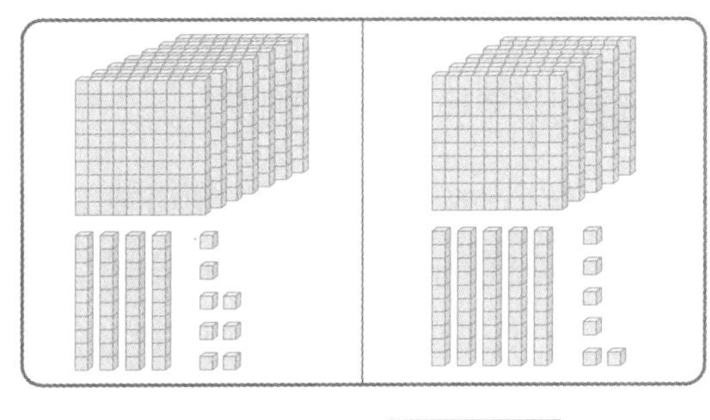

748＋556＝□

2-1 □ 안에 알맞은 수를 써넣으시오.

(1)

	□	□	
	1	6	4
＋	2	7	9
	□	□	□

(2)

	□	□	
	3	7	6
＋	2	8	4
	□	□	□

힌트 일의 자리에서 받아올림이 있으면 십의 자리에, 십의 자리에서 받아올림이 있으면 백의 자리에 받아올려 계산합니다.

2-2 □ 안에 알맞은 수를 써넣으시오.

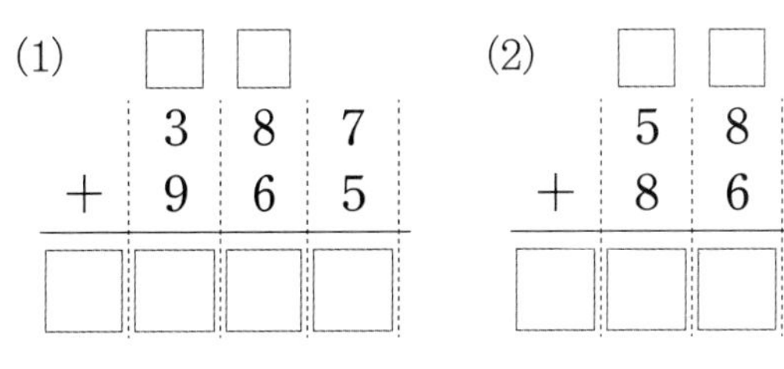

3-1 두 수의 합을 구하시오.

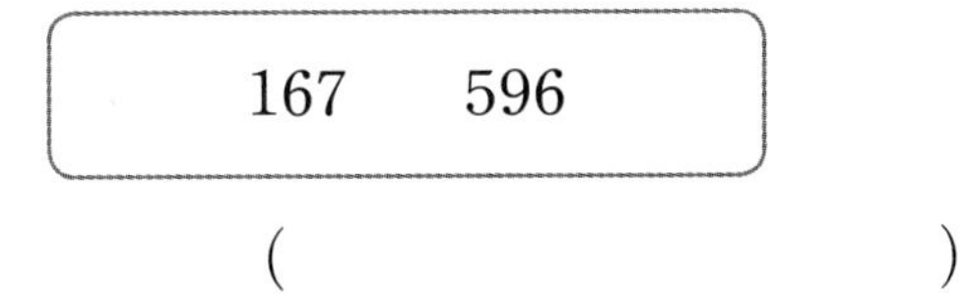

(　　　　　　　　)

힌트 일의 자리에서 받아올림이 있으면 십의 자리에, 십의 자리에서 받아올림이 있으면 백의 자리에, 백의 자리에서 받아올림이 있으면 천의 자리에 받아올려 계산합니다.

3-2 두 수의 합을 빈 곳에 써넣으시오.

(1)

(2)

개념1 덧셈을 해 볼까요 (1)

• 316+252를 백의 자리부터 더해 계산하면
300+200=500, 10+50=60, 6+2=8
이므로 316+252=568입니다.

01 개념1 의 계산을 일의 자리부터 더해 계산하시오.

6+2=☐, 10+50=☐,

300+200=☐이므로

316+252=☐입니다.

02 개념1 의 계산을 백의 자리와 남은 두 자리의 합으로 계산하시오.

16+52=☐, 300+200=☐이므로

316+252=☐입니다.

익힘책 유형

03 334+124의 계산 방법을 누가 잘못 설명했는지 이름을 쓰시오.

(　　　　　　　　)

개념2 덧셈을 해 볼까요 (1)

	3	3	4
+	2	5	4
			8

⇨

	3	3	4
+	2	5	4
		8	8

⇨

	3	3	4
+	2	5	4
	5	8	8

교과서 유형

04 계산을 하시오.

(1)
```
  3 1 4
+ 3 7 2
```

(2)
```
  2 2 6
+ 4 1 3
```

05 빈 곳에 알맞은 수를 써넣으시오.

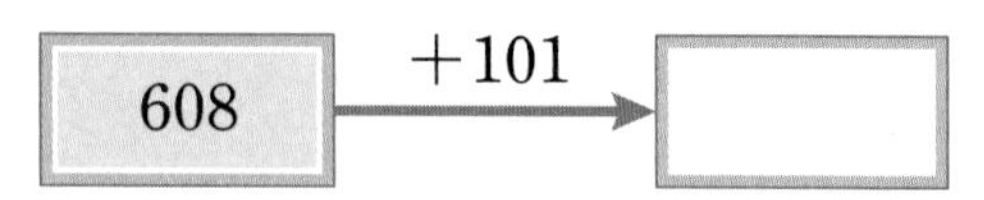

06 크기를 비교하여 ○ 안에 >, =, <를 알맞게 써넣으시오.

546+233 ○ 797

07 재석이네 집에서 병원을 지나 도서관까지의 거리는 몇 m입니까?

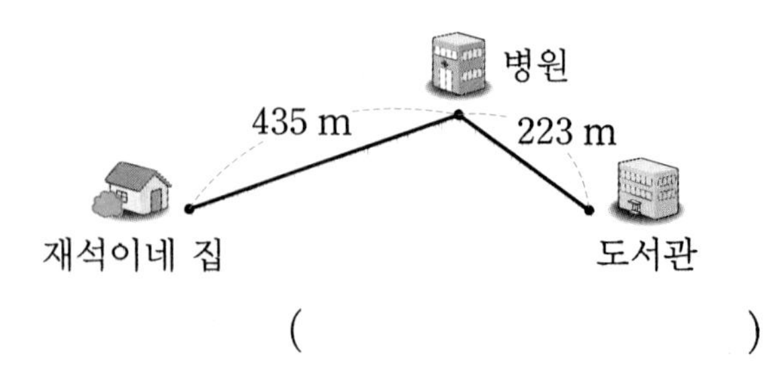

(　　　　　　　　)

개념3 덧셈을 해 볼까요 (2)

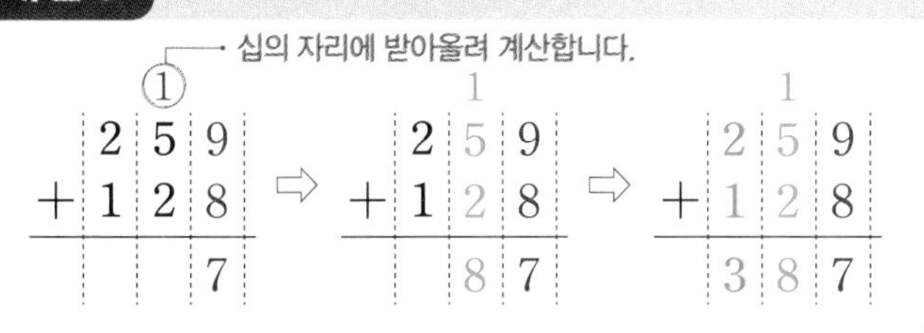

08 계산을 하시오.

(1) $\begin{array}{r} 486 \\ +\ 206 \\ \hline \end{array}$

(2) $\begin{array}{r} 434 \\ +\ 557 \\ \hline \end{array}$

09 빈 곳에 알맞은 수를 써넣으시오.

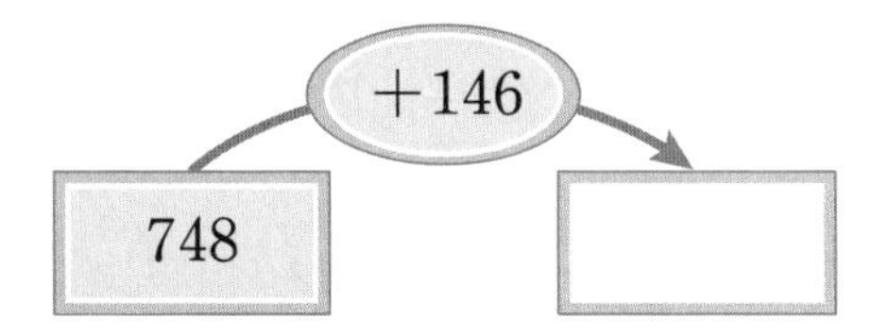

익힘책 유형

10 계산에서 잘못된 부분을 찾아 바르게 고쳐 계산하시오.

$\begin{array}{r} 329 \\ +\ 561 \\ \hline 880 \end{array}$ ⇨ $\begin{array}{r} 329 \\ +\ 561 \\ \hline \end{array}$

개념4 덧셈을 해 볼까요 (3)

교과서 유형

11 계산을 하시오.

(1) $\begin{array}{r} 386 \\ +\ 254 \\ \hline \end{array}$

(2) $\begin{array}{r} 739 \\ +\ 685 \\ \hline \end{array}$

12 두 수의 합을 구하시오.

278　　355

(　　　　　　)

13 북한산의 높이는 837 m이고 덕유산은 북한산보다 777 m 더 높습니다. 덕유산의 높이는 몇 m입니까?

▲ 북한산

▲ 덕유산

(　　　　　　)

해결의 창 어떤 자리에서 받아올림이 있을 때 그 윗자리에 모두 받아올리는 1을 쓰지 않도록 주의합니다.

✗ $\begin{array}{r} ^{1}\ \ \ \ \\ ^{1\,1}\ \ \\ 565 \\ +\ 745 \\ \hline 1410 \end{array}$　　$\begin{array}{r} ^{1\,1}\ \ \\ 565 \\ +\ 745 \\ \hline 1310 \end{array}$

개념 5 뺄셈을 해 볼까요 (1) – 여러 가지 방법으로 뺄셈

• 587−234의 계산

방법 1 각 수를 어림하여 계산하기

몇백 또는 몇백 몇십으로 어림하여 계산합니다.

587을 590으로, 234를 240으로 어림하면 590−240=350입니다.

방법 2 백(일)의 자리부터 빼 계산하기

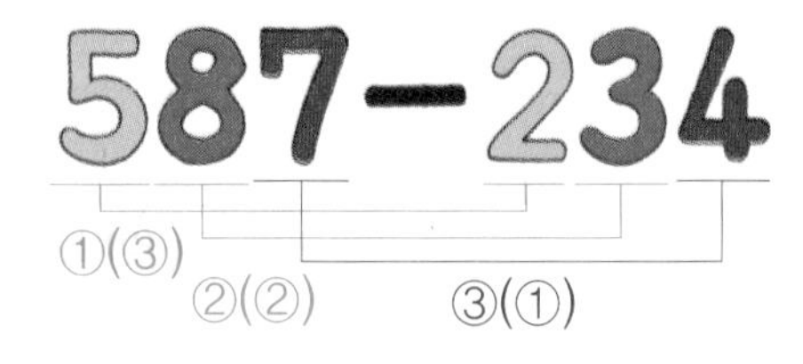

①(③) 500−200=300

②(②) 80−30=50

③(①) 7−4=3

➡ 353

방법 3 백의 자리와 남은 두 자리의 차로 계산하기

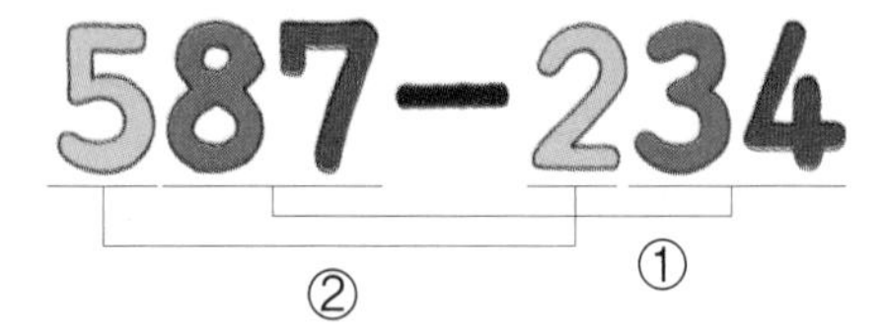

① 87−34=53

② 500−200=300

➡ 353

개념 체크

587−234의 계산을 일의 자리부터 빼 계산하면

❶ 7−4=□

❷ 80−30=□

❸ 500−200=300이므로 □이 됩니다.

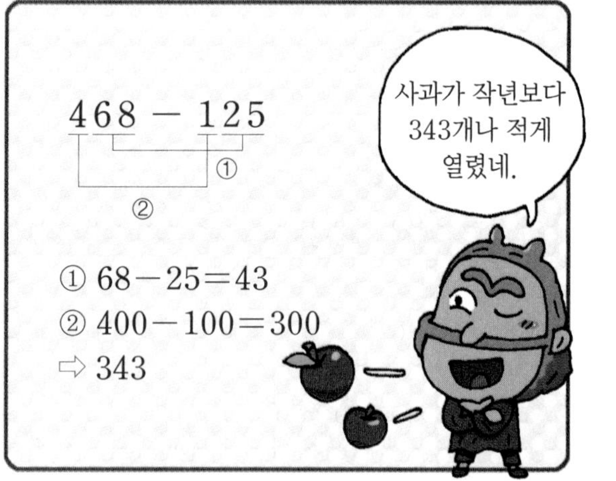

개념 체크 정답 ❶ 3 ❷ 50 ❸ 353

1-1 685−423을 어림하여 계산하려고 합니다. □ 안에 알맞은 수를 써넣으시오.

685는 690으로, 423은 □(으)로

어림하여 계산하면 □입니다.

힌트 몇백 또는 몇백 몇십으로 어림하여 계산합니다.

1-2 947−626을 어림하여 계산하려고 합니다. □ 안에 알맞은 수를 써넣으시오.

947은 950으로, 626은 □(으)로

어림하여 계산하면 □입니다.

교과서 유형

2-1 685−423을 여러 가지 방법으로 계산하시오.

방법 1 백의 자리부터 빼 계산하기

600−400=□, 80−20=□,

5−3=□이므로 685−423=□

입니다.

방법 2 백의 자리와 남은 두 자리의 차로 계산하기

85−23=□, 600−400=□이

므로 685−423=□입니다.

힌트 이 외에도 '일의 자리부터 빼 계산하기' 방법으로도 계산할 수 있습니다.

2-2 947−626을 여러 가지 방법으로 계산하시오.

방법 1 백의 자리부터 빼 계산하기

900−600=□, 40−20=□,

7−6=□이므로 947−626=□

입니다.

방법 2 백의 자리와 남은 두 자리의 차로 계산하기

47−26=□, 900−600=□이

므로 947−626=□입니다.

3-1 위 1-1과 2-1에서 계산한 값을 비교하려고 합니다. □ 안에 알맞은 수를 써넣으시오.

비교 □만큼 차이가 납니다.

힌트 어림하여 계산하면 계산을 하고 난 후 계산 결과가 맞았는지 확인을 할 수 있습니다.

3-2 위 1-2와 2-2에서 계산한 값을 비교하려고 합니다. □ 안에 알맞은 수를 써넣으시오.

비교 □만큼 차이가 납니다.

개념 파헤치기

개념 6 뺄셈을 해 볼까요 (1) – 받아내림이 없는 뺄셈

• 364－123의 계산

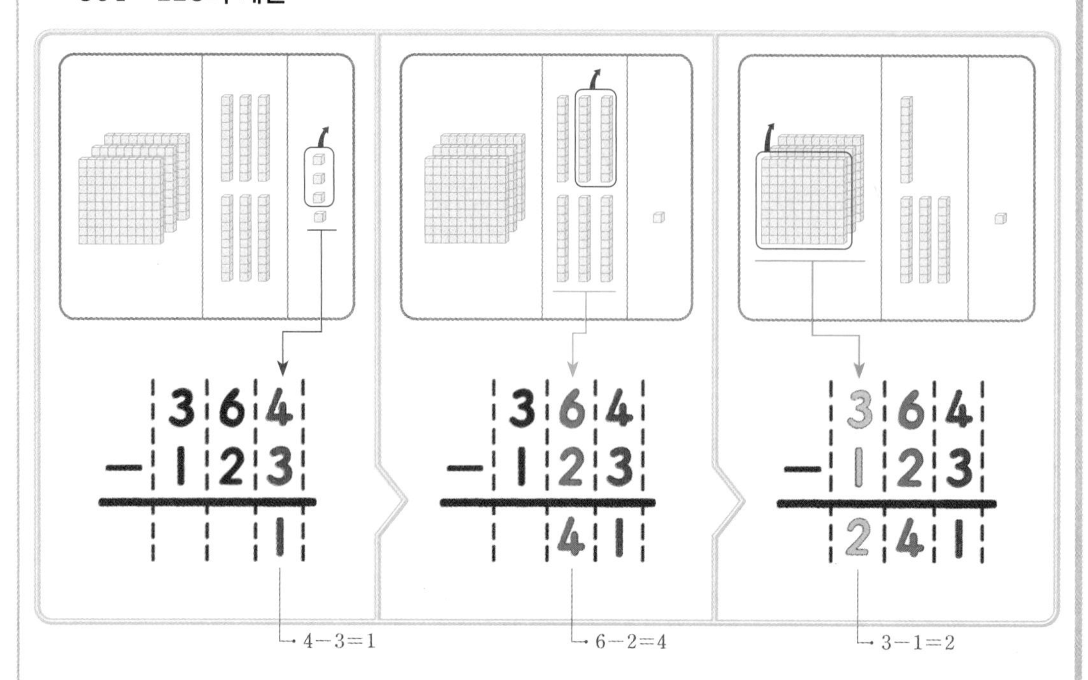

계산 방법 ① 각 자리의 숫자를 맞추어 적습니다.
② 일의 자리부터 빼 준 값을 차례대로 적어 줍니다.

개념 체크

❶ 왼쪽 수 모형에서 일 모형 3개를 빼면 □개, 십 모형 2개를 빼면 □개, 백 모형 1개를 빼면 □개이므로 364－123＝□ 입니다.

❷ 세로셈 계산은 각 자리의 숫자를 맞추어 적은 뒤 (일 , 십)의 자리부터 빼 준 값을 차례대로 적어 줍니다.

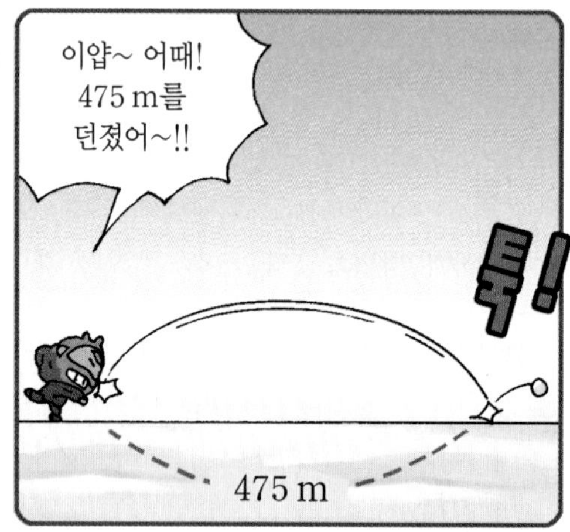

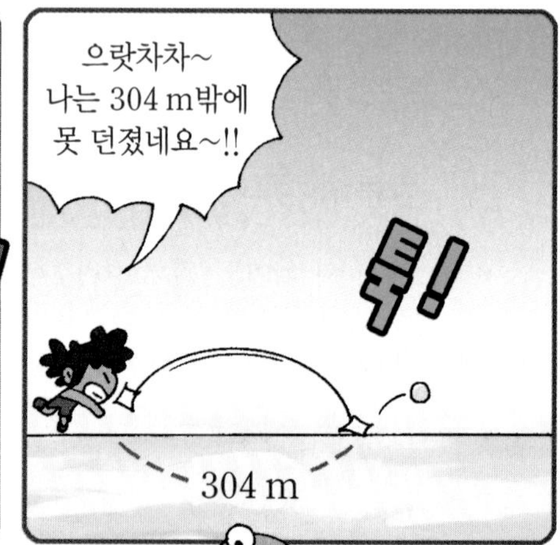

	4	7	5
－	3	0	4
			1

⇨

	4	7	5
－	3	0	4
		7	1

⇨

	4	7	5
－	3	0	4
	1	7	1

개념 체크 정답 ❶ 1, 4, 2, 241 ❷ 일에 ○표

교과서 유형

1-1 수 모형을 보고 계산을 하시오.

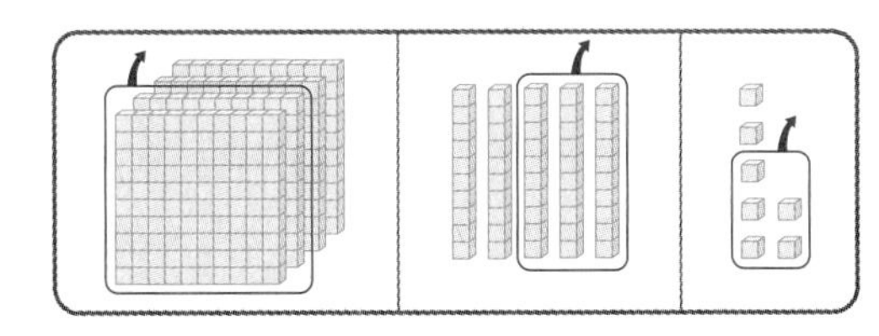

457－235＝□

힌트 남은 백 모형, 십 모형, 일 모형이 각각 몇 개인지 알아봅니다.

1-2 팔랑이가 말하는 수를 구하시오.

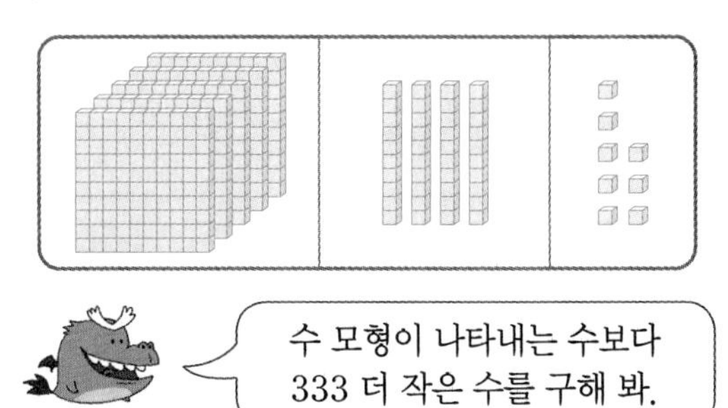

548－333＝□

2-1 □ 안에 알맞은 수를 써넣으시오.

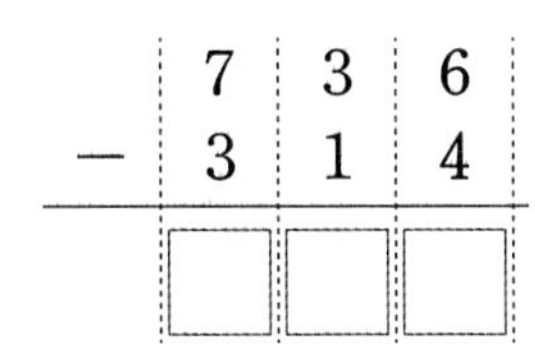

힌트 일의 자리, 십의 자리, 백의 자리의 순서로 계산합니다.

2-2 계산을 하시오.

(1) $\begin{array}{r} 586 \\ -\ 423 \\ \hline \end{array}$

(2) $\begin{array}{r} 293 \\ -\ 112 \\ \hline \end{array}$

(3) $\begin{array}{r} 462 \\ -\ 340 \\ \hline \end{array}$

(4) $\begin{array}{r} 786 \\ -\ 314 \\ \hline \end{array}$

3-1 계산을 하시오.

(1) 768－524

(2) 625－301

힌트 일의 자리, 십의 자리, 백의 자리의 순서로 계산합니다.

3-2 두 수의 차를 구하시오.

667	252

(　　　　　　)

개념 파헤치기

개념 7 뺄셈을 해 볼까요 (2) – 받아내림이 한 번 있는 뺄셈

• 385−166의 계산

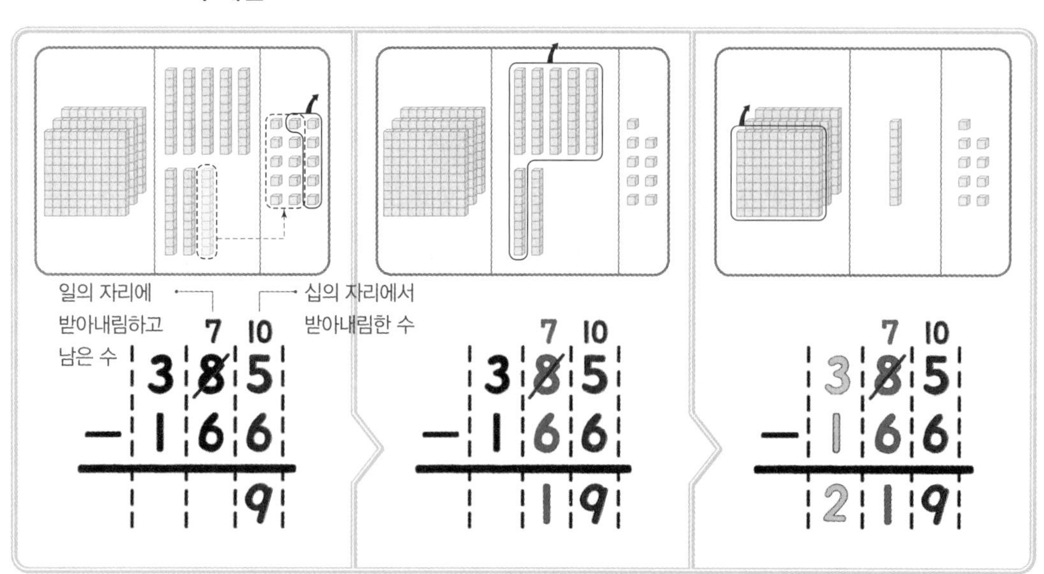

계산 방법 ① 각 자리의 숫자를 맞추어 적습니다.
② 일의 자리끼리 뺄 수 없으면 십의 자리에서 일의 자리에 받아내려 계산합니다.

개념 체크

❶ 왼쪽 수 모형에서 일 모형 6개를 뺄 수 없으므로 십 모형 1개를 일 모형 ☐개로 바꾸어 계산합니다.

❷ 일의 자리끼리 뺄 수 없으면 십의 자리에서 (일 , 십)의 자리에 받아내려 계산합니다.

개념 체크 정답 ❶ 10 ❷ 일에 ○표

교과서 유형

1-1 수 모형을 보고 계산을 하시오.

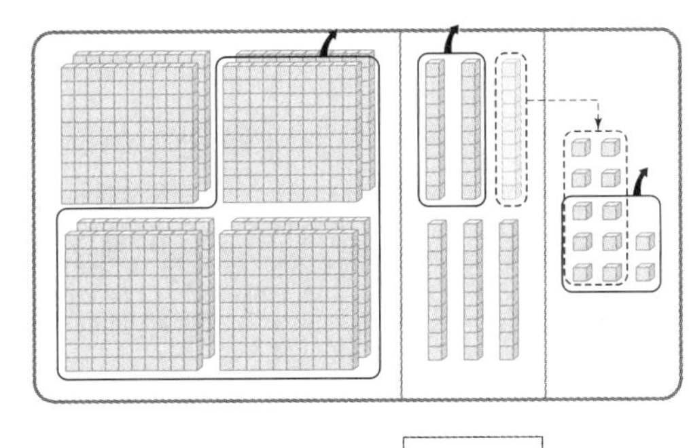

$862-528=\square$

힌트 남은 백 모형, 십 모형, 일 모형이 각각 몇 개인지 알아봅니다.

1-2 수 모형을 보고 계산을 하시오.

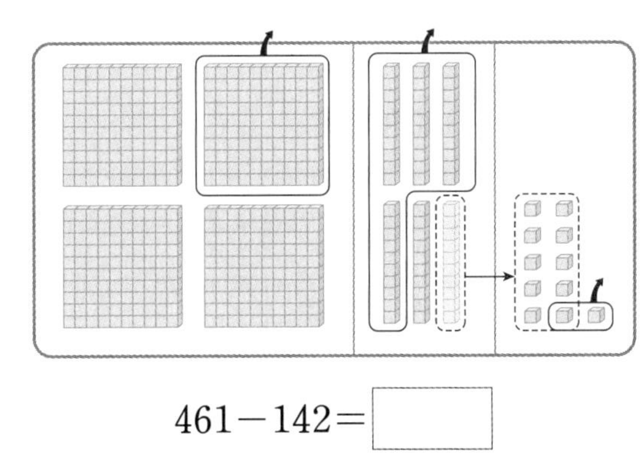

$461-142=\square$

2-1 □ 안에 알맞은 수를 써넣으시오.

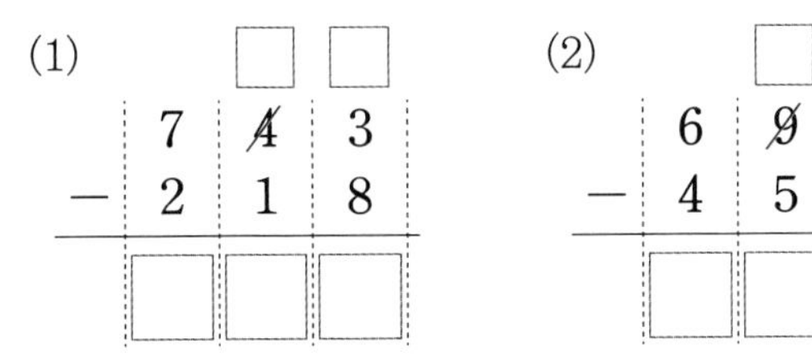

(1) $\begin{array}{r} 7\ \not{4}\ 3 \\ -\ 2\ 1\ 8 \\ \hline \square\square\square \end{array}$

(2) $\begin{array}{r} 6\ \not{9}\ 2 \\ -\ 4\ 5\ 9 \\ \hline \square\square\square \end{array}$

힌트 십의 자리에서 받아내림이 있으면 일의 자리에 받아내려 계산합니다.

2-2 계산을 하시오.

(1) $\begin{array}{r} 5\ 3\ 2 \\ -\ 2\ 1\ 9 \\ \hline \end{array}$

(2) $\begin{array}{r} 7\ 8\ 3 \\ -\ 2\ 4\ 5 \\ \hline \end{array}$

(3) $864-417$

(4) $556-139$

3-1 두 수의 차를 구하시오.

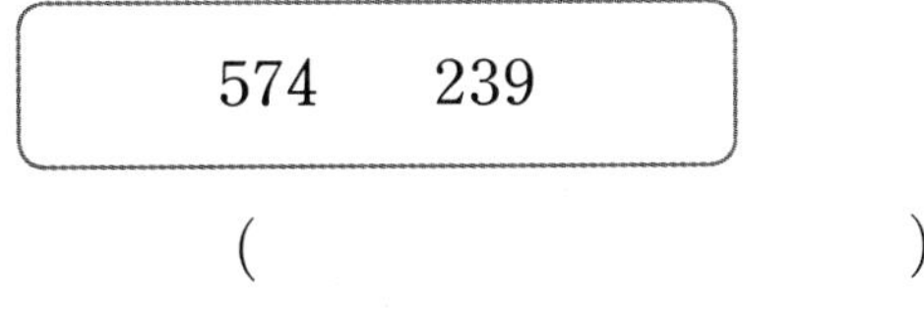

574 239

(　　　　　　　　)

힌트 각 자리의 숫자를 맞추어 세로셈으로 계산해 봅니다.

3-2 빈 곳에 알맞은 수를 써넣으시오.

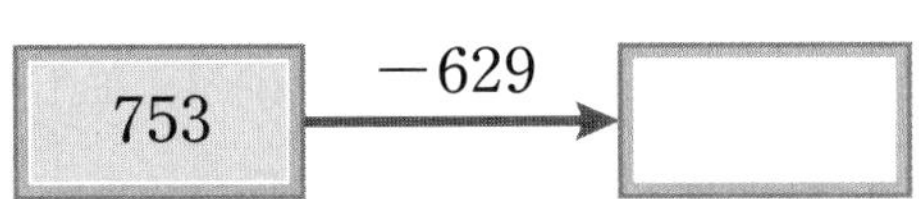

개념 파헤치기

개념 8 뺄셈을 해 볼까요 (3) – 받아내림이 두 번 있는 뺄셈

개념 동영상

• 427－259의 계산

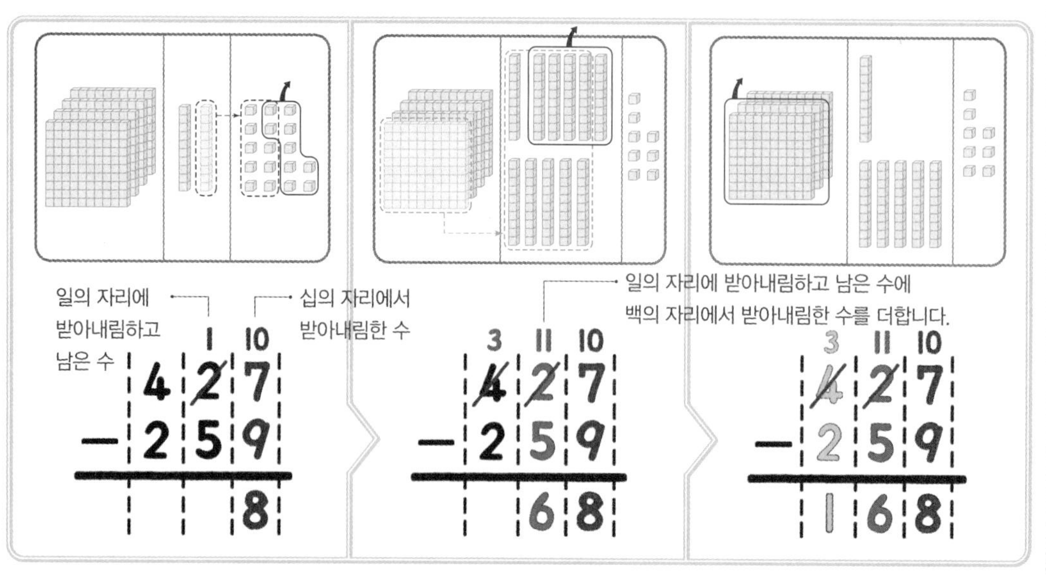

$$\begin{array}{r} \overset{1\ 10}{4\,2\,7} \\ -\ 2\,5\,9 \\ \hline 8 \end{array} \quad \begin{array}{r} \overset{3\ 11\ 10}{4\,2\,7} \\ -\ 2\,5\,9 \\ \hline 6\,8 \end{array} \quad \begin{array}{r} \overset{3\ 11\ 10}{4\,2\,7} \\ -\ 2\,5\,9 \\ \hline 1\,6\,8 \end{array}$$

계산 방법 ① 일의 자리끼리 뺄 수 없으면 십의 자리에서 일의 자리에 받아내려 계산하고, 십의 자리끼리 뺄 수 없으면 백의 자리에서 십의 자리에 받아내려 계산합니다.

② 받아내림이 연속으로 두 번 있으므로 받아내림한 수를 정확히 표시해 둡니다.

개념 체크

❶ 왼쪽 수 모형에서 일 모형을 뺄 수 없다면 (십 , 백) 모형 1개를 일 모형 ☐개로 바꿉니다.

❷ 왼쪽 수 모형에서 십 모형을 뺄 수 없다면 (십 , 백) 모형 1개를 십 모형 ☐개로 바꿉니다.

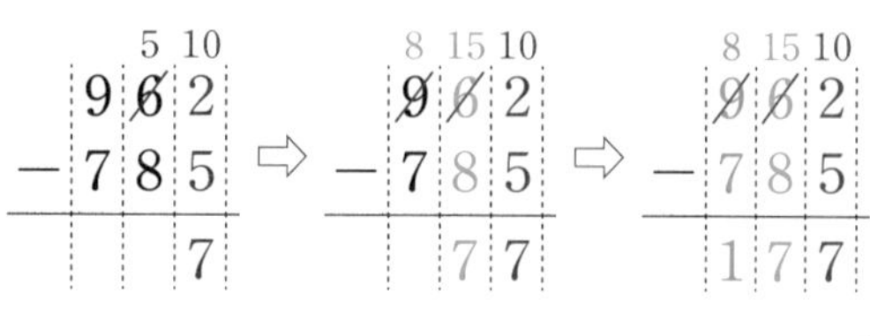

개념 체크 정답 ❶ 십에 ○표, 10 ❷ 백에 ○표, 10

기본 문제

교과서 유형

1-1 수 모형을 보고 계산을 하시오.

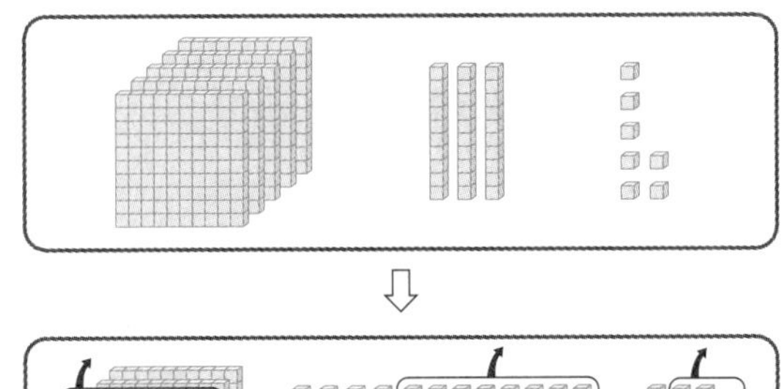

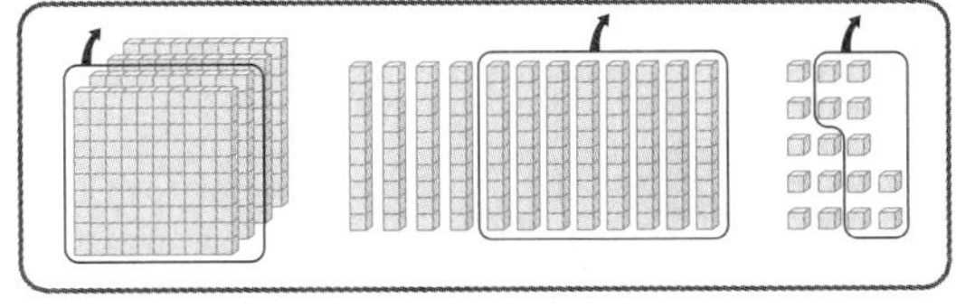

537－289=☐

힌트 남은 백 모형, 십 모형, 일 모형이 각각 몇 개인지 알아봅니다.

2-1 ☐ 안에 알맞은 수를 써넣으시오.

☐	☐	☐
~~5~~	~~4~~	3
－ 3	6	9
☐	☐	☐

힌트 십의 자리에서 받아내림이 있으면 일의 자리에, 백의 자리에서 받아내림이 있으면 십의 자리에 받아내려 계산합니다.

3-1 계산을 하시오.

(1) 354－198

(2) 845－667

힌트 각 자리의 숫자를 맞추어 세로셈으로 계산해 봅니다.

쌍둥이 문제

1-2 수 모형을 보고 계산을 하시오.

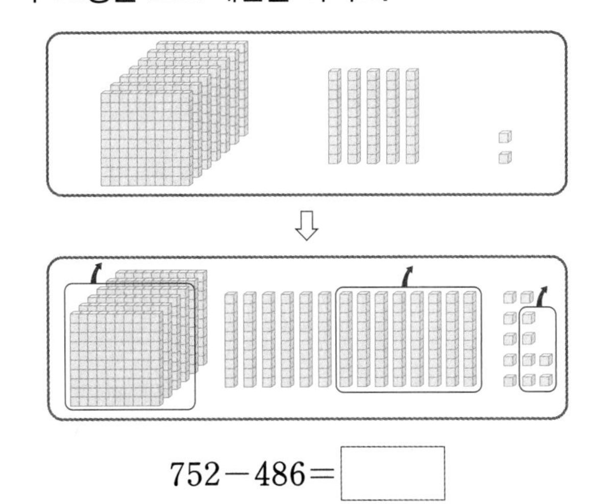

752－486=☐

2-2 계산을 하시오.

(1) $\begin{array}{r} 634 \\ -\ 457 \\ \hline \end{array}$

(2) $\begin{array}{r} 862 \\ -\ 596 \\ \hline \end{array}$

(3) $\begin{array}{r} 951 \\ -\ 272 \\ \hline \end{array}$

(4) $\begin{array}{r} 284 \\ -\ 196 \\ \hline \end{array}$

3-2 계산 결과를 찾아 선으로 이으시오.

900－457 •

• 443

개념 5 뺄셈을 해 볼까요 (1)

• $576-231$을 백의 자리부터 빼 계산하면 $500-200=300$, $70-30=40$, $6-1=5$이므로 $576-231=345$입니다.

개념 6 뺄셈을 해 볼까요 (1)

$$\begin{array}{r}4\,3\,6\\-\,1\,2\,5\\\hline 1\end{array} \Rightarrow \begin{array}{r}4\,3\,6\\-\,1\,2\,5\\\hline 1\,1\end{array} \Rightarrow \begin{array}{r}4\,3\,6\\-\,1\,2\,5\\\hline 3\,1\,1\end{array}$$

01 개념5 의 계산을 일의 자리부터 빼 계산하시오.

$6-1=$ □, $70-30=$ □,

$500-200=$ □이므로

$576-231=$ □입니다.

02 개념5 의 계산을 백의 자리와 남은 두 자리의 차로 계산하시오.

$76-31=$ □, $500-200=$ □이므로

$576-231=$ □입니다.

익힘책 유형

03 뿌치가 말한 방법으로 $679-251$을 계산하시오.

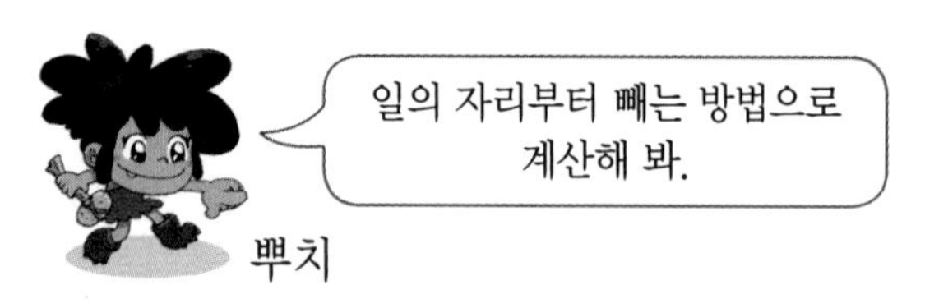

⇨ $679-251=$ □

교과서 유형

04 계산을 하시오.

(1) $\begin{array}{r}3\,7\,4\\-\,1\,5\,2\\\hline\end{array}$ (2) $\begin{array}{r}9\,6\,7\\-\,8\,5\,4\\\hline\end{array}$

05 빈 곳에 알맞은 수를 써넣으시오.

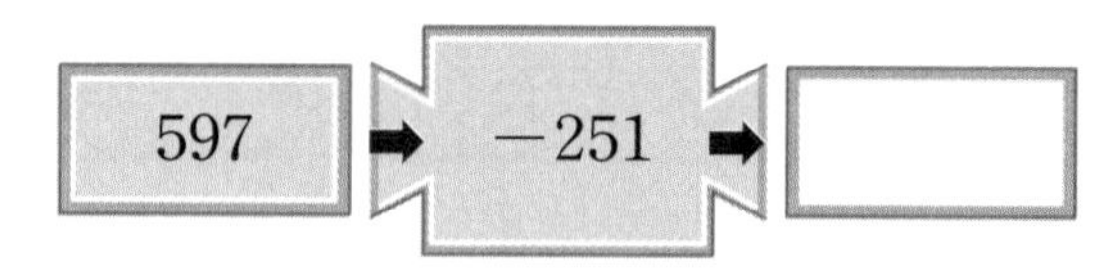

06 크기를 비교하여 ○ 안에 $>$, $=$, $<$를 알맞게 써넣으시오.

$794-612$ ○ 190

07 그림을 보고 □ 안에 알맞은 수를 써넣으시오.

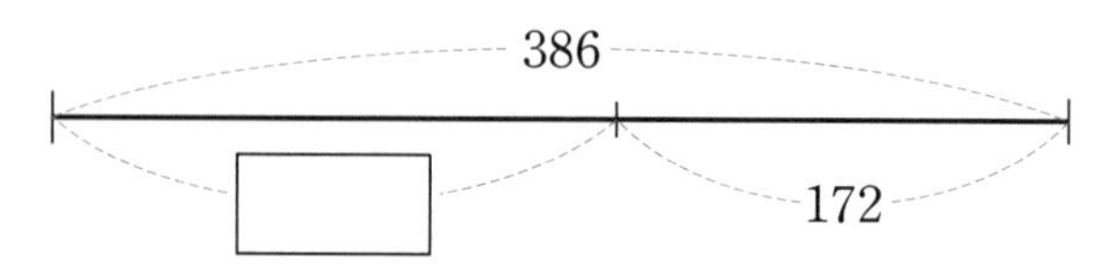

개념7 뺄셈을 해 볼까요 (2)

일의 자리에 받아내려 계산합니다.

$$\begin{array}{r} \scriptstyle 4\ 10 \\ 6\ \cancel{5}\ 1 \\ -\ 2\ 0\ 6 \\ \hline 5 \end{array} \Rightarrow \begin{array}{r} \scriptstyle 4\ 10 \\ 6\ \cancel{5}\ 1 \\ -\ 2\ 0\ 6 \\ \hline 4\ 5 \end{array} \Rightarrow \begin{array}{r} \scriptstyle 4\ 10 \\ 6\ \cancel{5}\ 1 \\ -\ 2\ 0\ 6 \\ \hline 4\ 4\ 5 \end{array}$$

개념8 뺄셈을 해 볼까요 (3)

일의 자리와 십의 자리에 각각 받아내려 계산합니다.

$$\begin{array}{r} \scriptstyle 3\ 10 \\ 7\ \cancel{4}\ 6 \\ -\ 3\ 9\ 7 \\ \hline 9 \end{array} \Rightarrow \begin{array}{r} \scriptstyle 6\ 13\ 10 \\ \cancel{7}\ \cancel{4}\ 6 \\ -\ 3\ 9\ 7 \\ \hline 4\ 9 \end{array} \Rightarrow \begin{array}{r} \scriptstyle 6\ 13\ 10 \\ \cancel{7}\ \cancel{4}\ 6 \\ -\ 3\ 9\ 7 \\ \hline 3\ 4\ 9 \end{array}$$

1 덧셈과 뺄셈

교과서 유형

08 계산을 하시오.

(1) $\begin{array}{r} 3\ 8\ 4 \\ -\ 1\ 6\ 9 \\ \hline \end{array}$

(2) $\begin{array}{r} 7\ 2\ 6 \\ -\ 3\ 1\ 7 \\ \hline \end{array}$

09 두 수의 차를 구하시오.

547 328

( )

10 곤충박물관에 사슴벌레는 485마리, 장수풍뎅이는 사슴벌레보다 146마리 적게 전시되어 있습니다. 장수풍뎅이는 몇 마리 전시되어 있습니까?

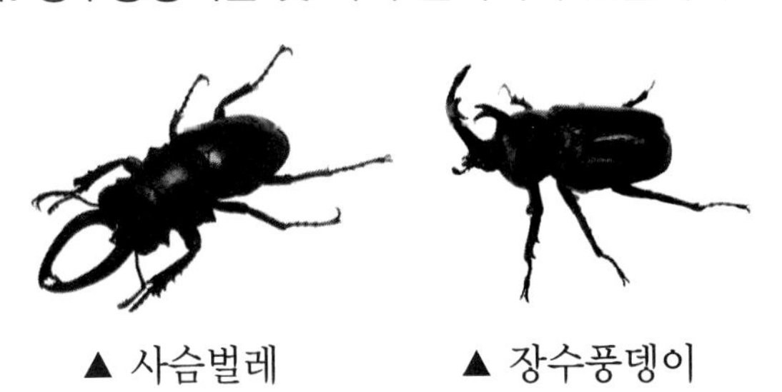

▲ 사슴벌레 ▲ 장수풍뎅이

( )

익힘책 유형

11 계산 결과를 찾아 선으로 이으시오.

613−287 • • 396

874−478 • • 326

12 다음을 보고 □ 안에 알맞은 수를 써넣으시오.

13 삼각형 안에 있는 수의 차를 구하시오.

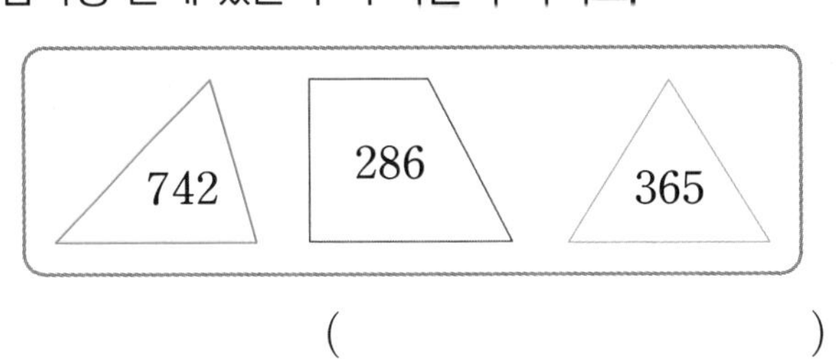

( )

받아내림을 할 필요가 없는데도 받아내림을 습관적으로 해서 잘못된 뺄셈을 하지 않도록 주의합니다.

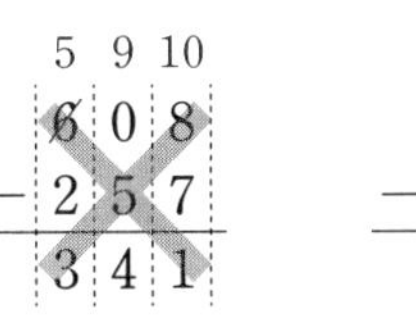

$$\begin{array}{r} \scriptstyle 5\ 10 \\ \cancel{6}\ 0\ 8 \\ -\ 2\ 5\ 7 \\ \hline 3\ 5\ 1 \end{array}$$

단원 마무리 평가

1. 덧셈과 뺄셈

점수

01 계산을 하시오.

(1)
$$\begin{array}{r} 7\ 3\ 8 \\ -\ 5\ 1\ 4 \\ \hline \end{array}$$

(2)
$$\begin{array}{r} 6\ 5\ 0 \\ -\ 4\ 2\ 3 \\ \hline \end{array}$$

(3) 364+225

(4) 187+459

02 수 모형이 나타내는 수보다 157 더 큰 수를 구하시오.

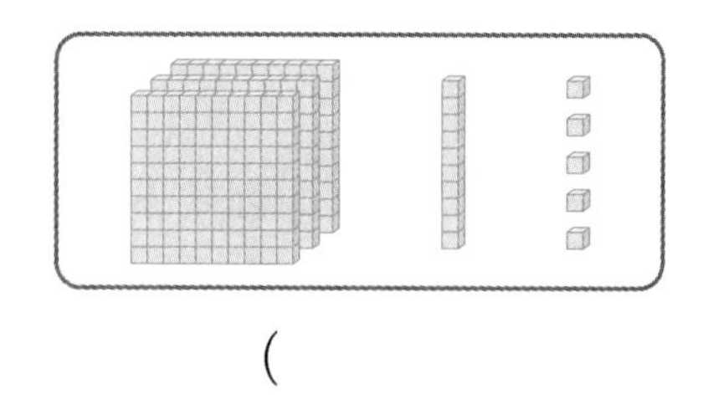

(　　　　　　　)

[03~04] 254+134를 계산하려고 합니다. 물음에 답하시오.

03 각 수를 어림하여 계산하시오.

254는 □(으)로, 134는 □(으)로

어림하여 계산하면 □입니다.

04 백의 자리와 남은 두 자리의 합으로 계산하고 위 03에서 어림한 값과 비교하시오.

54+34=□, 200+100=□이므로

254+134=□입니다.

따라서 어림한 값과 □만큼 차이가 납니다.

05 계산 결과를 찾아 선으로 이으시오.

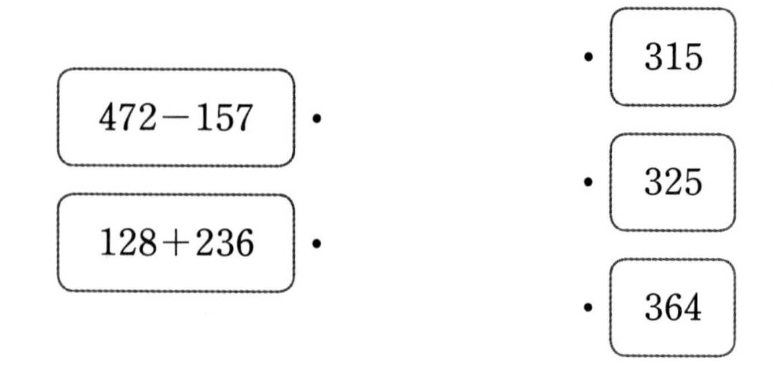

06 빈 곳에 알맞은 수를 써넣으시오.

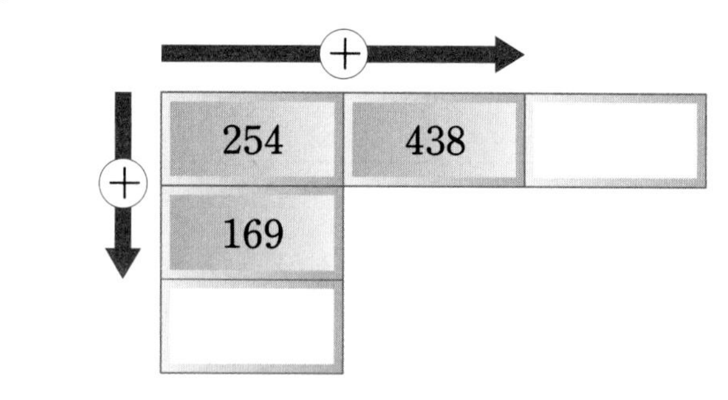

07 뺄셈에서 □ 안의 수 130이 실제로 나타내는 수는 어느 것입니까? ( )

$$\begin{array}{r} 7\ \boxed{13}\ 10 \\ \not{8}\ \ \not{4}\ \ 2 \\ -\ 2\ \ 9\ \ 6 \\ \hline 5\ \ 4\ \ 6 \end{array}$$

① 13
② 130
③ 1310
④ 713
⑤ 1300

08 다음은 어느 항공기의 누리집 중 좌석 선택 페이지입니다. 선택할 수 없는 좌석은 몇 석입니까?

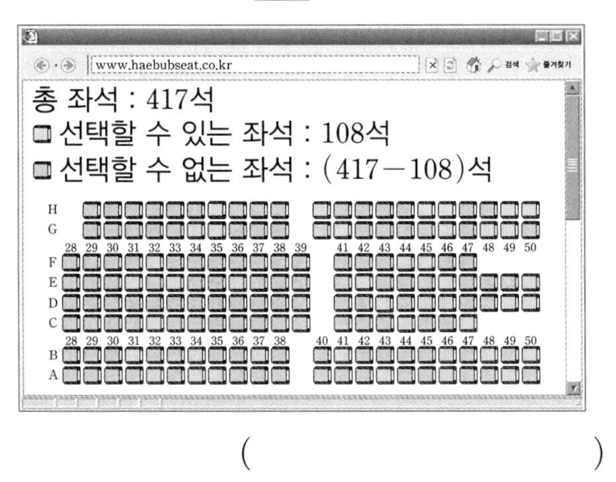

( )

09 계산 결과를 비교하여 ○ 안에 >, =, <를 알맞게 써넣으시오.

$253+216$ ○ $678-245$

10 길이가 6 m인 색 테이프 중에서 236 cm를 사용했습니다. 남은 색 테이프는 몇 cm입니까?

( )

11 794−181을 두 가지 방법으로 계산하시오.

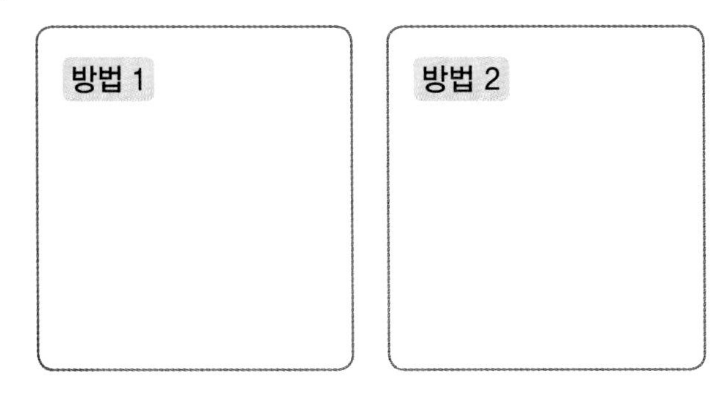

12 다음 계산에서 잘못된 부분을 찾아 이유를 설명하고 바르게 고쳐 계산하시오.

$$\begin{array}{r} 6\ 6\ 5 \\ -\ 1\ 4\ 7 \\ \hline 5\ 2\ 8 \end{array} \quad \Rightarrow \quad \begin{array}{r} 6\ 6\ 5 \\ -\ 1\ 4\ 7 \\ \hline \end{array}$$

이유

13 가장 큰 수와 가장 작은 수의 차를 구하는 식을 쓰고 답을 구하시오.

388 746 598

식

답

14 □ 안에 알맞은 수를 써넣으시오.

$$\begin{array}{r} 7\ 4\ 3 \\ +\ 2\ 2\ \square \\ \hline 9\ \square\ 2 \end{array}$$

1 덧셈과 뺄셈

3 STEP 단원 마무리 평가

정답은 6쪽

[15~18] 유림이네 학교 3학년과 4학년 여학생 수와 남학생 수를 조사한 것입니다. 물음에 답하시오.

	여학생 수	남학생 수
3학년	176	198
4학년	197	204

15 유림이네 학교 3, 4학년 학생은 각각 몇 명입니까?

3학년 (　　　　　)
4학년 (　　　　　)

16 유림이네 학교 4학년 학생은 3학년 학생보다 몇 명 더 많습니까?

(　　　　　)

17 유림이네 학교 3, 4학년 전체 여학생 수와 남학생 수는 각각 몇 명입니까?

여학생 수 (　　　　　)
남학생 수 (　　　　　)

18 유림이네 학교 3, 4학년 전체 남학생은 여학생보다 몇 명 더 많습니까?

(　　　　　)

19 (3) ㉠과 ㉡이 나타내는 수의 차를 구하시오.

> (1) ㉠ 100이 3개, 10이 6개, 1이 4개 /
> (2) ㉡ 100이 1개, 10이 7개, 1이 8개 /

(　　　　　)

(1) ㉠이 나타내는 수를 세 자리 수로 써 봅니다.
(2) ㉡이 나타내는 수를 세 자리 수로 써 봅니다.
(3) 세 자리 수의 차를 구합니다.

20 (2) 어떤 수/에 (3) 558을 더해야/하는데 (1) 잘못하여 빼었더니 326이 되었습니다./ (3) 바르게 계산하면 얼마입니까?

(　　　　　)

(1) 잘못 계산한 식을 씁니다.
(2) (1)의 식에서 어떤 수를 구합니다.
(3) (2)에서 구한 어떤 수를 이용하여 바르게 계산합니다.

QR 코드를 찍어 게임을 해 보고 이번 단원을 확실히 익혀 보세요!

창의·융합문제

정답은 6쪽

1 알뜰 시장이 열렸습니다. 지효가 물건 2개를 샀더니 물건값이 1420원이었습니다. 지효가 산 물건은 무엇과 무엇입니까?

( )

2 수 카드 1장만 바꿔 옳은 식으로 만들려고 합니다. 바꿀 수 카드에 색칠하고 어떤 수로 바꿔야 하는지 쓰시오.

7	9	2	−	3	5	8	=	4	4	4

( )

3 토끼가 당근을 먹으러 가려고 합니다. 가장 짧은 거리를 선택해서 가려면 어떤 길로 가야 하는지 길을 따라 선을 그으시오.

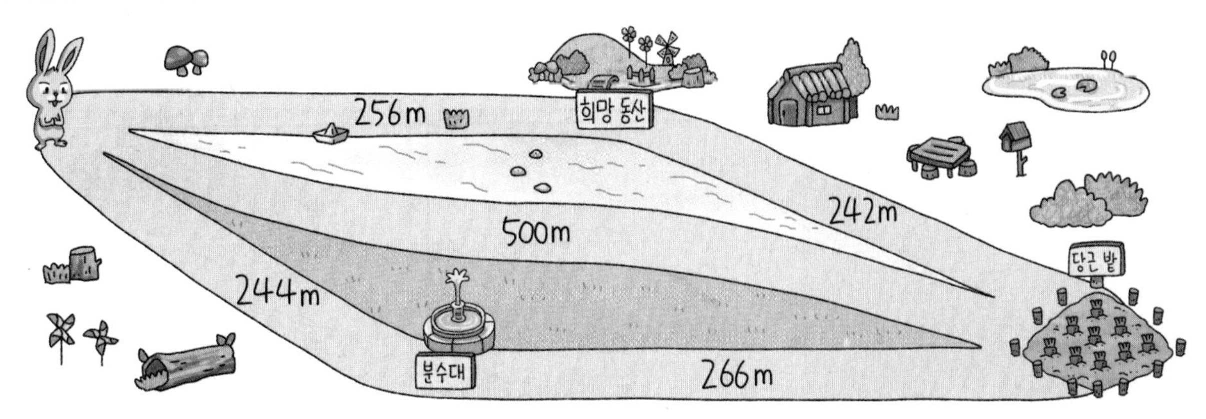

2 평면도형

제2화 뿌치의 당근 찾아 삼만리!

이미 배운 내용		이번에 배울 내용		앞으로 배울 내용
[2-1 여러 가지 도형] • 원, 삼각형, 사각형 알아보기 • 꼭짓점, 변을 알고 찾기 • 오각형, 육각형 알아보기	▶	• 선분, 반직선, 직선 알아보기 • 각, 직각 알아보기 • 직각삼각형, 직사각형, 정사각형 알아보기	▶	[3-2 원] • 원의 중심, 반지름, 지름 알아보기 • 컴퍼스로 원 그리기 [4-2 삼각형] • 이등변삼각형, 정삼각형 알아보기 • 예각삼각형, 둔각삼각형 알아보기

직각삼각형은 한 각이 직각인 삼각형이야!

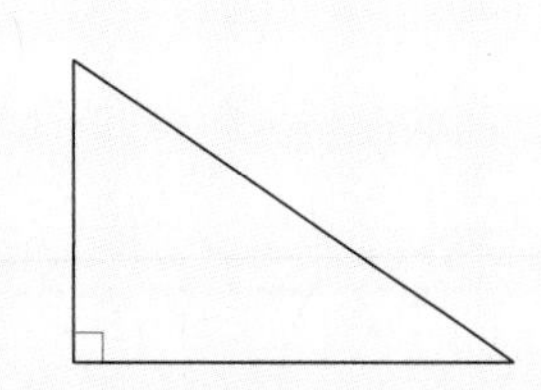

◀ 직각삼각형

개념 1 선의 종류에는 어떤 것이 있을까요

• 선분: 두 점을 곧게 이은 선

• 반직선: 한 점에서 시작하여 한쪽으로 끝없이 늘인 곧은 선

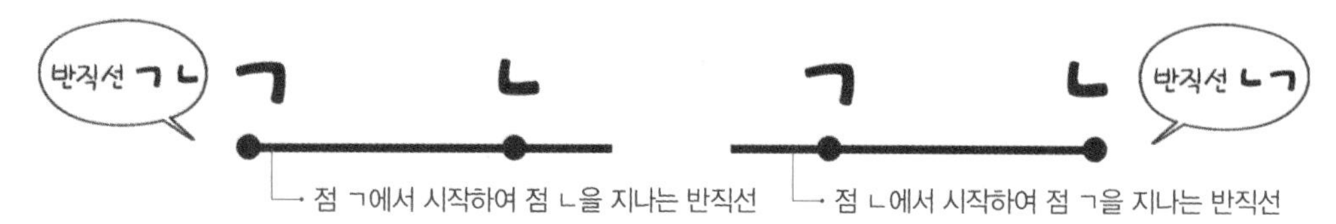

• 직선: 선분을 양쪽으로 끝없이 늘인 곧은 선

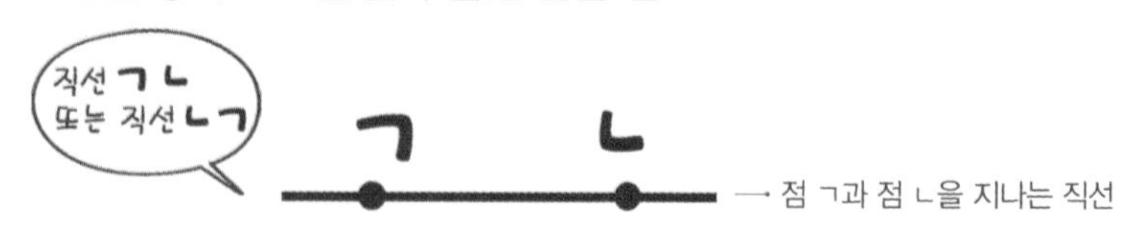

개념 체크

❶ 점 ㄱ과 점 ㄴ을 곧게 이은 선을 (선분 , 직선) ㄱㄴ이라고 합니다.

❷ 반직선 ㄱㄴ과 반직선 ㄴㄱ은 같다고 말할 수 있습니다. (○ , ×)

❸ 선분을 양쪽으로 끝없이 늘인 곧은 선을 (반직선 , 직선)이라고 합니다.

개념 체크 정답 ❶ 선분에 ○표 ❷ ×에 ○표 ❸ 직선에 ○표

1-1 직선을 찾아 ○표 하시오.

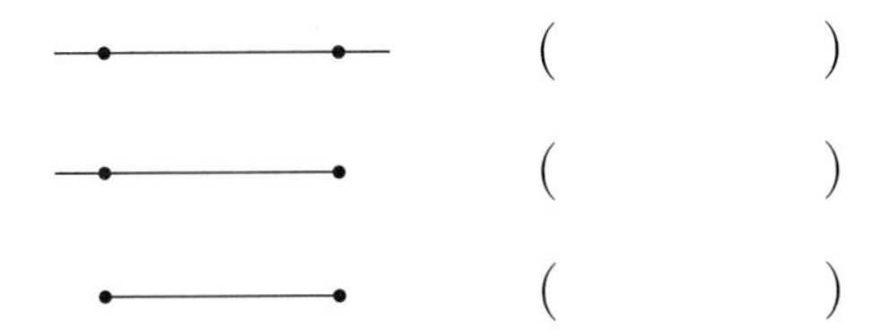

( ) ( ) ( )

힌트 직선은 선분을 양쪽으로 끝없이 늘인 곧은 선입니다.

1-2 반직선은 어느 것입니까? ……………… ( )

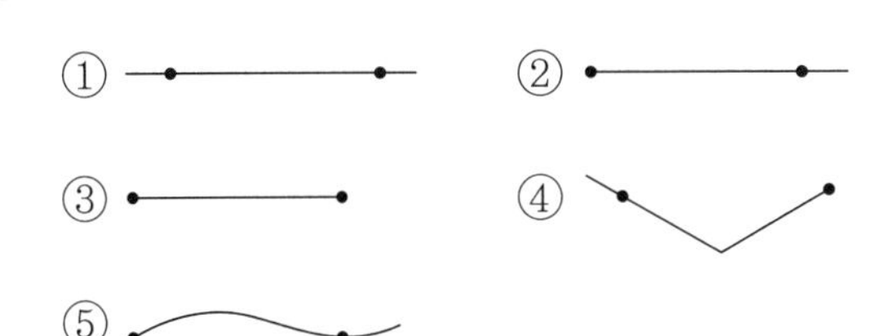

교과서 유형

2-1 도형의 이름에 ○표 하시오.

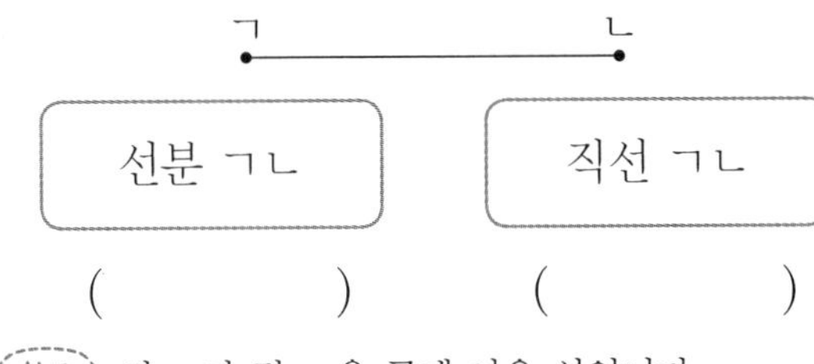

( ) ( )

힌트 점 ㄱ과 점 ㄴ을 곧게 이은 선입니다.

2-2 도형의 이름에 ○표 하시오.

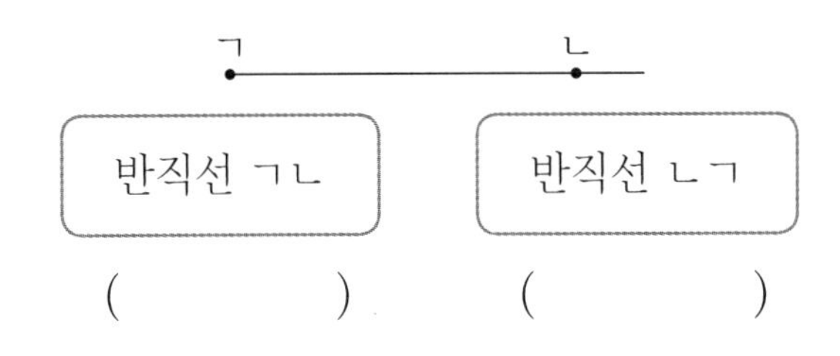

( ) ( )

3-1 점을 이용하여 다음을 그려 보시오.

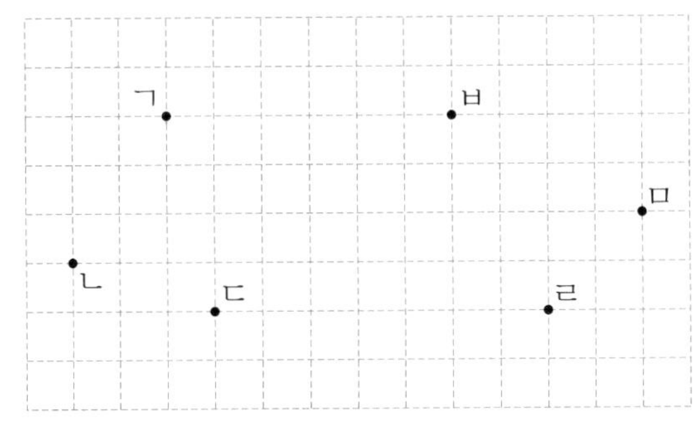

(1) 선분 ㄷㄹ을 그려 보시오.

(2) 반직선 ㄴㄱ을 그려 보시오.

힌트 (1) 선분은 두 점을 곧게 이은 선입니다.
(2) 반직선은 한 점에서 시작하여 한쪽으로 끝없이 늘인 곧은 선입니다.

3-2 점을 이용하여 다음을 그려 보시오.

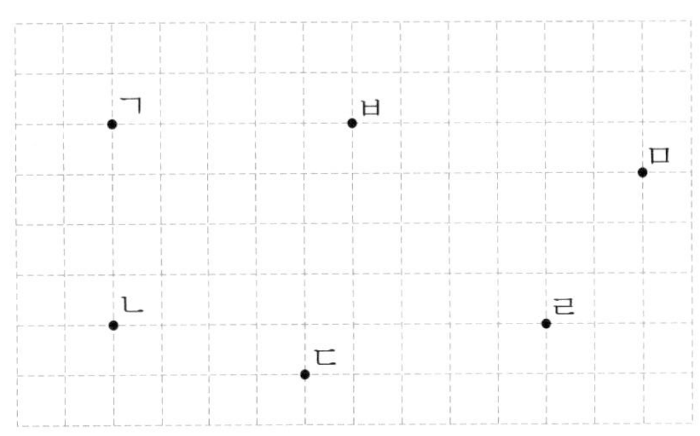

(1) 반직선 ㄱㄴ을 그려 보시오.

(2) 직선 ㄹㅂ을 그려 보시오.

개념 2 각을 알아볼까요

• 각: 한 점에서 그은 두 반직선으로 이루어진 도형

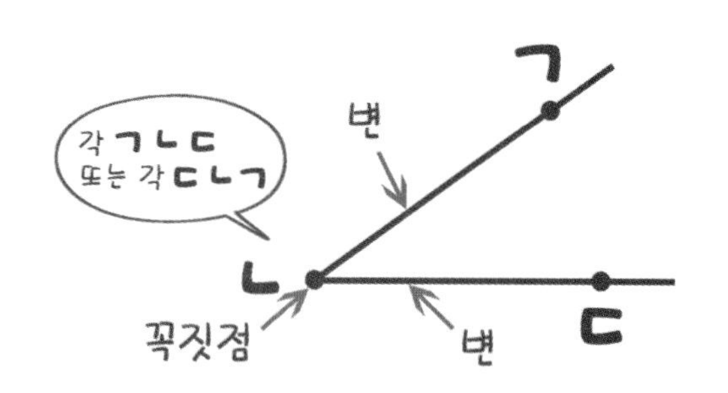

그림의 각을 각 ㄱㄴㄷ 또는 각 ㄷㄴㄱ이라 하고, 이때 점 ㄴ을 각의 꼭짓점이라고 합니다. 반직선 ㄴㄱ과 반직선 ㄴㄷ을 각의 변이라 하고, 이 변을 변 ㄴㄱ과 변 ㄴㄷ이라고 합니다.

〈세 점을 이용하여 꼭짓점이 서로 다른 각 알아보기〉

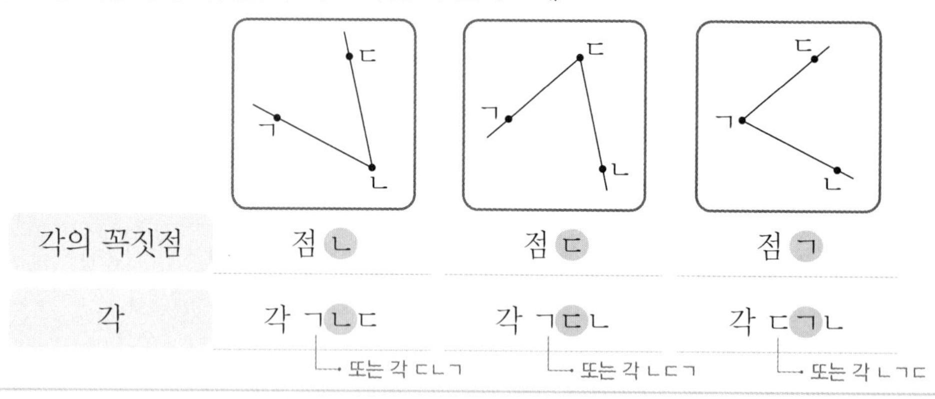

각의 꼭짓점	점 ㄴ	점 ㄷ	점 ㄱ
각	각 ㄱㄴㄷ → 또는 각 ㄷㄴㄱ	각 ㄱㄷㄴ → 또는 각 ㄴㄷㄱ	각 ㄷㄱㄴ → 또는 각 ㄴㄱㄷ

개념 체크

❶ 한 점에서 그은 두 반직선으로 이루어진 도형을 □이라고 합니다.

❷ 각을 읽을 때에는 꼭짓점이 (처음에 , 가운데에) 오도록 읽습니다.

참고

각은 한 점에서 그은 두 반직선으로 이루어진 도형입니다.

개념 체크 정답 ❶ 각 ❷ 가운데에 ○표

기본 문제

쌍둥이 문제

정답은 8쪽

1-1 각에 ○표 하시오.

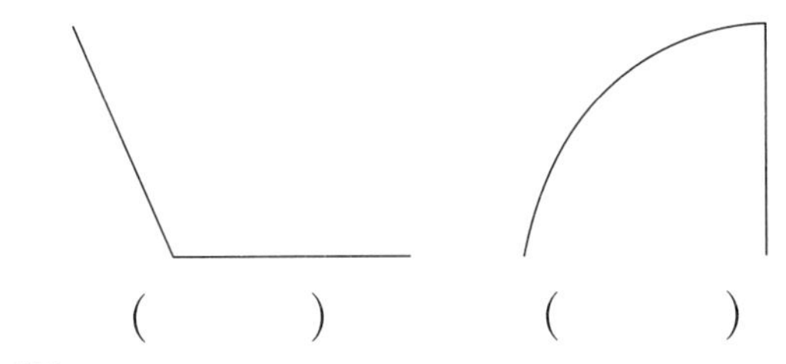

( ) ( )

힌트 한 점에서 그은 두 반직선으로 이루어진 도형을 각이라고 합니다.

1-2 각을 찾아 기호를 쓰시오.

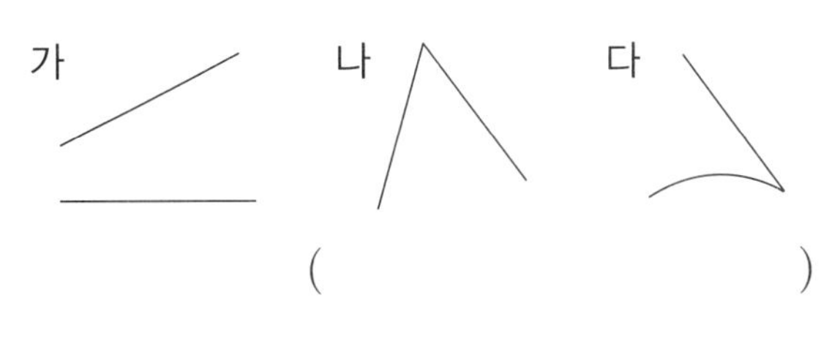

( )

2-1 각을 바르게 읽은 것에 색칠하시오.

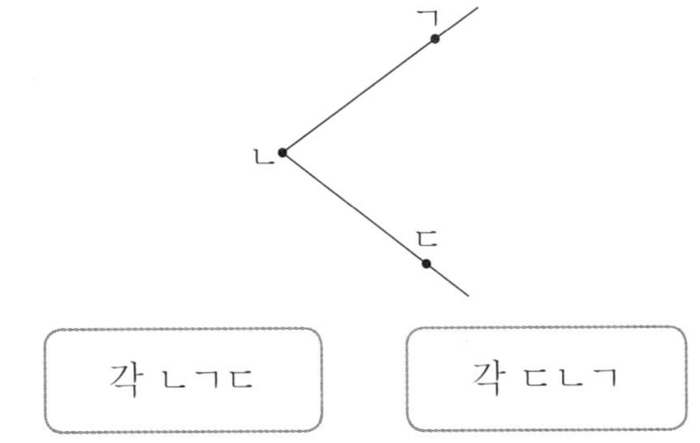

힌트 각을 읽을 때에는 꼭짓점이 가운데에 오도록 읽습니다.

2-2 각을 읽어 보시오.

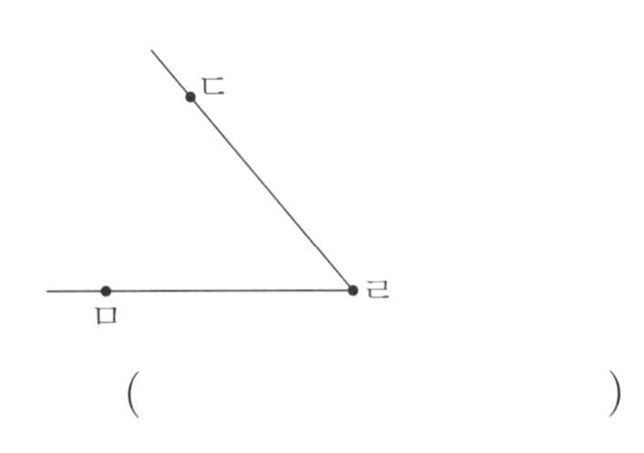

( )

교과서 유형

3-1 각 ㄱㄴㄷ을 완성하고, 각의 꼭짓점과 변을 쓰시오.

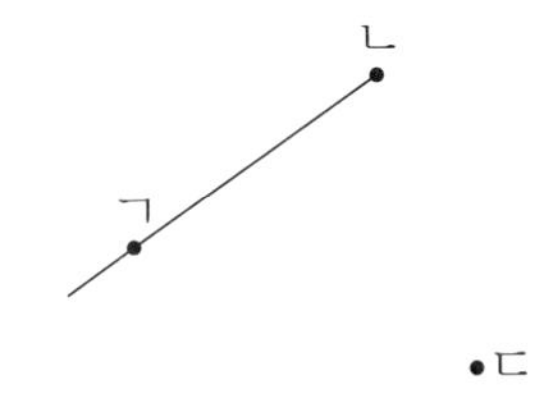

각의 꼭짓점 ______

각의 변 ______

힌트 두 반직선이 한 점에서 만나도록 그립니다.

3-2 각 ㄴㄷㄱ을 완성하고, 각의 꼭짓점과 변을 쓰시오.

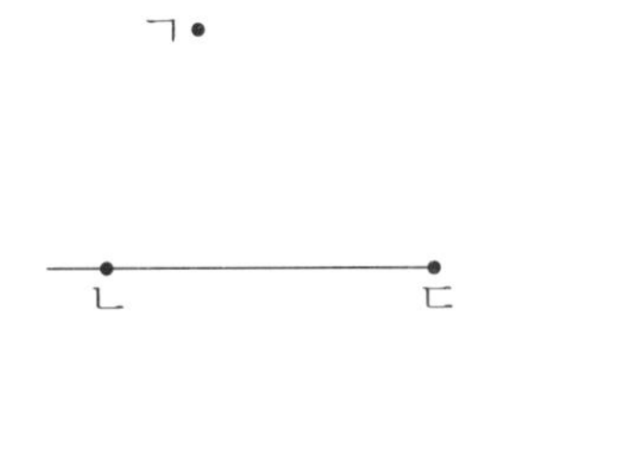

각의 꼭짓점 ______

각의 변 ______

개념 3 직각을 알아볼까요

개념 동영상

종이를 반듯하게 두 번 접어 봅니다.

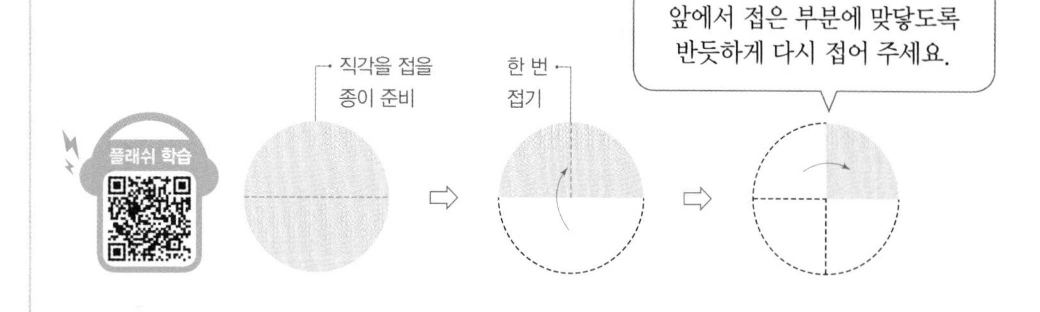

그림과 같이 종이를 반듯하게 두 번 접었을 때 생기는 각을 직각이라고 합니다.

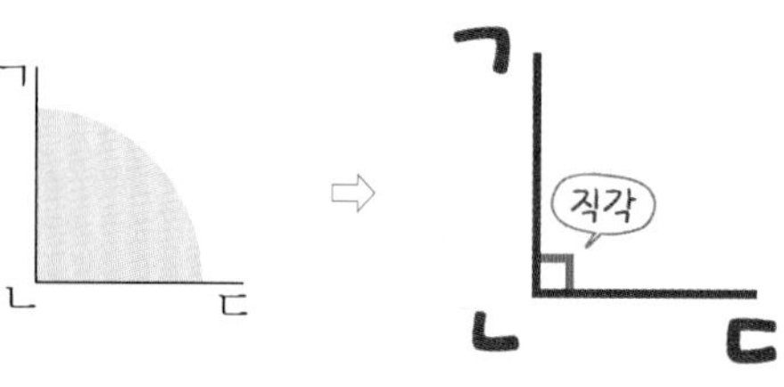

직각 ㄱㄴㄷ을 나타낼 때에는 꼭짓점 ㄴ에 ∟ 표시를 합니다.

개념 체크

1. 종이를 반듯하게 두 번 접었을 때 생기는 각을 (직각 , 정각)이라고 합니다.

2. 특별히 직각을 나타낼 때에는 꼭짓점에 (∟ , ∟) 표시를 합니다.

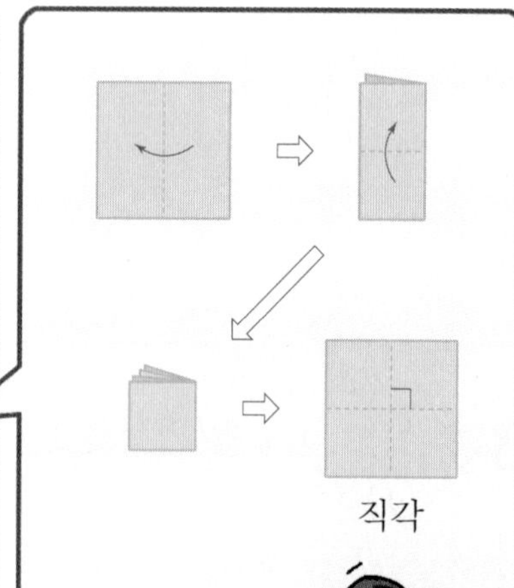

개념 체크 정답 1 직각에 ○표 2 ∟ 에 ○표

1-1 삼각자에서 직각을 찾아 ○표 하시오.

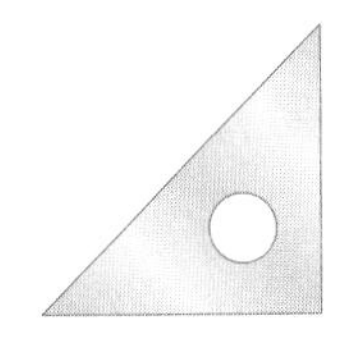
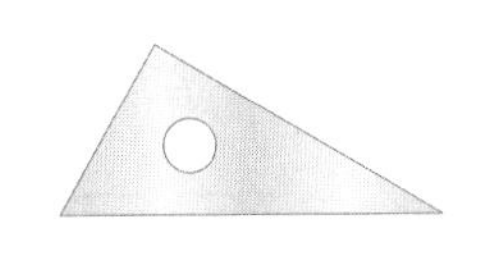

힌트 종이를 반듯하게 두 번 접어 만든 종이를 이용하여 직각을 찾아봅니다.

교과서 유형

2-1 직각을 찾아 ∟ 로 표시하시오.

(1)

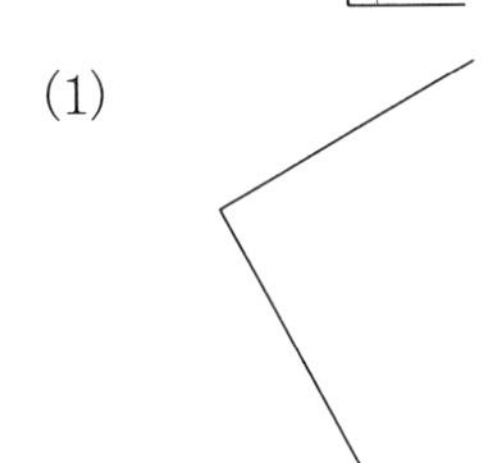

(2)

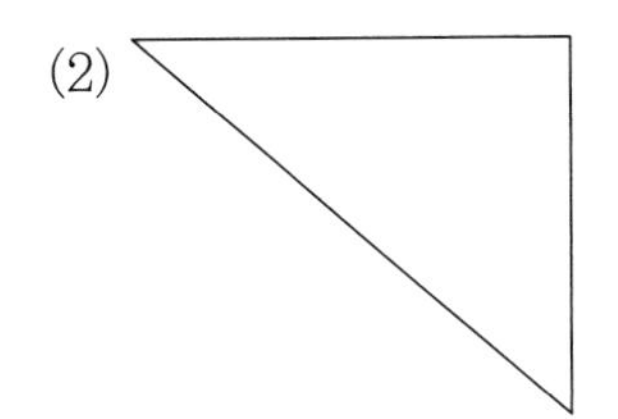

힌트 각에 직각 삼각자를 대었을 때 직각 삼각자의 직각인 부분과 꼭 맞게 겹쳐지는 각을 찾습니다.

3-1 직각 삼각자를 이용하여 점 ㄴ을 꼭짓점으로 하는 직각을 그려 보시오.

•ㄴ

힌트 직각 삼각자의 직각인 부분을 점 ㄴ 위에 대고 직각을 그립니다.

1-2 그림을 보고 □ 안에 알맞은 말을 써넣으시오.

오른쪽과 같이 직각 삼각자를 대었을 때 꼭 맞게 겹쳐지는 각을 □(이)라고 합니다.

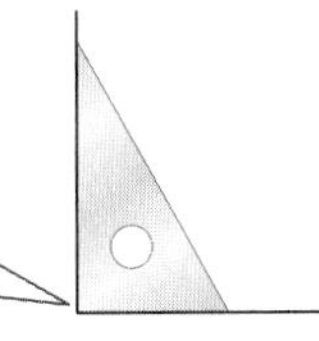

2-2 직각을 모두 찾아 ∟ 로 표시하고 직각이 모두 몇 개인지 써 보시오.

(1) □개

(2) □개

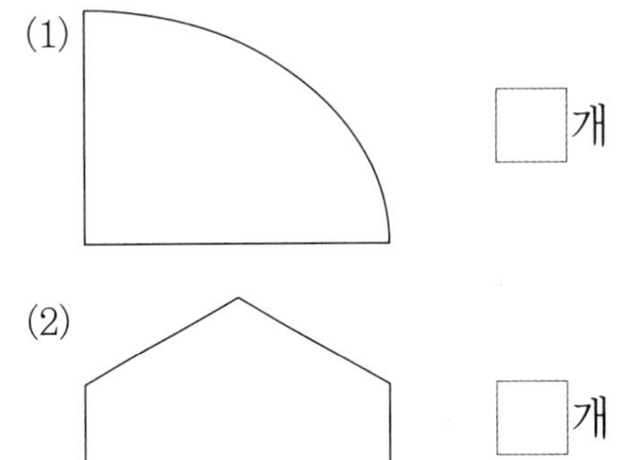

3-2 직각 삼각자를 이용하여 점 ㄹ을 꼭짓점으로 하는 직각을 그려 보시오.

ㄹ•

개념 확인하기

개념1 선의 종류에는 어떤 것이 있을까요

선분 ㄱㄴ	반직선 ㄱㄴ	직선 ㄱㄴ

[01~03] 도형을 보고 물음에 답하시오.

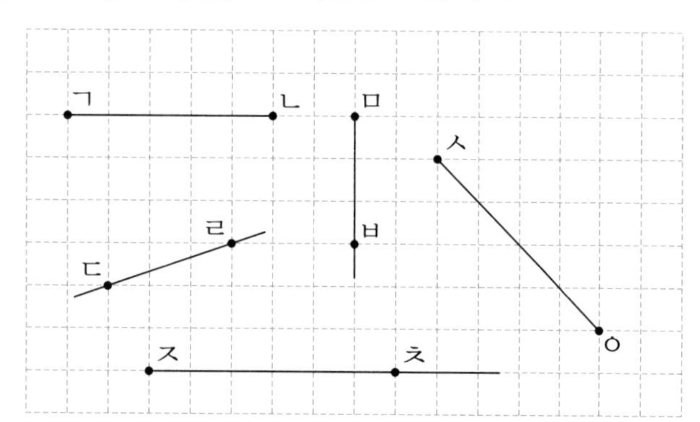

01 선분을 모두 찾아 이름을 쓰시오.

( )

교과서 유형

02 반직선을 모두 찾아 이름을 쓰시오.

( )

03 직선을 찾아 이름을 쓰시오.

( )

04 직선 ㄴㄷ을 그려 보시오.

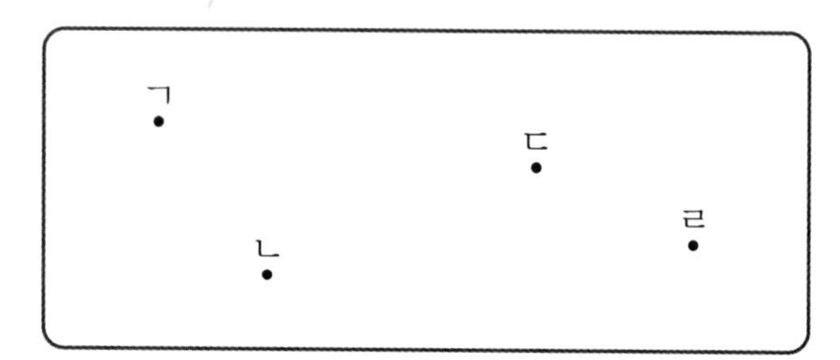

05 •보기•에서 알맞은 문장을 찾아 완성하시오.

•보기•
- 두 점을 곧게 이은 선으로 직선의 일부분
- 선분을 양쪽으로 끝없이 늘인 곧은 선
- 한 점에서 시작하여 한쪽으로 끝없이 늘인 곧은 선

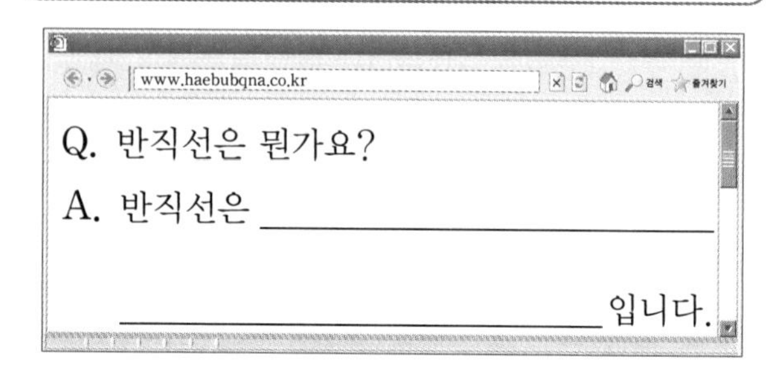

개념2 각을 알아볼까요

각: 한 점에서 그은 두 반직선으로 이루어진 도형

변 ㄱ ㄴ ㄷ
각 ㄱㄴㄷ 또는 각 ㄷㄴㄱ
꼭짓점 변

익힘책 유형

06 □ 안에 알맞은 말을 써넣으시오.

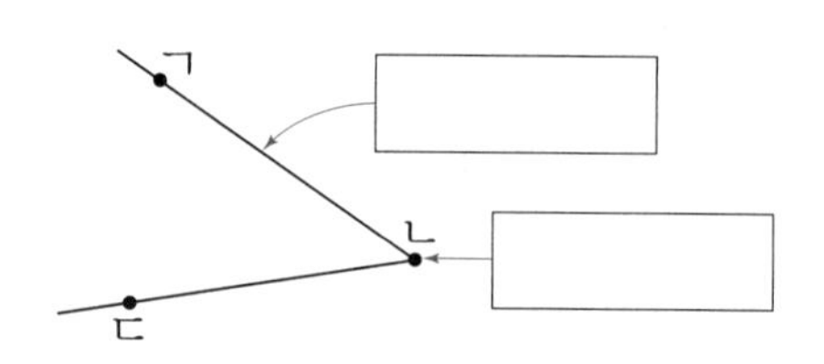

07 세 점을 이용하여 각 ㄴㄱㄷ을 그려 보시오.

ㄴ
ㄱ
ㄷ

08 각의 개수가 많은 도형부터 순서대로 기호를 쓰시오.

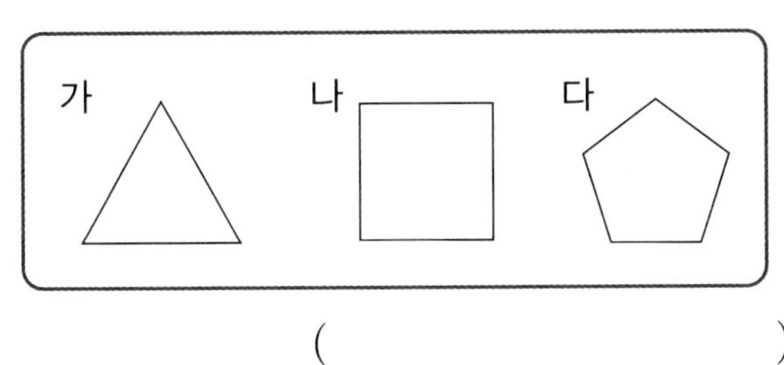

( )

익힘책 유형

09 다음 도형은 각이 아닙니다. 그 이유를 쓰시오.

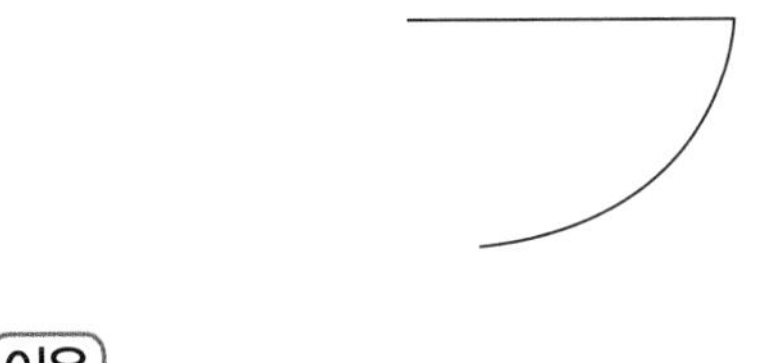

이유

개념3 직각을 알아볼까요

직각: 종이를 반듯하게 두 번 접었을 때 생기는 각

10 직각을 모두 찾아 ⌞ 로 표시하시오.

[11~12] 도형을 보고 물음에 답하시오.

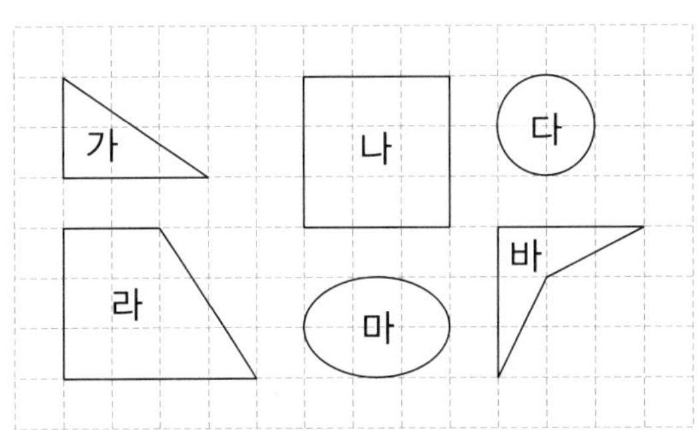

교과서 유형

11 도형에서 직각을 모두 찾아 ⌞ 로 표시하시오.

12 직각이 가장 많은 도형을 찾아 기호를 쓰시오.

( )

13 다음과 같이 해시계를 만들었습니다. 만든 해시계에서 직각은 모두 몇 개입니까?

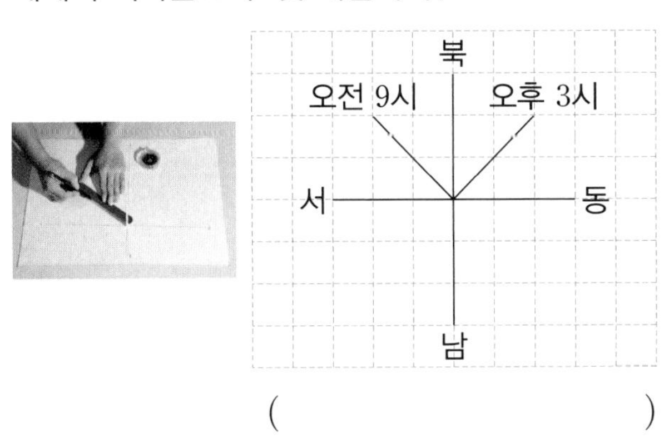

( )

반직선 ㄱㄴ을 반직선 ㄴㄱ이라고 읽어도 될까? ㄱ ㄴ

점 ㄱ에서 시작하여 점 ㄴ을 지나는 반직선을 반직선 ㄱㄴ이라고 읽기로 약속하였으므로 반직선 ㄴㄱ이라고 읽을 수 없습니다.

2 평면도형

개념 파헤치기

개념 동영상

개념 4 직각삼각형을 알아볼까요

- 직각이 있는 삼각형과 없는 삼각형으로 분류하기

삼각형

직각이 있는 삼각형

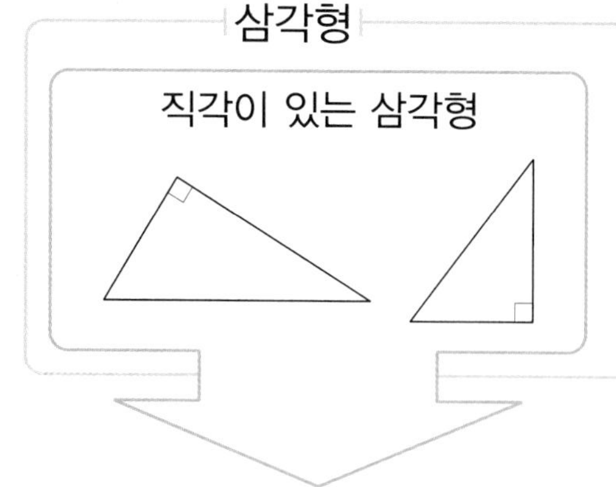

직각이 없는 삼각형

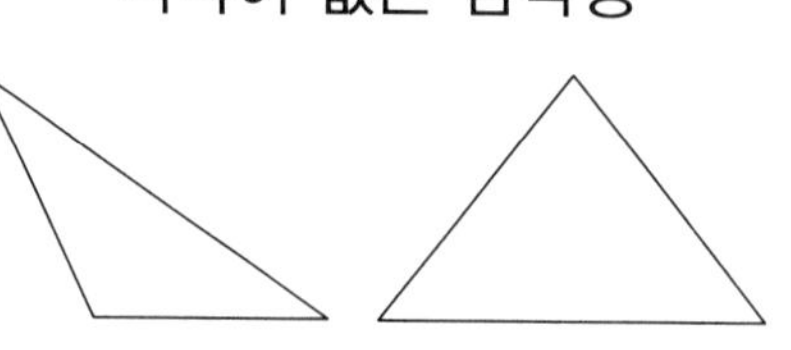

한 각이 직각인 삼각형을 직각삼각형이라고 합니다.

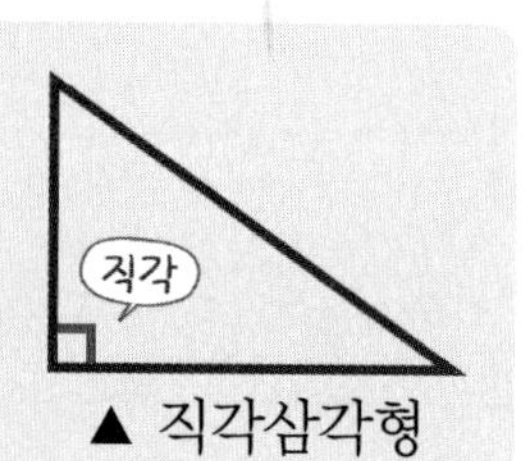

▲ 직각삼각형

참고 직각이 있는 삼각형에는 직각이 하나밖에 없습니다.

개념 체크

❶ 직각삼각형은 (한 , 두) 각이 [ ] 인 삼각형입니다.

나는 직각삼각형입니다! 직삼각형이라 부르면 안 돼요~

개념 체크 정답 ❶ 한에 ○표, 직각

1-1 직각삼각형에 ○표 하시오.

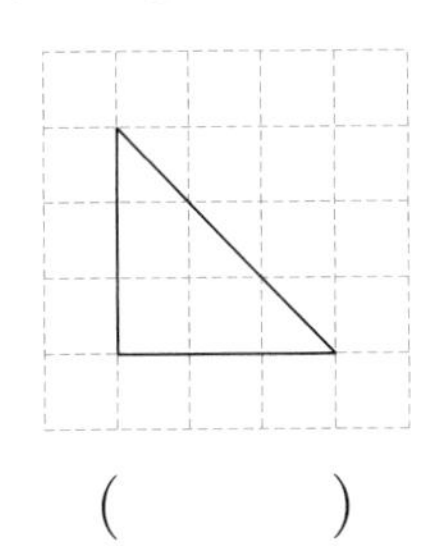

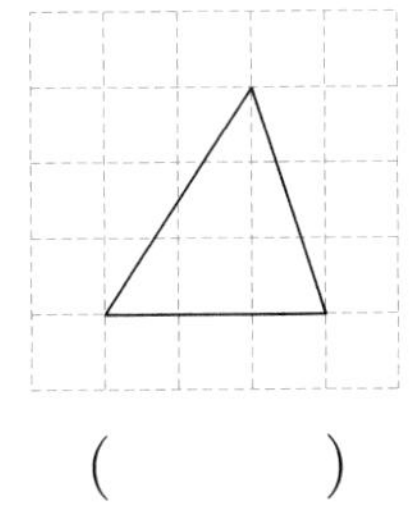

( ) ( )

힌트 직각삼각형은 한 각이 직각인 삼각형입니다.

1-2 직각삼각형을 찾아 기호를 쓰시오.

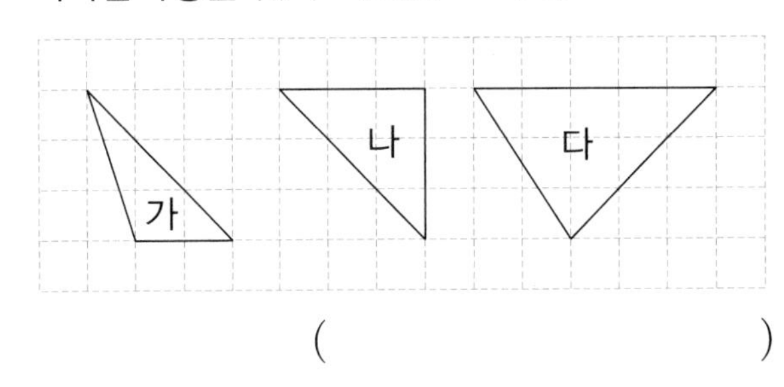

( )

2-1 직각삼각형에서 직각을 찾아 ⌊ 로 표시하시오.

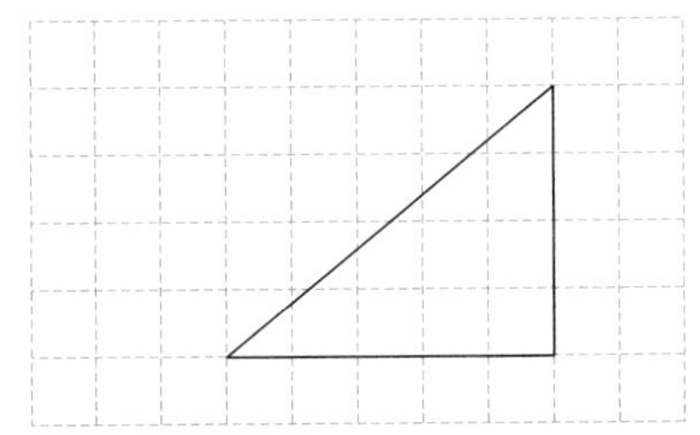

힌트 종이를 반듯하게 두 번 접었을 때 생기는 각을 직각이라고 합니다.

2-2 직각삼각형에서 직각을 찾아 ⌊ 로 표시하시오.

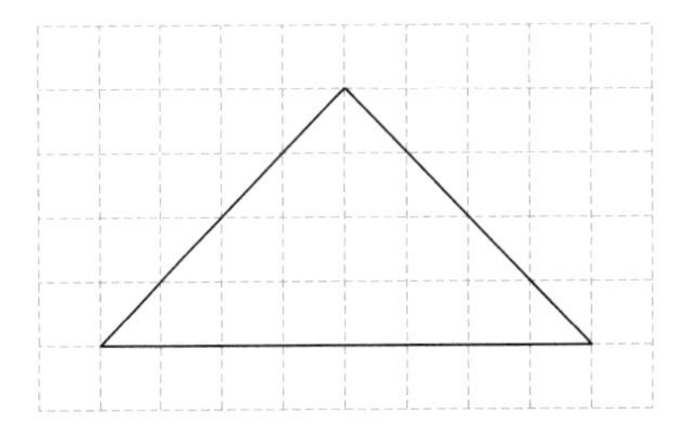

교과서 유형

3-1 점 종이에 직각삼각형을 그려 보시오.

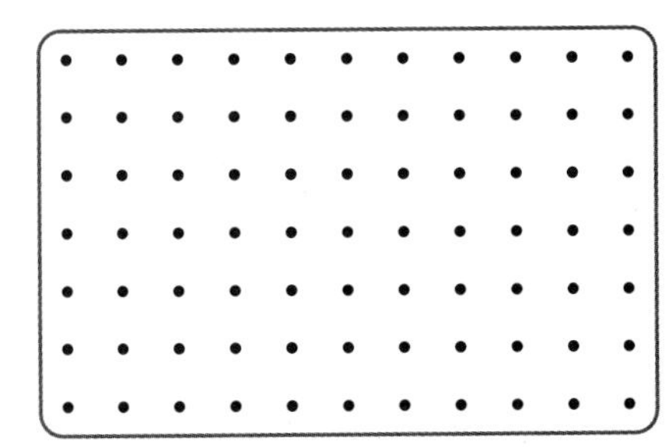

힌트 직각삼각형은 한 각이 직각인 삼각형입니다.

3-2 점 종이에 3-1과 다른 직각삼각형을 그려 보시오.

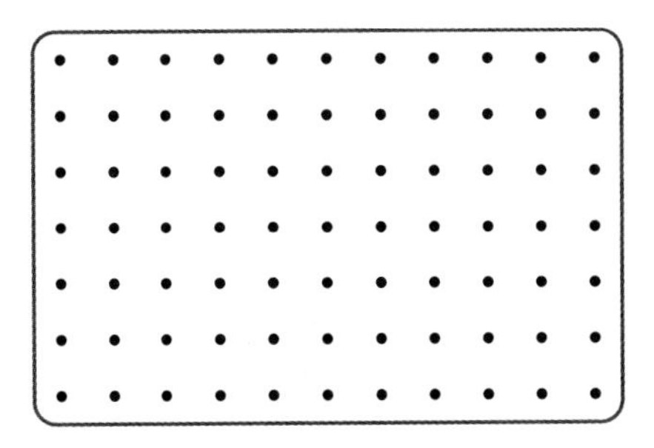

1 STEP 개념 파헤치기

개념 5 직사각형을 알아볼까요

- 직각의 개수에 따라 사각형 분류하기

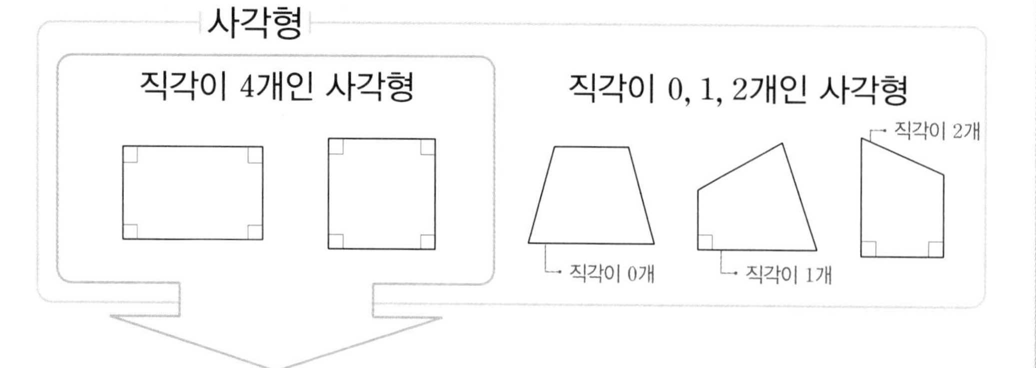

네 각이 모두 직각인 사각형을 직사각형이라고 합니다.

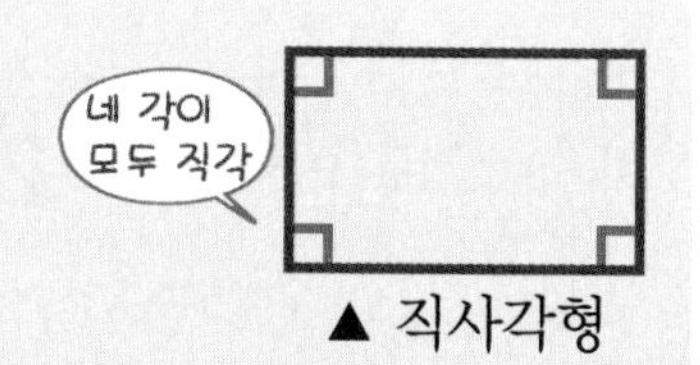

▲ 직사각형

참고 직각이 3개만 있는 사각형은 어떠한 경우에도 존재하지 않습니다. 사각형에 직각이 3개 있다면 나머지 한 각도 직각입니다.

개념 체크

❶ 직사각형은 (한 , 두 , 네) 각이 모두 [ ] 인 사각형입니다.

나는 직사각형입니다! 직각사각형이라 부르면 안 돼요~

개념 체크 정답 ❶ 네에 ○표, 직각

1-1 직사각형에 ○표 하시오.

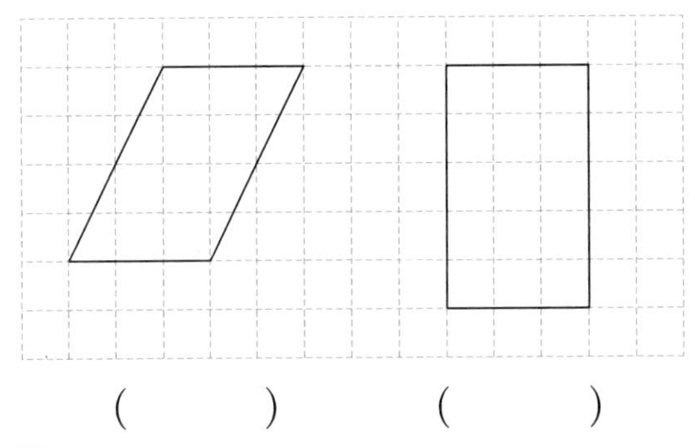

(　　　) (　　　)

힌트 직사각형은 네 각이 모두 직각인 사각형입니다.

1-2 직사각형을 찾아 기호를 쓰시오.

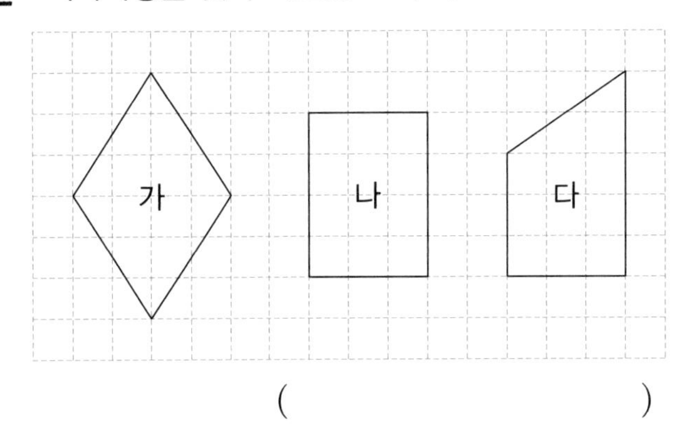

(　　　　　　　　)

2-1 직사각형에서 직각을 모두 찾아 ∟로 표시하시오.

힌트 종이를 반듯하게 두 번 접었을 때 생기는 각을 직각이라고 합니다.

2-2 직사각형에서 직각을 모두 찾아 ∟로 표시하고 직각이 모두 몇 개인지 써 보시오.

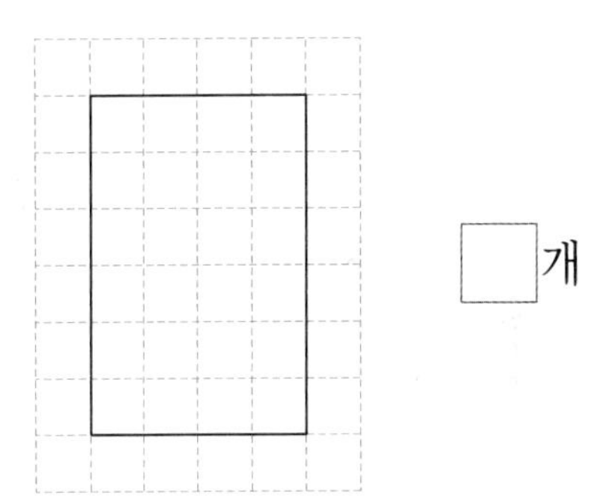

□개

교과서 유형

3-1 모눈종이에 그어진 선분을 두 변으로 하는 직사각형을 완성하시오.

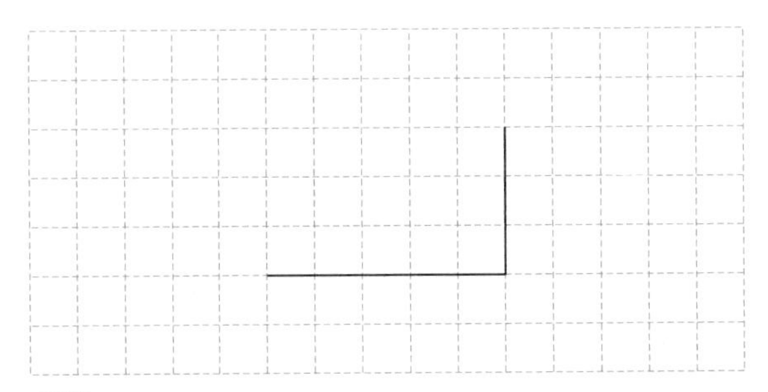

힌트 직사각형은 네 각이 모두 직각인 사각형입니다.

3-2 점 종이에 직사각형을 그려 보시오.

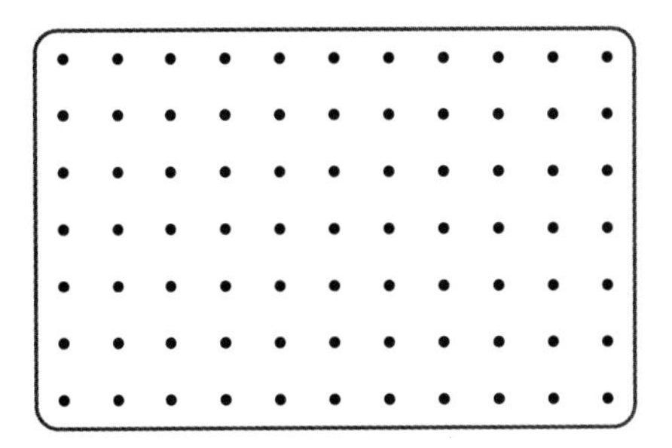

개념 파헤치기

개념 6 정사각형을 알아볼까요

• 기준에 따라 사각형을 분류하기

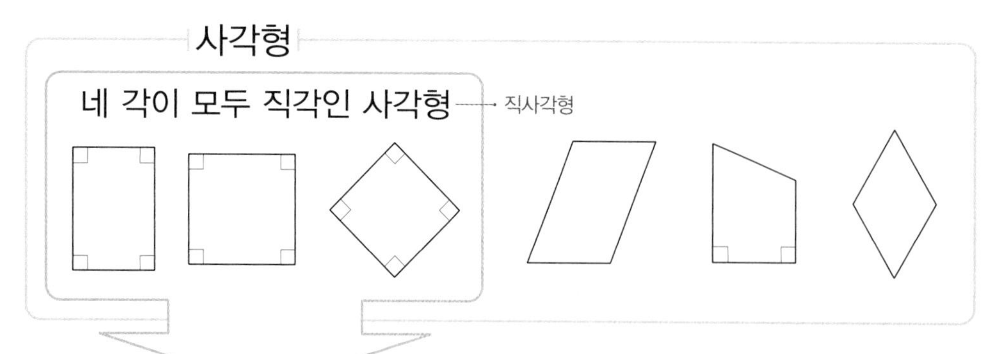

네 각이 모두 직각이고 네 변의 길이가 모두 같은 사각형을 정사각형이라고 합니다.

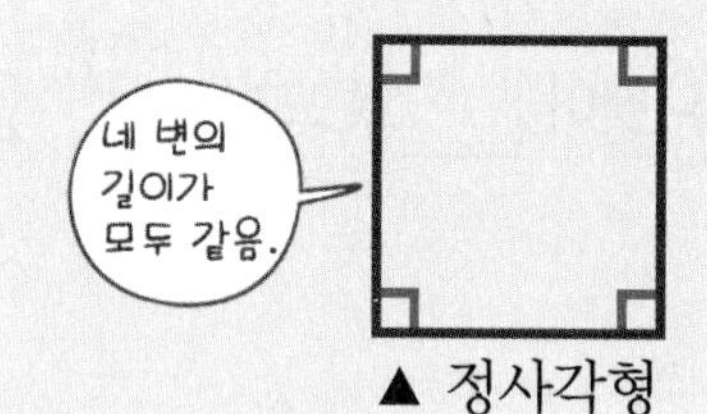

▲ 정사각형

개념 체크

❶ 정사각형은 (한 , 두 , 네) 각이 모두 ☐이고 (한 , 두 , 네) 변의 길이가 모두 ☐ 사각형입니다.

정사각형은 직사각형이라고 말할 수 있어요.

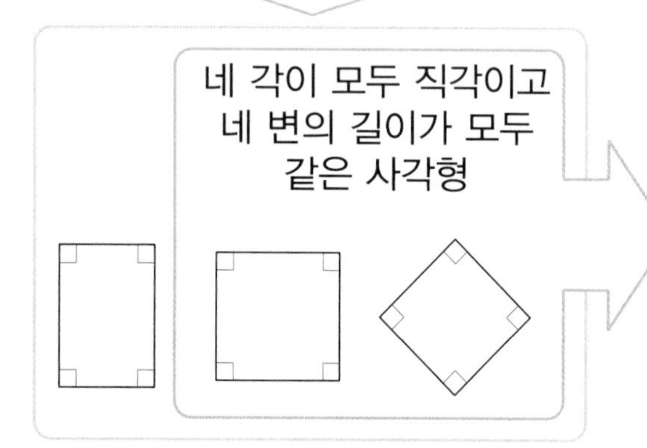

▲ 정사각형

개념 체크 정답 ❶ 네에 ○표, 직각, 네에 ○표, 같은

1-1 정사각형에 ○표 하시오.

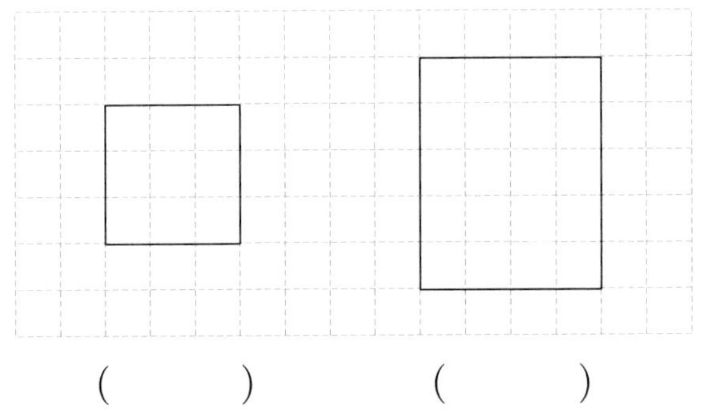

(　　　)　　　(　　　)

힌트 정사각형은 네 각이 모두 직각이고 네 변의 길이가 모두 같은 사각형입니다.

1-2 정사각형을 찾아 기호를 쓰시오.

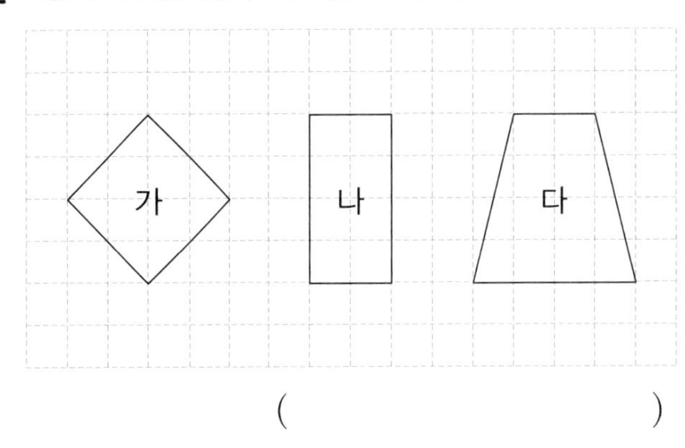

(　　　　　　　)

2-1 정사각형에 대한 설명입니다. 알맞은 말에 ○표 하시오.

정사각형은 네 변의 길이가 모두
(같습니다 , 다릅니다).

힌트 직사각형 중 네 변의 길이가 모두 같은 사각형을 정사각형이라고 합니다.

2-2 정사각형입니다. □ 안에 알맞은 수를 써넣으시오.

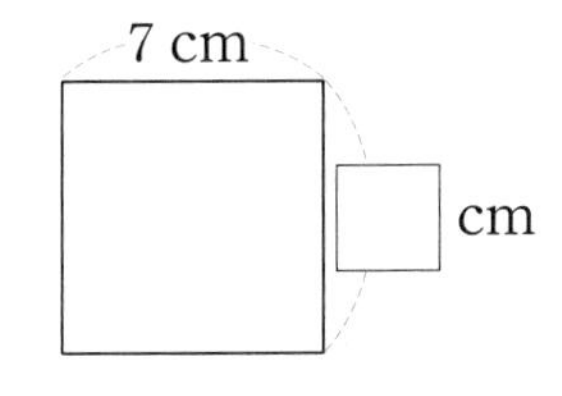

교과서 유형

3-1 모눈종이에 그어진 선분을 한 변으로 하는 정사각형을 완성하시오.

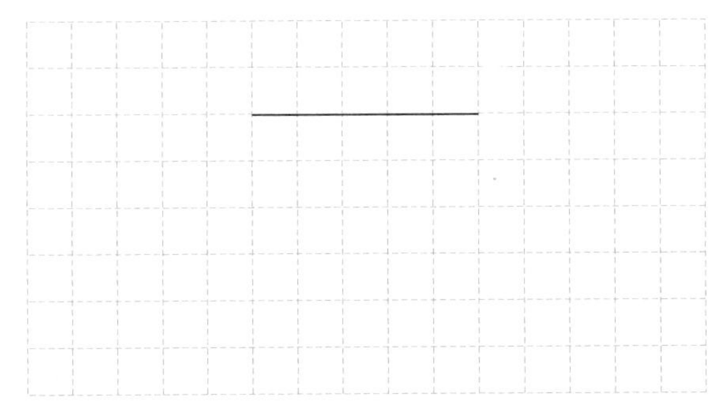

힌트 정사각형은 네 각이 모두 직각이고 네 변의 길이가 모두 같은 사각형입니다.

3-2 점 종이에 정사각형을 그려 보시오.

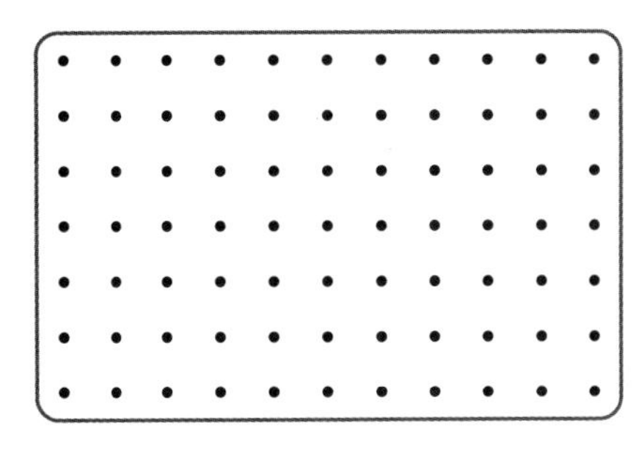

개념 4 직각삼각형을 알아볼까요

직각삼각형: 한 각이 직각인 삼각형

01 오른쪽 도형의 이름을 바르게 읽은 것에 색칠하시오.

직삼각형 | 직각삼각형

교과서 유형

02 직각삼각형을 모두 찾아 기호를 쓰시오.

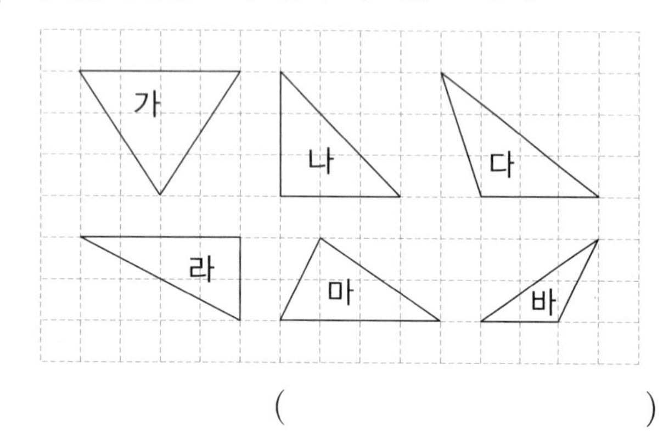

( )

03 직각 삼각자를 이용하여 주어진 선분을 한 변으로 하는 직각삼각형을 그려 보시오.

04 두 직각삼각형의 같은 점과 다른 점을 쓰시오.

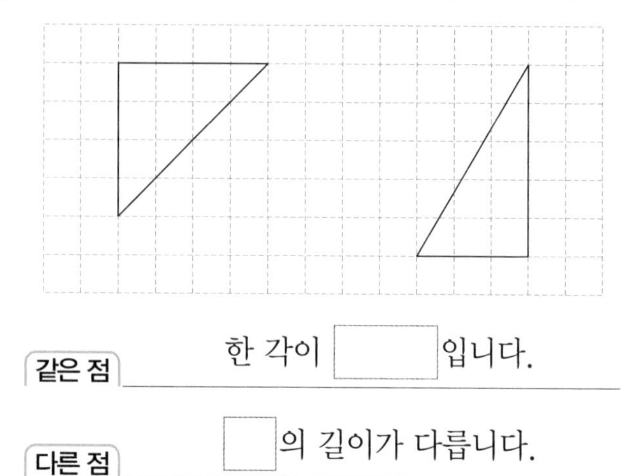

같은 점 한 각이 [ ] 입니다.

다른 점 [ ]의 길이가 다릅니다.

개념 5 직사각형을 알아볼까요

직사각형: 네 각이 모두 직각인 사각형

05 오른쪽 도형의 이름을 바르게 읽은 것에 색칠하시오.

직사각형 | 직각사각형

익힘책 유형

06 직사각형을 모두 찾아 기호를 쓰시오.

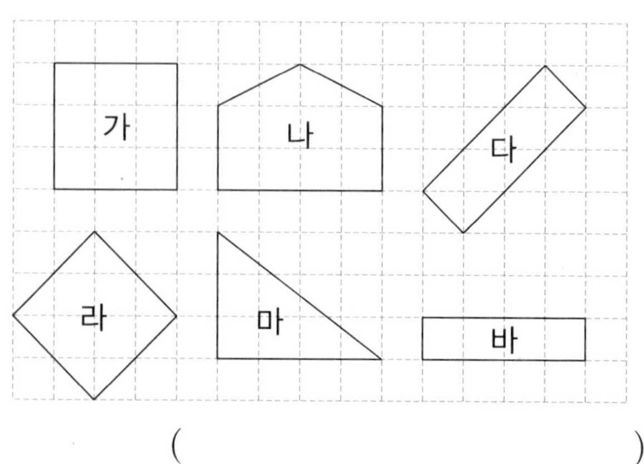

( )

07 직각 삼각자를 이용하여 주어진 선분을 두 변으로 하는 직사각형을 그려 보시오.

익힘책 유형

08 오른쪽 도형이 직사각형이 아닌 이유를 쓰시오.

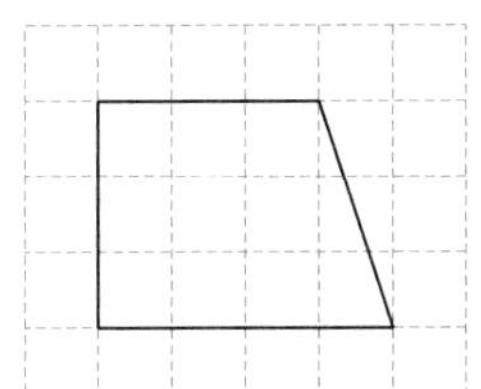

이유 ________________________________

개념6 정사각형을 알아볼까요

정사각형: 네 각이 모두 직각이고 네 변의 길이가 모두 같은 사각형

09 문제 06의 그림에서 정사각형을 모두 찾아 기호를 쓰시오.

(　　　　　　　　)

교과서 유형

10 모눈종이에 그어진 선분을 두 변으로 하는 정사각형을 그려 보시오.

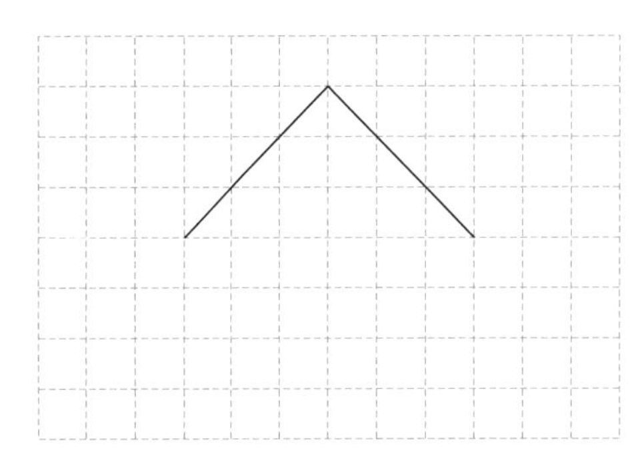

11 정사각형에 대해 잘못 설명한 사람은 누구입니까?

(　　　　　　　　)

12 한 변의 길이가 7 cm인 정사각형 모양 딱지입니다. 딱지의 네 변의 길이의 합은 몇 cm입니까?

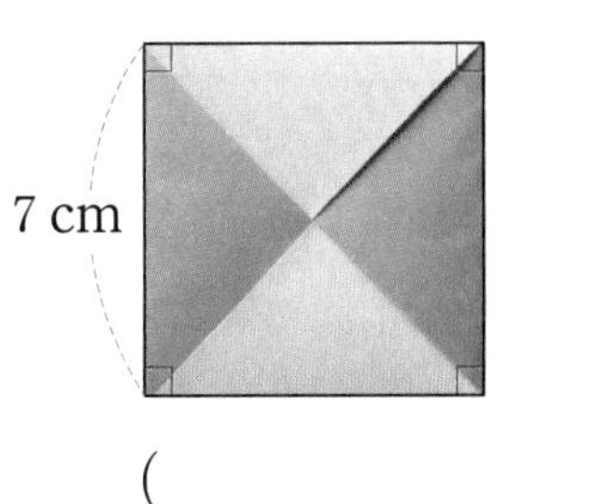

(　　　　　　　　)

해결의 창

정사각형은 직사각형이라고 말할 수 있지만 직사각형은 정사각형이라고 말할 수 없습니다.

직사각형 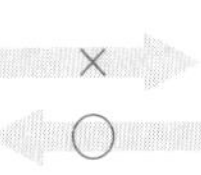 정사각형

점수

01 □ 안에 알맞은 말을 써넣으시오.

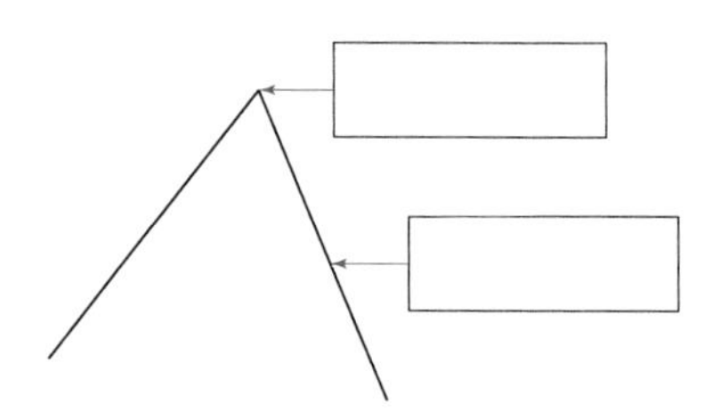

02 다음 도형에는 각이 몇 개 있습니까?

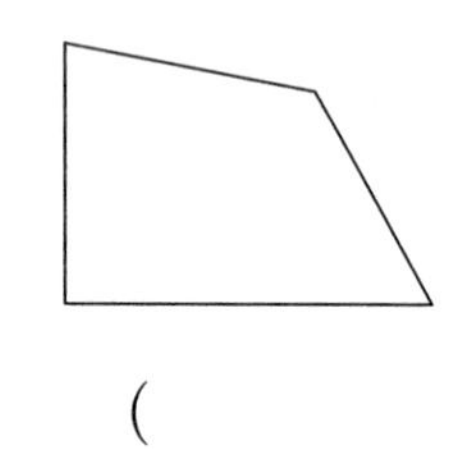

(　　　　　　　　)

[03~04] 도형을 보고 물음에 답하시오.

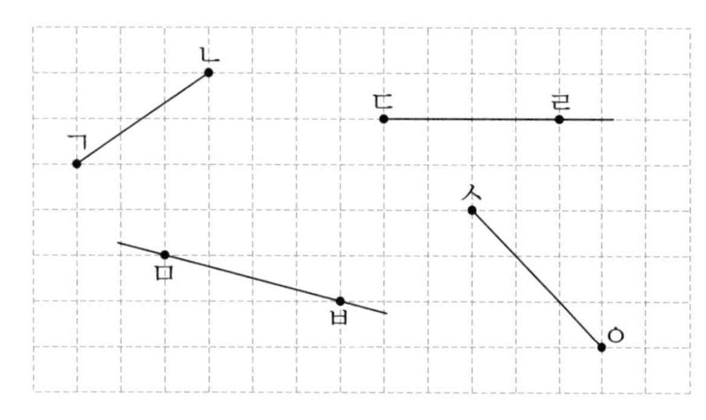

03 반직선을 찾아 이름을 쓰시오.

(　　　　　　　　)

04 선분을 모두 찾아 이름을 쓰시오.

(　　　　　　　　)

[05~06] 도형을 보고 물음에 답하시오.

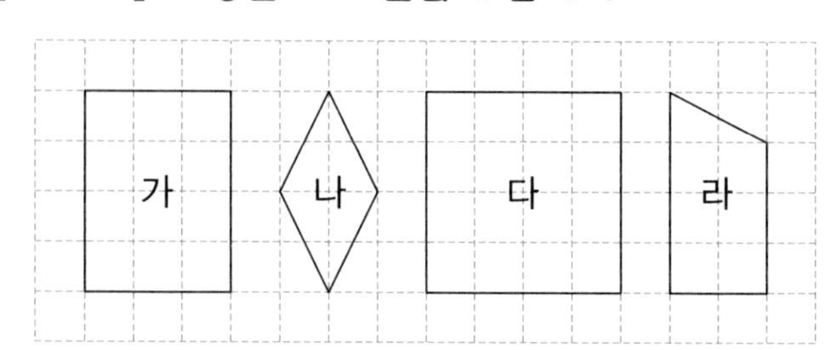

05 직사각형을 모두 찾아 기호를 쓰시오.

(　　　　　　　　)

06 정사각형을 찾아 기호를 쓰시오.

(　　　　　　　　)

07 직사각형에서 직각을 모두 찾아 ∟ 로 표시하고 직각이 모두 몇 개인지 써 보시오.

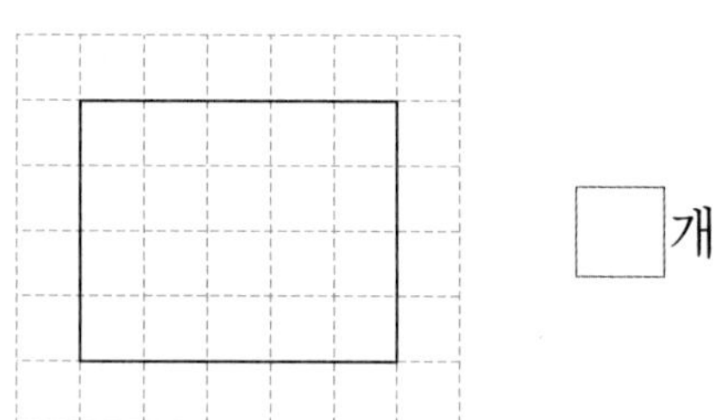

08 각 ㄴㄱㄷ을 그리고, 각의 꼭짓점과 변을 쓰시오.

ㄱ

ㄴ　　　ㄷ

각의 꼭짓점 ____________________

각의 변 ____________________

09 점 종이에 그어진 선분을 두 변으로 하는 직사각형을 완성하시오.

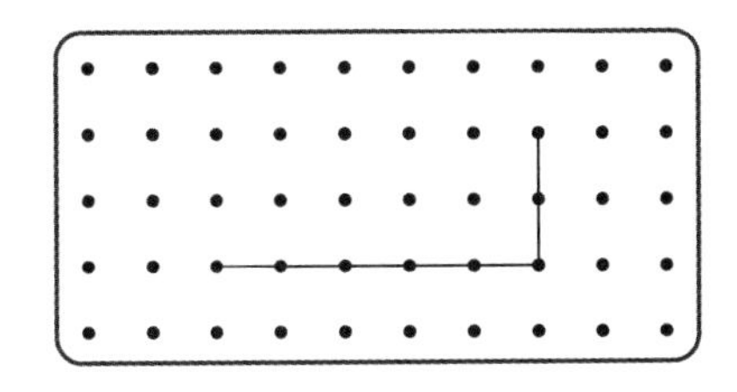

10 직선 ㄱㄴ을 그려 보시오.

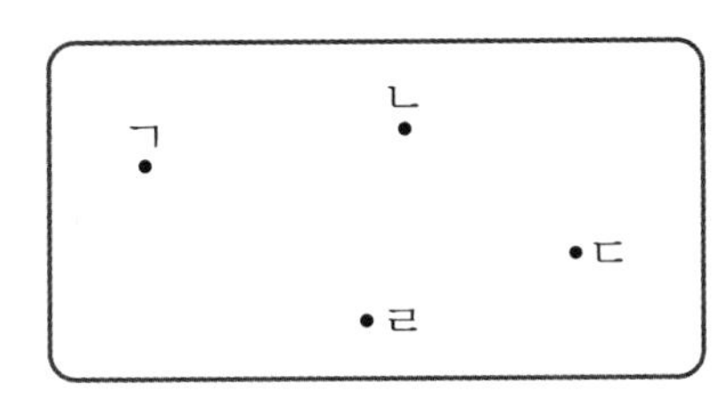

11 점 ㄱ을 옮겨서 직각삼각형이 되게 하려고 합니다. 점 ㄱ을 어느 점으로 옮겨야 합니까?

( )

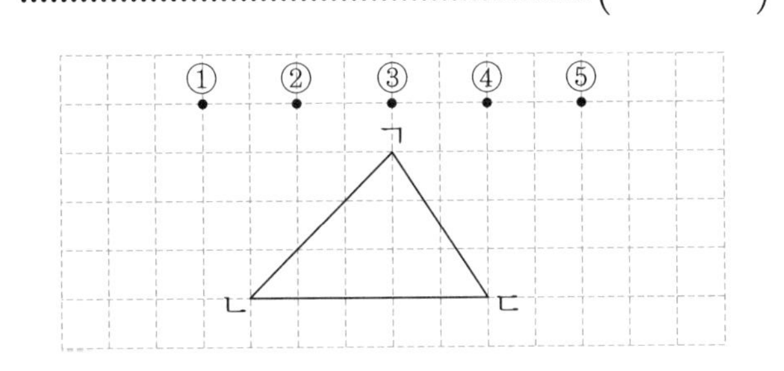

12 직각을 찾아 읽어 보시오.

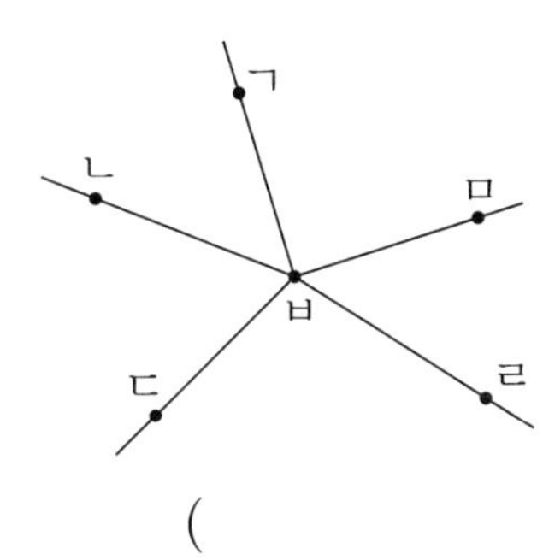

( )

13 다음 칠교판의 7조각 중 직각삼각형 모양은 몇 개입니까?

( )

14 나는 어떤 도형입니까?

- 나는 사각형입니다.
- 나는 직각이 4개 있습니다.
- 나는 네 변의 길이가 모두 같습니다.

( )

유사 문제

15 다음 도형이 직각삼각형이 아닌 이유를 쓰시오.

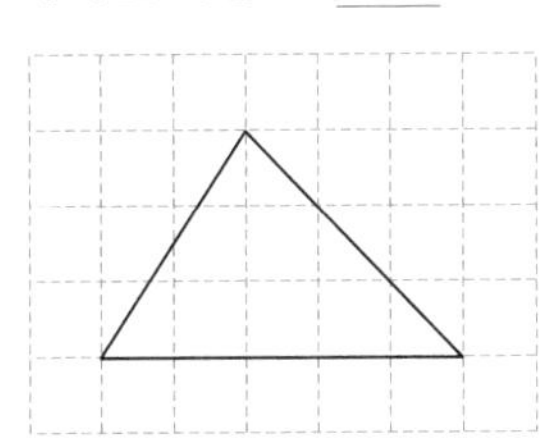

이유

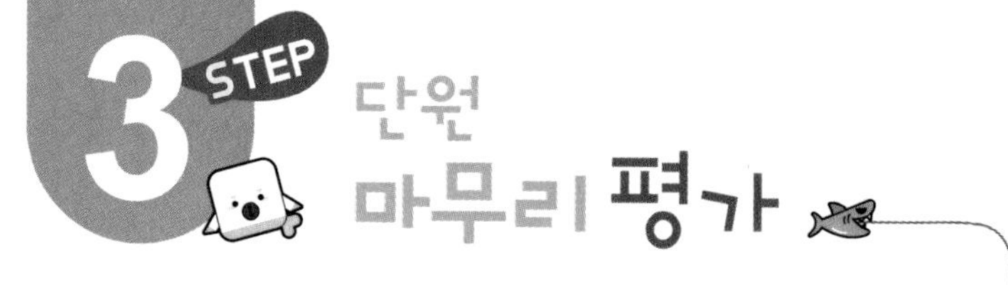

정답은 12쪽

16 오른쪽 도형을 보고 잘못 설명한 것을 찾아 기호를 쓰시오.

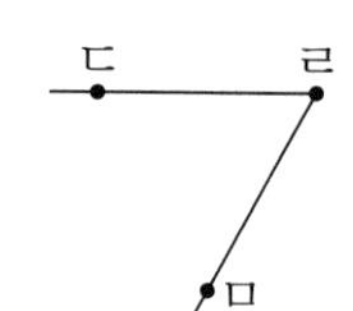

㉠ 꼭짓점은 1개입니다.
㉡ 꼭짓점은 점 ㅁ입니다.
㉢ 각 ㄷㄹㅁ이라고 읽습니다.
㉣ 변은 2개입니다.

(　　　　　　)

17 각 도형의 이름을 쓰고 다른 점이 무엇인지 설명하시오.

ㄱ ㄴ　　ㄱ ㄴ

(　　　　　)　(　　　　　)

다른 점 ______________________

____

18 시계의 긴바늘과 짧은바늘이 이루는 각이 직각이 되도록 짧은바늘을 그려 보시오.

19 다음은 칠레라는 나라의 국기입니다. 이 국기에서 (2)찾을 수 있는 크고 작은/ (1)직사각형/은 (3)모두 몇 개입니까?

(　　　　　　)

해결의 법칙

(1) 직사각형의 특징을 생각해봅니다.
(2) 도형 1개로 이루어진 직사각형, 도형 2개로 이루어진 직사각형……을 찾아봅니다.
(3) (2)에서 찾은 직사각형의 수를 세어봅니다.

20 (2)한 변의 길이가 8 cm/인 (1)정사각형/이 있습니다. 이 (3)정사각형의 네 변의 길이의 합은 몇 cm입니까?

(　　　　　　)

(1) 정사각형의 특징을 생각해봅니다.
(2) 각 변의 길이가 몇 cm인지 생각해봅니다.
(3) (2)를 이용하여 네 변의 길이의 합을 구합니다.

QR 코드를 찍어 게임을 해 보고 이번 단원을 확실히 익혀 보세요!

정답은 12쪽

1 직사각형 모양의 종이를 다음과 같이 접고 자른 다음 펼쳤습니다. 알맞은 말에 ○표 하시오.

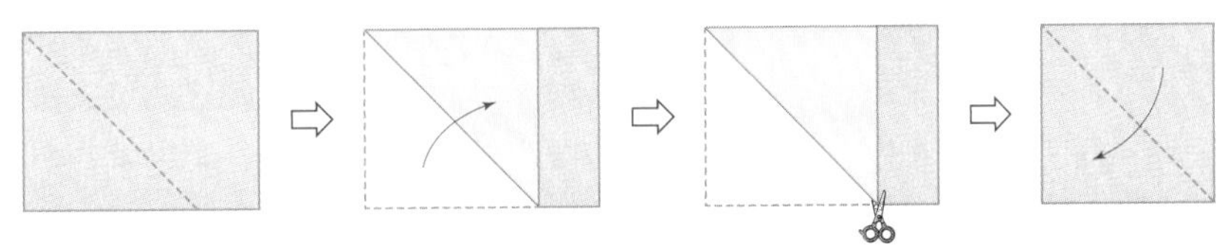

자르고 펼친 종이는 정사각형이 (맞습니다 , 아닙니다).

2 오른쪽 도형에서 찾을 수 있는 크고 작은 정사각형은 모두 몇 개입니까?

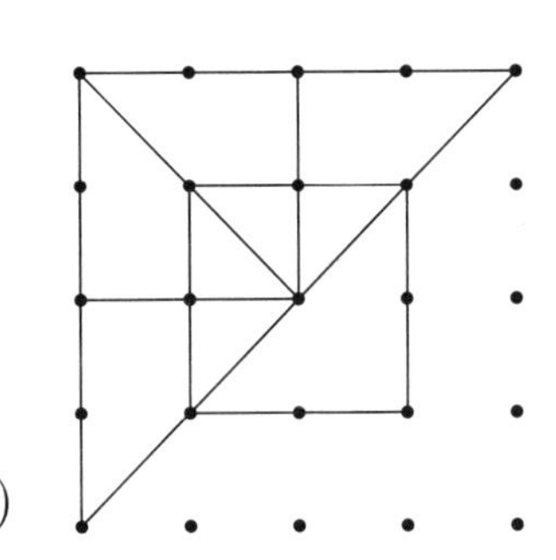

(   )

3 놀이터에 있는 정글짐입니다. 이 놀이 기구에서 지금까지 배운 평면도형 중 3개를 찾아 쓰시오.

평면도형

3 나눗셈

제3화 우리만 꿀을 따러 온 것이 아니었어~

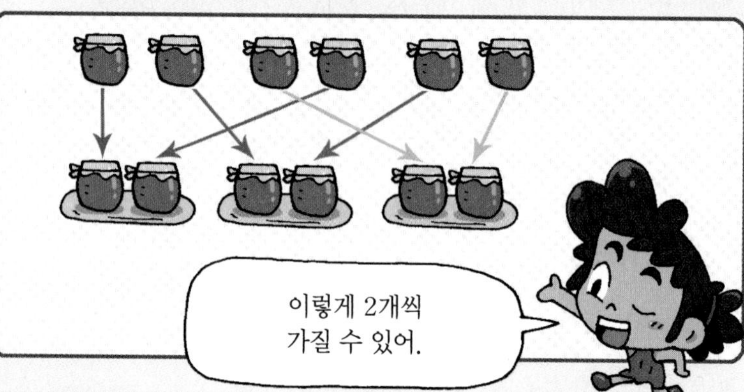

이미 배운 내용

[2-1 곱셈]
- 묶어 세기
- 몇의 몇 배

[2-2 곱셈구구]
- 곱셈구구
- 곱셈표

이번에 배울 내용

- 똑같이 나누기
- 곱셈과 나눗셈의 관계
- 나눗셈의 몫을 곱셈식으로 구하기
- 나눗셈의 몫을 곱셈구구로 구하기

앞으로 배울 내용

[3-1 분수와 소수]
- 분수

[3-2 나눗셈]
- (몇십)÷(몇), (몇십몇)÷(몇)
- 나눗셈의 검산

×	1	2	3	4	5	6	7	8	9
9	9	18	27	36	45	54	63	72	81

9×5=45이므로

45÷9의 몫은 5입니다.

1 STEP 개념 파헤치기

개념 1 똑같이 나누어 볼까요 (1)

• 토마토 8개를 접시 2개에 똑같이 나누어 놓기

1개씩 번갈아 가며 놓기

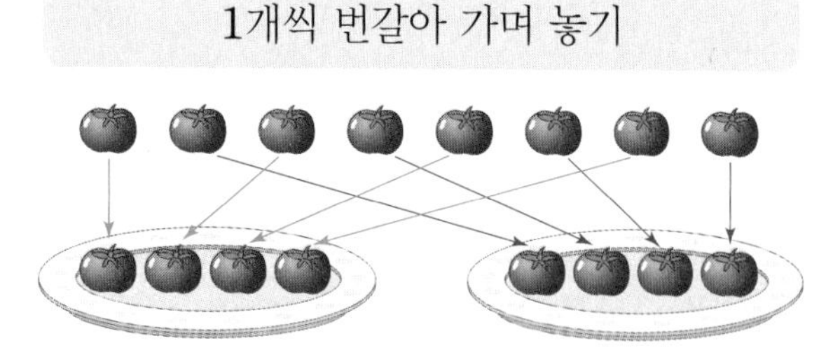

⇨ 한 접시에 4개씩 놓게 됩니다.

2개씩 번갈아 가며 놓기

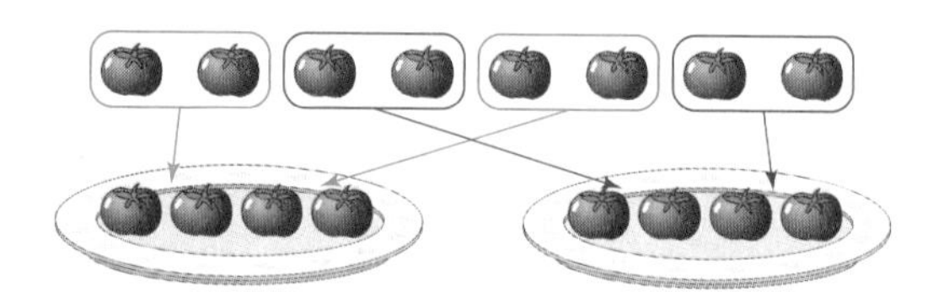

⇨ 한 접시에 4개씩 놓게 됩니다.

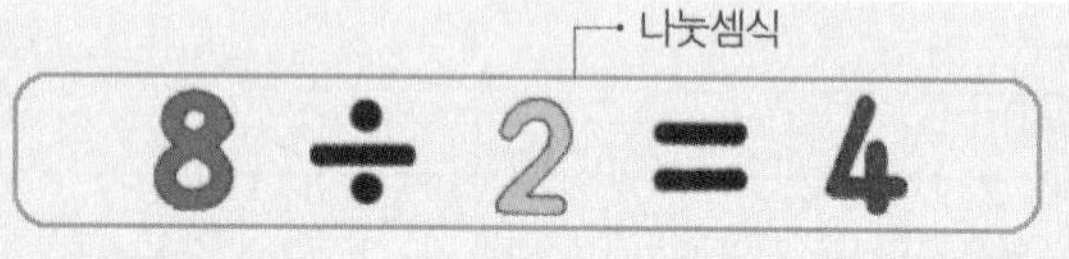

$8 \div 2 = 4$와 같은 식을 **나눗셈식**이라 하고 **8 나누기 2는 4와 같습니다**라고 읽습니다. 이때 **4**는 8을 2로 나눈 **몫**, **8**은 **나누어지는 수**, **2**는 **나누는 수**라고 합니다.

개념 체크

❶ 토마토 8개를 접시 2개에 똑같이 나누어 담을 때의 나눗셈은 ($8 \div 2$, $2 \div 8$)입니다.

❷ 나눗셈식 $8 \div 2 = 4$에서 ☐은/는 나누어지는 수, ☐은/는 나누는 수입니다.

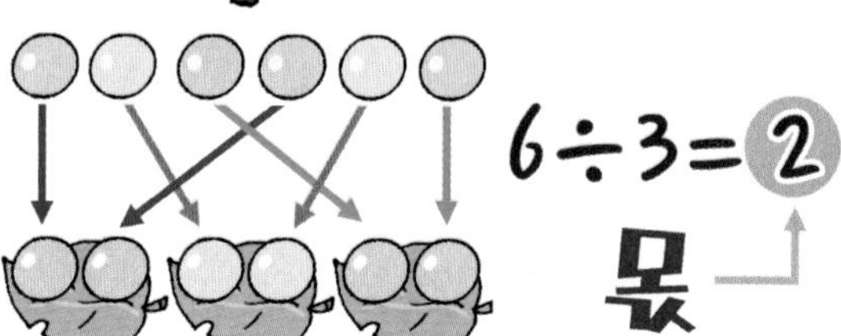

개념 체크 정답 ❶ $8 \div 2$에 ○표 ❷ 8, 2

1-1 당근 6개를 접시 3개에 똑같이 나누어 놓으려고 합니다. 접시 1개에 당근을 몇 개씩 놓을 수 있는지 접시 위에 ○를 그려 알아보시오.

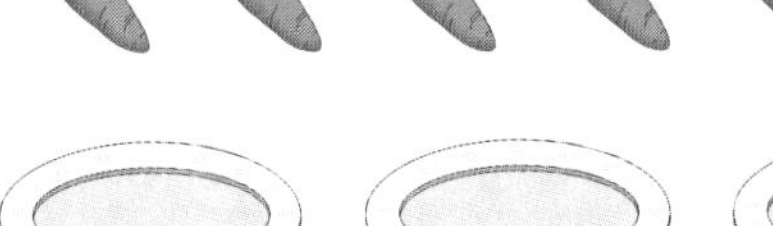

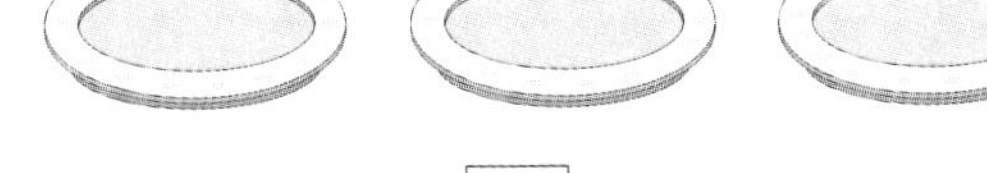

접시 1개에 당근을 □개씩 놓을 수 있습니다.

힌트 당근을 1개씩 번갈아 가며 놓아 봅니다.

1-2 고추 8개를 바구니 2개에 똑같이 나누어 담으려고 합니다. 바구니 1개에 고추를 몇 개씩 담을 수 있는지 바구니에 ○를 그려 알아보시오.

바구니 1개에 고추를 □개씩 놓을 수 있습니다.

교과서 유형

2-1 당근 9개를 토끼 3마리가 똑같이 나누어 먹으려면 토끼 한 마리가 몇 개씩 먹을 수 있는지 알아보시오.

(1) 토끼 1마리가 당근을 몇 개씩 먹을 수 있는지 빈 곳에 ○를 그려 보시오.

(2) 토끼 한 마리가 당근을 몇 개씩 먹을 수 있습니까? (　　　　)

(3) 토끼 한 마리가 당근을 몇 개씩 먹을 수 있는지 나눗셈식으로 나타내시오.

$9 \div 3 =$ □

힌트 당근 9개를 토끼 3마리에게 똑같이 나누어 봅니다.

2-2 생선 8마리를 고양이 4마리가 똑같이 나누어 먹으려면 고양이 한 마리가 몇 마리씩 먹을 수 있는지 알아보시오.

(1) 고양이 1마리가 생선을 몇 마리씩 먹을 수 있는지 빈 곳에 ○를 그려 보시오.

(2) 고양이 한 마리가 생선을 몇 마리씩 먹을 수 있습니까? (　　　　)

(3) 고양이 한 마리가 생선을 몇 마리씩 먹을 수 있는지 나눗셈식으로 나타내시오.

$8 \div 4 =$ □

개념 2 똑같이 나누어 볼까요 (2)

개념 동영상

- 물고기 12마리를 어항 1개에 2마리씩 담기

뺄셈식

$$12-2=10,\ 10-2=8,\ 8-2=6,\ 6-2=4,\ 4-2=2,\ 2-2=0$$

$12-2-2-2-2-2-2=0$ (6번)

나눗셈식 $12\div2=6$

물고기 12마리를 2마리씩 담으면 $12-2-2-2-2-2-2=0$이므로 6번 덜어 낼 수 있습니다.
나눗셈식으로 나타내면 $12\div2=6$입니다.

개념 체크

❶ 물고기 12마리를 어항 1개에 3마리씩 담을 때, 12에서 3을 ☐번 빼면 0이 되므로 어항 ☐개에 담을 수 있습니다.

❷ $14-7-7=0$ (2번)
⇨ $14\div7=$ ☐

$10-2-2-2-2-2=0$ (5번)

⇨ $10\div2=5$

개념 체크 정답 ❶ 4, 4 ❷ 2

1-1 꽃게 24마리를 한 명에게 4마리씩 주려고 합니다. 물음에 답하시오.

(1) □ 안에 알맞은 수를 써넣으시오.

4마리씩 묶으면 □묶음이 됩니다.

(2) 나눗셈식으로 나타내시오.

$24 \div \square = \square$

힌트 꽃게를 4마리씩 묶으면 몇 묶음이 되는지 알아봅니다.

1-2 장어 20마리를 한 상자에 4마리씩 나누어 담으려고 합니다. 물음에 답하시오.

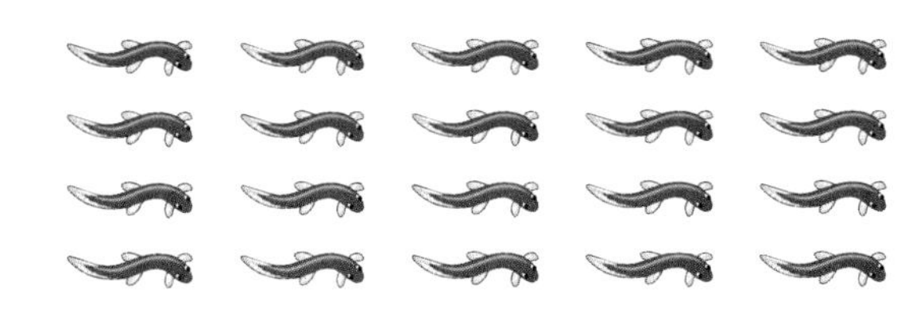

(1) 장어를 4마리씩 묶어 보시오.

(2) □ 안에 알맞은 수를 써넣으시오.

4마리씩 묶으면 □묶음이 됩니다.

(3) 나눗셈식으로 나타내시오.

$20 \div 4 = \square$

교과서 유형

2-1 새우 15마리를 한 봉지에 5마리씩 나누어 담으려고 합니다. 물음에 답하시오.

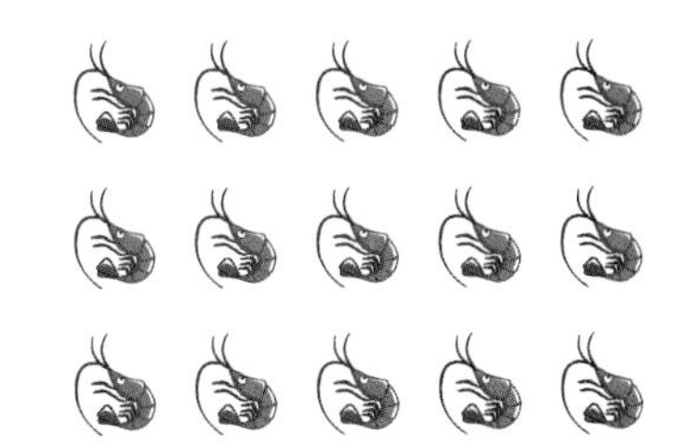

(1) 15에서 5를 몇 번 담으면 0이 되는지 뺄셈식으로 나타내시오.

$15 - \square - \square - \square = 0$

(2) 나눗셈식으로 나타내시오.

$15 \div 5 = \square$

(3) 봉지는 몇 장 필요합니까?

(　　　　　　)

힌트 새우를 5마리씩 몇 번 빼면 0이 되는지 알아봅니다.

2-2 문어 18마리를 한 명에게 6마리씩 나누어 주려고 합니다. 물음에 답하시오.

(1) 18에서 6을 몇 번 빼면 0이 됩니까?

(　　　　　　)

(2) 나눗셈식으로 나타내시오.

$18 \div \square = \square$

(3) 몇 명에게 나누어 줄 수 있습니까?

(　　　　　　)

개념 1 똑같이 나누어 볼까요 (1)

나눗셈식 $15 \div 3 = ⑤$

읽기 15 나누기 3은 5와 같습니다.

교과서 유형

01 쿠키 6개를 접시 2개에 똑같이 나누어 놓으려고 합니다. 접시 1개에 쿠키를 몇 개씩 놓을 수 있는지 알아보시오.

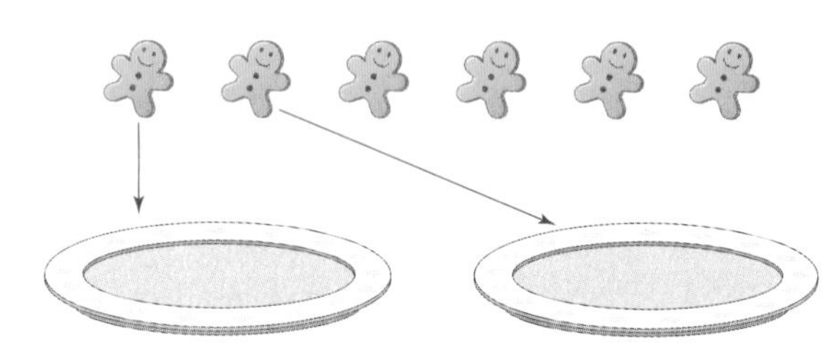

(1) 접시 1개에 쿠키를 몇 개씩 놓을 수 있는지 접시 위에 ○를 그려 보시오.

(2) 접시 1개에 쿠키를 몇 개씩 놓을 수 있는지 나눗셈식으로 나타내시오.

$6 \div \square = \square$

(3) 접시 1개에 쿠키를 몇 개씩 놓을 수 있습니까?

( )

02 다음 나눗셈식에서 몫을 찾아 쓰고 나눗셈식을 읽어 보시오.

$72 \div 9 = 8$

몫 ______

읽기 ______

03 □ 안에 알맞은 수를 써넣고 나눗셈식으로 나타내시오.

음료수 24개를 봉지 6장에 똑같이 나누어 담으려면 한 봉지에 □개씩 담아야 합니다.

나눗셈식 $24 \div 6 = \square$

04 케이크 20조각을 5상자에 똑같이 나누어 담으려고 합니다. 한 상자에 케이크를 몇 조각씩 담아야 하는지 식을 쓰고 답을 구하시오.

식 $\square \div \square = \square$

답 ______

익힘책 유형

05 같은 모양의 상자를 사용하여 남김없이 초콜릿을 똑같이 나누어 담으려고 합니다. 어느 상자에 담아야 하는지 ○표 하시오.

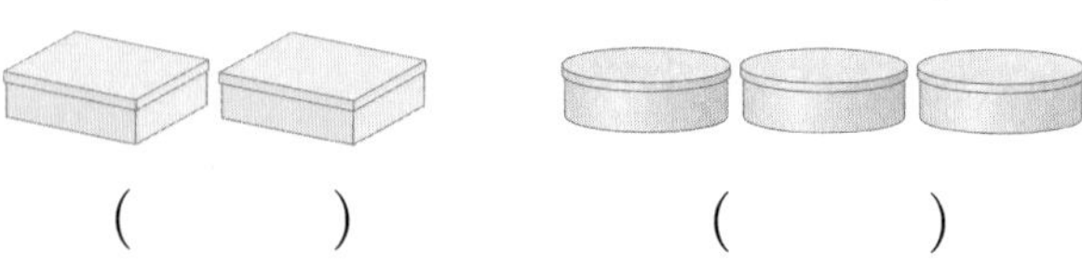

( ) ( )

개념 2 똑같이 나누어 볼까요 (2)

뺄셈식 $15-3-3-3-3-3=0$ (5번)

나눗셈식 $15\div3=5$ (빼는 수: 3, 뺀 횟수: 5)

06 뺄셈식을 보고 □ 안에 알맞은 수를 써넣으시오.

$28-7-7-7-7=0$

⇨ $28\div7=$ □

교과서 유형

07 풀 18개를 한 명에게 3개씩 나누어 주려고 합니다. 물음에 답하시오.

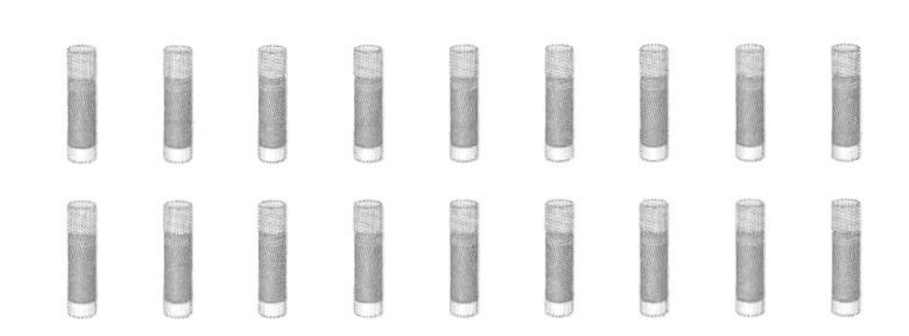

(1) 18에서 3을 몇 번 빼면 0이 됩니까?

( )

(2) 몇 명에게 나누어 줄 수 있는지 나눗셈식으로 나타내고 답을 구하시오.

식 ______

답 ______

08 □ 안에 알맞은 수를 써넣고 나눗셈식으로 나타내시오.

연필 12자루를 한 필통에 6자루씩 나누어 담으려면 필통은 □개 필요합니다.

나눗셈식 $12\div6=$ □

익힘책 유형

09 조개 35개를 한 접시에 5개씩 나누어 담으려면 필요한 접시는 몇 개인지 식을 쓰고 답을 구하시오.

식 ______

답 ______

10 둘레가 56 m인 호수의 가장자리를 따라 8 m 간격으로 가로등을 세우려고 합니다. 필요한 가로등은 몇 개입니까? (다만 가로등의 두께는 생각하지 않습니다.)

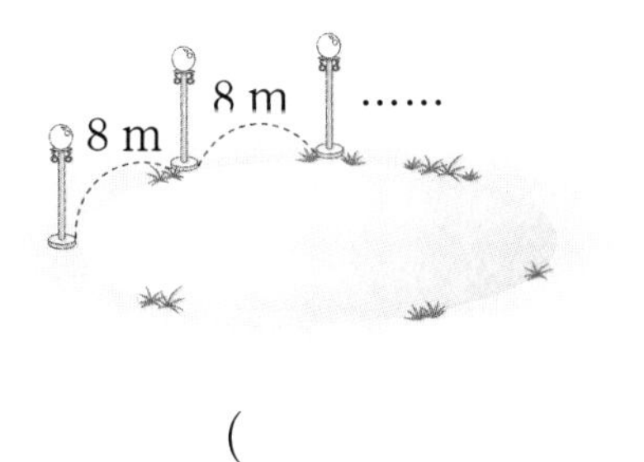

( )

해결의 창

10에서와 같이 원 가장자리를 따라 점을 찍으면 (점의 수)=(간격 수)가 됩니다.

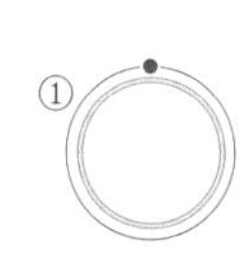

(점의 수)=(간격 수)=1

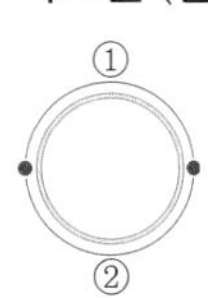

(점의 수)=(간격 수)=2

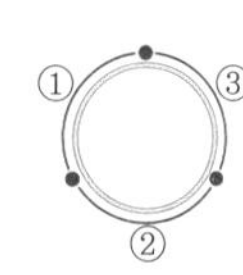

(점의 수)=(간격 수)=3

개념 파헤치기

개념 3 곱셈과 나눗셈의 관계를 알아볼까요

- 오렌지의 수를 곱셈식과 나눗셈식으로 나타내기

① 오렌지 15개를 3개씩 묶으면 5묶음입니다.

곱셈식 $3 \times 5 = 15$

나눗셈식 $15 \div 3 = 5$, $15 \div 5 = 3$

② 오렌지 15개를 5개씩 묶으면 3묶음입니다.

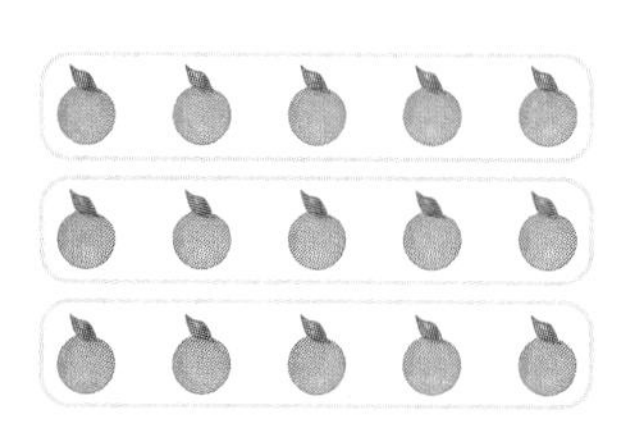

곱셈식 $5 \times 3 = 15$

나눗셈식 $15 \div 5 = 3$, $15 \div 3 = 5$

■×▲=● ↔ ●÷■=▲
▲×■=● ↔ ●÷▲=■

개념 체크

❶ 곱셈식 $4 \times 9 = 36$을 나눗셈식으로 나타내면 $36 \div 4 = 9$입니다. (○ , ×)

❷ 곱셈식 $4 \times 9 = 36$을 나눗셈식으로 나타내면 $36 \div \square = 4$입니다.

맛있겠다.

빵이 3×2=6(개)인데 우리 둘이 몇 개씩 나누어 먹으면 될까요?

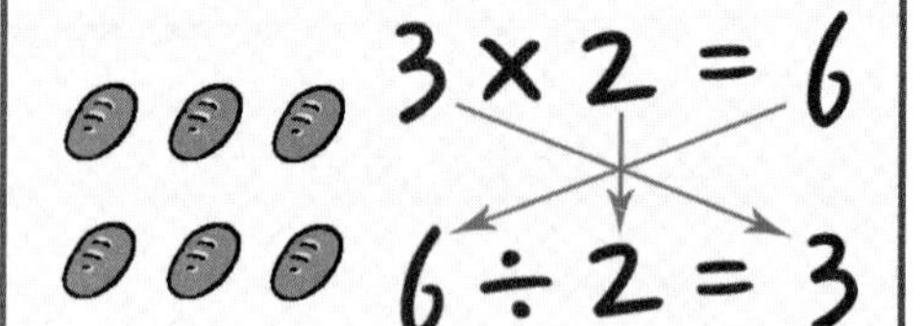

3×2=6

6÷3=2

6÷3=2이니까 2개씩 먹으면 돼.

헤헤~ 맛있겠다!

우웩!!! 너무 짜!

설탕 대신 소금을 넣었나 보네. 안 먹길 잘했다.

개념 체크 정답 ❶ ○에 ○표 ❷ 9

기본 문제

쌍둥이 문제

정답은 15쪽

1-1 포도가 5송이씩 4줄로 놓여 있습니다. 물음에 답하시오.

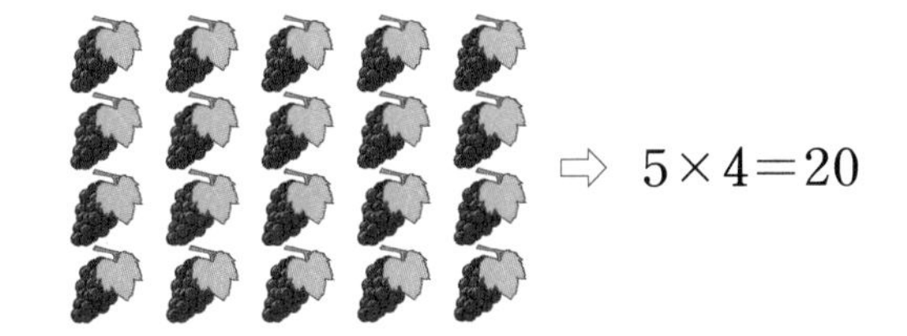

⇨ $5 \times 4 = 20$

(1) 포도 20송이를 5상자에 똑같이 나누어 담으려고 합니다. 한 상자에 포도를 몇 송이씩 담아야 합니까?

$20 \div 5 = \square$(송이)

(2) 포도 20송이를 한 상자에 4송이씩 담으려고 합니다. 상자는 몇 상자 필요합니까?

$20 \div 4 = \square$(상자)

힌트 곱셈식을 보고 나눗셈식으로 나타냅니다.

1-2 파인애플이 9개씩 2줄로 놓여 있습니다. 물음에 답하시오.

(1) 파인애플은 모두 몇 개입니까?

$9 \times 2 = \square$(개)

(2) 파인애플 18개를 상자 9개에 똑같이 나누어 담으려면 한 상자에 몇 개씩 담아야 합니까?

$18 \div 9 = \square$(개)

(3) 파인애플 18개를 한 상자에 2개씩 담으면 몇 상자에 나누어 담을 수 있습니까?

$18 \div 2 = \square$(상자)

교과서 유형

2-1 곱셈과 나눗셈의 관계를 알아보시오.

(1) 수박의 수를 곱셈식으로 나타내시오.

$6 \times 3 = \square$, $3 \times 6 = \square$

(2) 위 (1)의 곱셈식을 나눗셈식으로 나타내시오.

$18 \div 6 = \square$, $18 \div 3 = \square$

힌트 (2) 곱하는 수가 몫이 되는 나눗셈식과 곱해지는 수가 몫이 되는 나눗셈식으로 나타냅니다.

2-2 그림을 보고 □ 안에 알맞은 수를 써넣으시오.

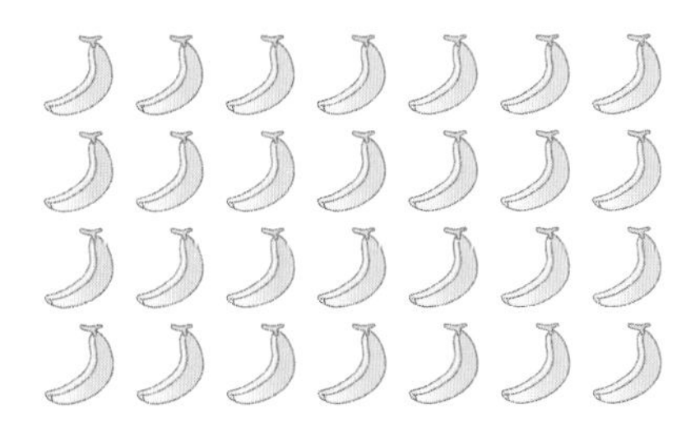

$7 \times 4 = 28$

⇨ $28 \div \square = \square$
$28 \div \square = \square$

개념 4 나눗셈의 몫을 곱셈식으로 구해 볼까요

• 나눗셈의 몫 구하기

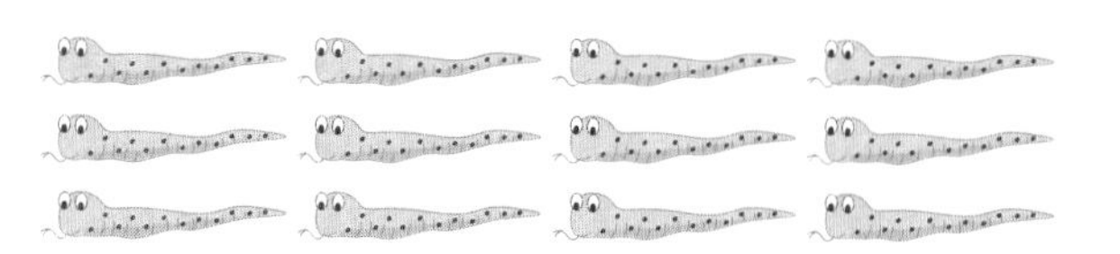

① 3마리씩 묶으면 4묶음이 되므로 나눗셈식으로 나타내면 $12 \div 3 = 4$입니다.
② 전체 뱀의 수를 곱셈식으로 나타내면 $3 \times 4 = 12$입니다.
③ $3 \times 4 = 12$이므로 $12 \div 3$의 몫은 4입니다.

$12 \div 3 = \square$의 몫은 $3 \times 4 = 12$로 구할 수 있습니다.

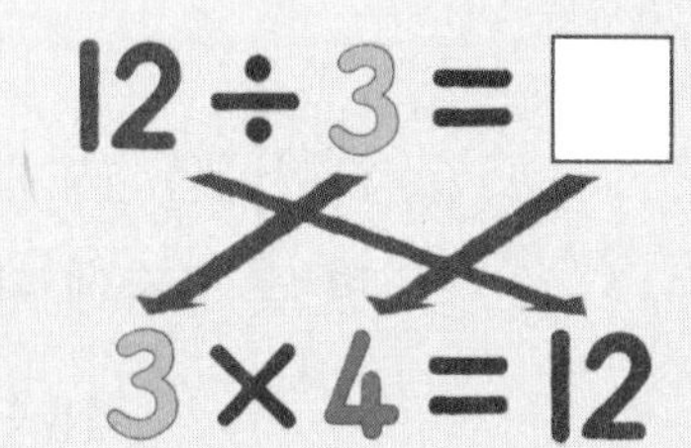

몫은 4입니다.

개념 체크

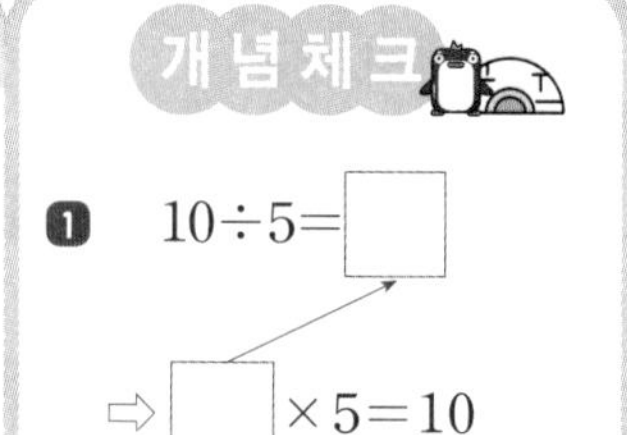

❶ $10 \div 5 = \square$

⇨ $\square \times 5 = 10$

$10 \div 5$의 몫은 (2 , 5) 입니다.

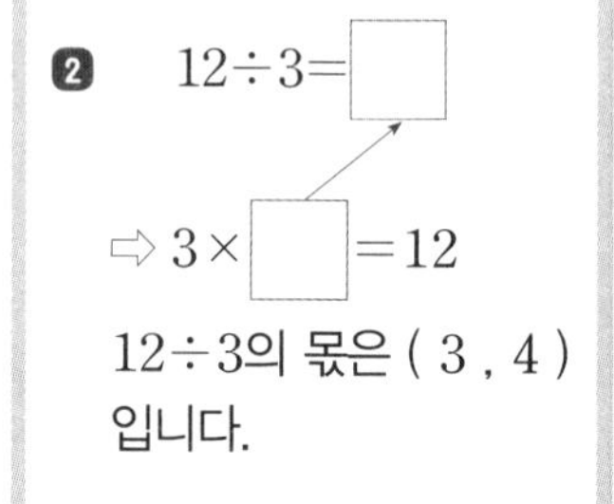

❷ $12 \div 3 = \square$

⇨ $3 \times \square = 12$

$12 \div 3$의 몫은 (3 , 4) 입니다.

개념 체크 정답 ❶ 2, 2, 2에 ○표 ❷ 4, 4, 4에 ○표

교과서 유형

1-1 양파 32개를 8개씩 나누려고 합니다. 물음에 답하시오.

(1) 8개씩 묶어 보시오.

(2) 8개씩 나누면 몇 묶음이 되는지 나눗셈식으로 나타내시오.

$32 \div 8 = \square$

(3) 전체 양파 수는 몇 개인지 곱셈식으로 나타내시오.

$8 \times \square = 32$

(4) 나눗셈의 몫을 (3)의 곱셈식으로 구할 수 있습니까?

( )

(5) $32 \div 8$의 몫을 곱셈식으로 구하시오.

( )

힌트 ■×▲=●이므로 ●÷■의 몫은 ▲입니다.

1-2 옥수수 30개를 5개씩 나누려고 합니다. 물음에 답하시오.

(1) 5개씩 묶어 보시오.

(2) 5개씩 나누면 몇 묶음이 되는지 나눗셈식으로 나타내시오.

$30 \div 5 = \square$

(3) 전체 옥수수 수는 몇 개인지 곱셈식으로 나타내시오.

$5 \times \square = 30$

(4) 나눗셈의 몫을 (3)의 곱셈식으로 구할 수 있습니까?

( )

(5) $30 \div 5$의 몫을 곱셈식으로 구하시오.

( )

2-1 □ 안에 알맞은 수를 써넣고 몫을 구하시오.

$6 \times 9 = 54$

$54 \div 9 = \square$

몫 ______

힌트 ■×▲=●이므로 ●÷▲의 몫은 ■입니다.

2-2 □ 안에 알맞은 수를 써넣고 몫을 구하시오.

$7 \times 4 = 28$

$28 \div 7 = \square$

몫 ______

3 나눗셈

개념 파헤치기

개념 5 나눗셈의 몫을 곱셈구구로 구해 볼까요

• 32÷8의 몫 구하기

×	1	2	3	③ 4	5	6	7	① 8	9
1	1	2	3	4	5	6	7	8	9
2	2	4	6	8	10	12	14	16	18
3	3	6	9	12	15	18	21	24	27
③ 4	4	8	12	16	20	24	28	② 32	36
5	5	10	15	20	25	30	35	40	45
6	6	12	18	24	30	36	42	48	54
7	7	14	21	28	35	42	49	56	63
① 8	8	16	24	② 32	40	48	56	64	72
9	9	18	27	36	45	54	63	72	81

① 곱셈표에서 나누는 수(8)의 단 곱셈구구를 찾습니다.
⇨ 8의 단 곱셈구구

② ①의 곱셈구구에서 곱이 나누어지는 수(32)가 되는 곱셈식을 찾습니다. ⇨ $8\times4=32$

③ ②의 곱셈식에서 곱하는 수가 나눗셈의 몫입니다.
$8\times4=32$ ⇨ $32\div8=4$

개념 체크

14÷7의 몫을 구할 때,

❶ 나누는 수인 ☐의 단 곱셈구구를 찾습니다.

❷ 위 ❶의 곱셈구구에서 곱이 나누어지는 수 ☐가 되는 곱셈식을 찾습니다.

❸ 위 ❷의 곱셈식에서 곱하는 수가 나눗셈의 (식 , 몫)입니다.

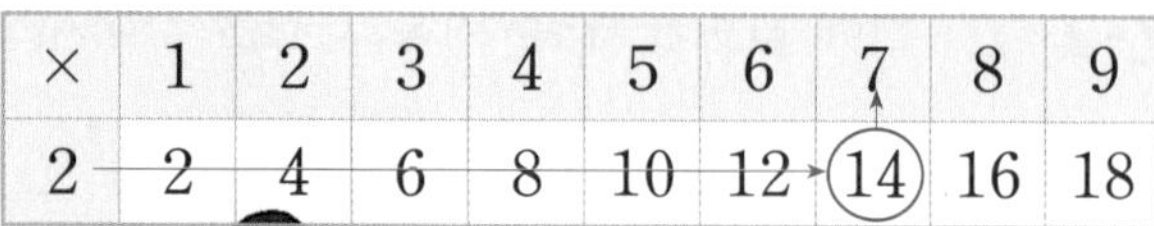

×	1	2	3	4	5	6	7	8	9
2	2	4	6	8	10	12	14	16	18

개념 체크 정답 ❶ 7 ❷ 14 ❸ 몫에 ○표

1-1 나눗셈의 몫을 곱셈구구로 구하려고 합니다. 몇의 단 곱셈구구를 이용해야 합니까?

$28 \div 4 = \square$

(　　　　　　　)

힌트 나눗셈의 몫을 곱셈구구로 구할 때에는 나누는 수의 단 곱셈구구를 이용합니다.

1-2 나눗셈의 몫을 곱셈구구로 구하려고 합니다. 5의 단 곱셈구구를 이용해야 하는 나눗셈은 어느 것입니까? ··············· (　　　)

① $6 \div 2$　② $49 \div 7$
③ $27 \div 9$　④ $15 \div 5$
⑤ $32 \div 4$

교과서 유형

2-1 오이 14개를 한 봉지에 2개씩 담으려면 봉지가 몇 장 필요한지 알아보시오.

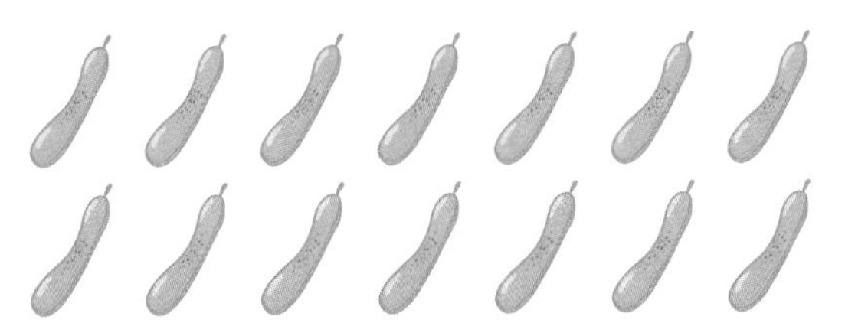

(1) 봉지가 몇 장 필요할지 나눗셈식으로 나타내어 보시오.

$14 \div \square = \square$

(2) 곱셈표에서 14는 몇의 단 곱셈구구와 몇의 단 곱셈구구에 있는지 차례로 쓰시오.

(　　　　　　), (　　　　　　)

(3) 14를 만드는 곱셈식을 써 보시오.

$\square \times 7 = 14$, $\square \times 2 = 14$

(4) (1)의 나눗셈의 몫을 곱셈구구로 구하시오.

(　　　　　　)

힌트 곱셈표에서 14를 찾아 가로와 세로의 수가 무엇인지 알아봅니다.

2-2 가지 20개를 한 봉지에 4개씩 담으려면 봉지가 몇 장 필요한지 알아보시오.

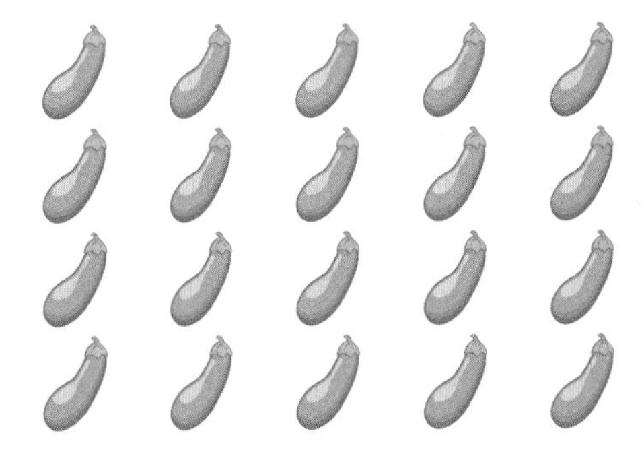

(1) 봉지가 몇 장 필요할지 나눗셈식으로 나타내어 보시오.

$20 \div \square = \square$

(2) 곱셈표에서 20은 몇의 단 곱셈구구와 몇의 단 곱셈구구에 있는지 차례로 쓰시오.

(　　　　　　), (　　　　　　)

(3) 20를 만드는 곱셈식을 써 보시오.

$\square \times 5 = 20$, $\square \times 4 = 20$

(4) (1)의 나눗셈의 몫을 곱셈구구로 구하시오.

(　　　　　　)

개념 3 곱셈과 나눗셈의 관계를 알아볼까요

01 그림을 보고 곱셈식과 나눗셈식으로 나타내시오.

곱셈식 $8\times\square=\square$

나눗셈식 $\square\div 8=\square$

나눗셈식 $\square\div\square=\square$

교과서 유형

02 나눗셈식을 곱셈식으로 바꿔 보시오.

$18\div 2=9$ → $\square\times\square=\square$, $\square\times\square=\square$

03 곱셈식을 나눗셈식으로 바꿔 보시오.

$5\times 8=40$ → $\square\div\square=\square$, $\square\div\square=\square$

개념 4 나눗셈의 몫을 곱셈식으로 구해 볼까요

$9\times 3=27$이므로 $27\div 9$의 몫은 3입니다.

익힘책 유형

04 관계있는 것끼리 선으로 이으시오.

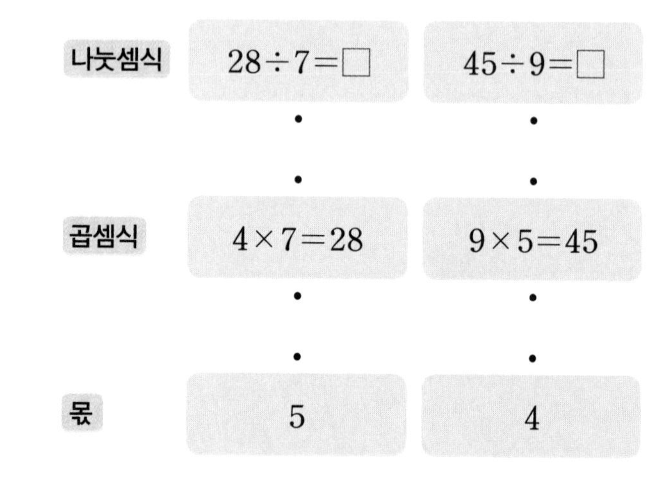

05 공룡 인형이 18개 있습니다. 6명에게 똑같이 나누어 주면 한 명에게 몇 개씩 줄 수 있습니까?

나눗셈식 $18\div\square=\square$

곱셈식 $6\times\square=18$

답 ______

06 나눗셈의 몫을 구하고, 나눗셈식을 곱셈식으로 바꿔 보시오.

$30\div 6=\square$ ⇨ $6\times\square=30$

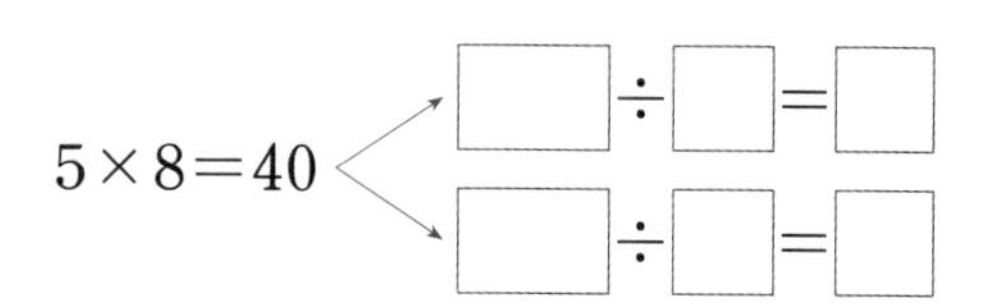

07 홍기네 반 학생 12명이 *줄다리기를 하려고 두 모둠으로 똑같이 나누었습니다. 한 모둠의 학생은 몇 명인지 여러 가지 방법으로 알아보시오.

(1) ○를 이용하여 나타내시오.

(2) 나눗셈식으로 나타내고 곱셈식으로 바꿔 보시오.

나눗셈식 ______________________

곱셈식 ______________________

(3) 한 모둠의 학생은 몇 명입니까?

( )

개념5 나눗셈의 몫을 곱셈구구로 구해 볼까요

×	1	2	3	4	5	③6	7	8	9
①3	3	6	9	12	15	②18	21	24	27

②18÷①3=③6

08 곱셈표를 이용하여 나눗셈의 몫을 구하시오.

×	1	2	3	4	5	6	7	8	9
6	6	12	18	24	30	36	42	48	54

$42 \div 6 = \square$

익힘책 유형

[09~11] 곱셈표를 이용하여 나눗셈의 몫을 구하려고 합니다. 물음에 답하시오.

×	1	2	3	4	5	6	7	8	9
5	5	10	15	20	25	30	35	40	45
6	6	12	18	24	30	36	42	48	54
7	7	14	21	28	35	42	49	56	63
8	8	16	24	32	40	48	56	64	72
9	9	18	27	36	45	54	63	72	81

09 책 48권이 있습니다. 책꽂이 8칸에 똑같이 나누어 꽂으려면 한 칸에 몇 권씩 꽂아야 합니까?

( )

10 서연이네 가족은 친척과 함께 여행을 가려고 합니다. 서연이네 가족과 친척이 모두 15명일 때 5명씩 자동차를 타고 가려면 자동차는 몇 대 필요한지 식을 쓰고 답을 구하시오.

식 ______________________

답 ______________________

교과서 유형

11 곱셈구구로 빈칸을 채워 보시오.

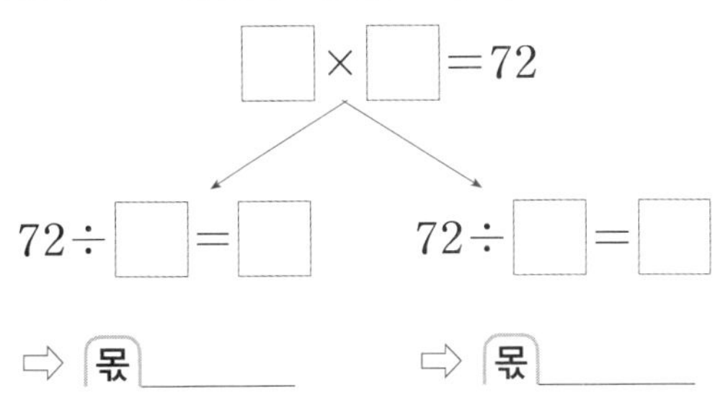

*줄다리기는 두 팀으로 갈라 짚으로 만든 동아줄을 서로 당겨 자기편 쪽으로 끌어온 팀이 이기는 놀이입니다. 줄다리기에서 이긴 편의 마을에는 그해 풍년이 들고 아무 탈 없이 한 해를 보낼 수 있다고 믿었습니다. 정월 대보름, 단오절, 한가위에 즐겨 하는 놀이입니다.

점수

01 나눗셈식을 보고 알맞은 말에 ○표 하시오.

$14 \div 2 = 7$

7은 14를 2로 나눈
(몫, 나누어지는 수, 나누는 수),
14는 (몫, 나누어지는 수, 나누는 수),
2는 (몫, 나누어지는 수, 나누는 수)입니다.

[02~03] 농구공 16개를 바구니 4개에 똑같이 나누어 담으려고 합니다. 물음에 답하시오.

02 바구니 1개에 농구공을 몇 개씩 담을 수 있는지 바구니에 ○를 그려 보시오.

03 바구니 1개에 농구공을 몇 개씩 담을 수 있는지 나눗셈식으로 나타내시오.

$16 \div \square = \square$

04 $27 \div 3 = 9$를 문장으로 나타낸 것입니다. □ 안에 알맞은 수를 써넣으시오.

달팽이 □ 마리를 3명이 똑같이 나누어 가지려면 한 명이 □ 마리씩 가지면 됩니다.

05 뺄셈식을 보고 □ 안에 알맞은 수를 써넣으시오.

$32 - 8 - 8 - 8 - 8 = 0$

⇨ $32 \div 8 = \square$

06 나눗셈식을 곱셈식으로 바꿔 보시오.

$56 \div 8 = 7$ → $\square \times \square = \square$, $\square \times \square = \square$

07 곱셈식을 나눗셈식으로 바꿔 보시오.

$9 \times 5 = 45$ → $\square \div \square = \square$, $\square \div \square = \square$

08 $28 \div 4$의 몫을 구하는 데 필요한 곱셈식을 찾아 기호를 쓰시오.

㉠ $2 \times 8 = 16$　　㉡ $4 \times 7 = 28$
㉢ $2 \times 4 = 8$　　㉣ $7 \times 2 = 14$

(　　　　　　)

09 35÷7의 몫을 구하려고 합니다. 곱셈표에서 나누어지는 수 35를 찾아 ○표 하고, □ 안에 알맞은 수를 써넣으시오.

×	1	2	3	4	5	6	7	8	9
7	7	14	21	28	35	42	49	56	63

35÷7=□

10 그림을 보고 □ 안에 알맞은 수를 써넣으시오.

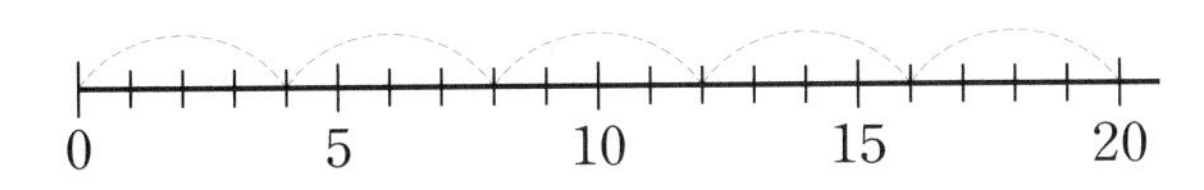

곱셈식 4×5=20

나눗셈식 20÷□=□, 20÷□=□

11 사탕 28개를 한 명에게 7개씩 나누어 주려고 합니다. 몇 명에게 나누어 줄 수 있습니까?

7×4=28

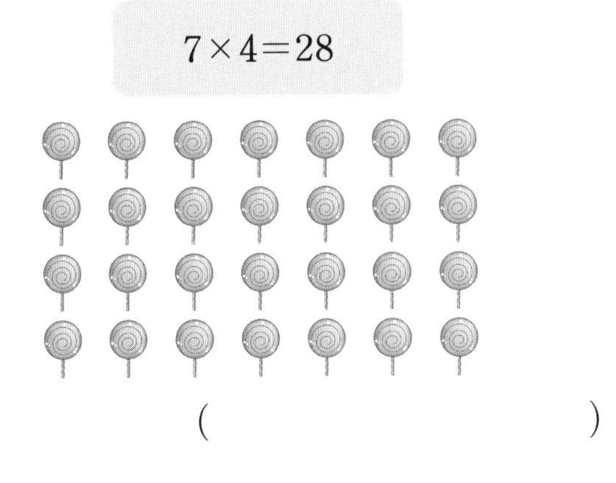

(　　　　　　　　)

12 나눗셈의 몫의 크기를 비교하여 ○ 안에 >, =, <를 알맞게 써넣으시오.

24÷3 ○ 35÷5

13 다음을 읽고 □ 안에 알맞은 수를 써넣으시오.

www.haebubqna.co.kr

Q 56÷7의 몫을 7×8을 이용하여 구하는 방법을 설명해 주세요.

A 7×□=56이므로

56÷7의 몫은 □입니다.

14 영채네 반 학생들이 5명씩 모둠을 만들어 여러 나라의 민속춤을 배우려고 합니다. 영채네 반 학생이 25명이라면 몇 모둠이 되는지 식을 쓰고 답을 구하시오.

식

답

15 감자 48개를 한 바구니에 6개씩 담으려고 합니다. 바구니는 몇 개 필요한지 두 가지 방법으로 구하시오.

뺄셈으로 해결하기

식

나눗셈으로 해결하기

식

답

3 나눗셈

정답은 17쪽

16 쿠키를 모양이 같은 접시에 똑같이 나누어 놓으려고 합니다. 접시의 모양에 따라 놓을 수 있는 쿠키의 수를 구하시오.

(네모 접시)에 놓을 때: 한 접시에 □개

(동그란 접시)에 놓을 때: 한 접시에 □개

17 그림을 보고 곱셈식과 나눗셈식을 각각 2개씩 만들어 보시오.

곱셈식 ______________ , ______________

나눗셈식 ______________ , ______________

18 나눗셈의 몫을 구하고, 나눗셈식을 곱셈식으로 바꿔 보시오.

$56 \div 8 =$ □ ⇨ □ $\times 8 = 56$

19 (1)연필 3타/를 (2)4명이 똑같이 나누어 가지려고 합니다. 한 명이 연필을 몇 자루씩 가져야 합니까? (다만 (1)연필 1타는 12자루입니다.)

(　　　　　　　　)

(1) 연필은 모두 몇 자루인지 알아봅니다.

(2) 똑같이 나누어 가지려고 하므로 나눗셈식을 이용하여 구해 봅니다.

20 어느 과수원에서 (1)오전에 딴 배 31개와 오후에 딴 배 32개/를 (2)봉지에 똑같이 나누어 담아서 모두 포장하였더니 9봉지였습니다. 한 봉지에 배를 몇 개씩 담았습니까?

(　　　　　　　　)

(1) 오전과 오후에 딴 배는 모두 몇 개인지 알아봅니다.

(2) 똑같이 나누어 담았으므로 나눗셈식을 이용하여 구해 봅니다.

QR 코드를 찍어 게임을 해 보고 이번 단원을 확실히 익혀 보세요!

창의·융합 문제

정답은 17쪽

[❶~❸] 뿌치와 팔랑이는 서로 다른 방법으로 빵 12개를 나누려고 합니다. 물음에 답하시오.

❶ 뿌치의 물음에 어떤 방법으로 구할 수 있는지 설명하고 답을 구하시오.

뿌치

빵 12개를 2명에게 똑같이 나누어 주려면 한 명에게 몇 개씩 주어야 할까?

설명

답 ______________

❷ 팔랑이의 물음에 어떤 방법으로 구할 수 있는지 설명하고 답을 구하시오.

팔랑이

빵 12개를 한 명에게 2개씩 나누어 주면 몇 명에게 줄 수 있을까?

설명

답 ______________

❸ 표의 빈칸에 알맞게 써넣으시오.

	뿌치의 물음	팔랑이의 물음
구하려는 것		빵을 나누어 줄 수 있는 사람 수
나눗셈식		
몫		
몫이 나타내는 것	6개씩 줄 수 있습니다.	

3 나눗셈

4 곱셈

제4화 그 많은 고구마는 누가 다 캤을까?

이미 배운 내용		이번에 배울 내용		앞으로 배울 내용
[2-2 곱셈구구] • 곱셈구구 • 0과 어떤 수의 곱 • 곱셈구구표에서 규칙 찾기	▶	• (몇십)×(몇) • 올림이 없는 (몇십몇)×(몇) • 올림이 있는 (몇십몇)×(몇)	▶	[3-2 곱셈] • (세 자리 수)×(한 자리 수) • (몇십)×(몇십), (몇십몇)×(몇십) • (두 자리 수)×(두 자리 수)

개념 파헤치기

개념 1 (몇십)×(몇)을 구해 볼까요

• 20×4를 수 모형으로 알아보기

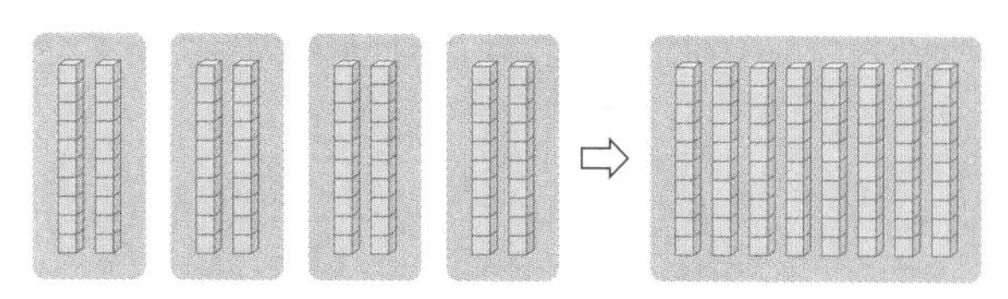

① 십 모형의 수 : $2\times4=8$

② 십 모형이 8개이므로 80입니다.

⇨ $20\times4=80$

십 모형의 수인 8은 십의 자리 수가 되고 일 모형이 없으므로 일의 자리 수는 0이 됩니다.

• 20×4의 계산 방법 알아보기

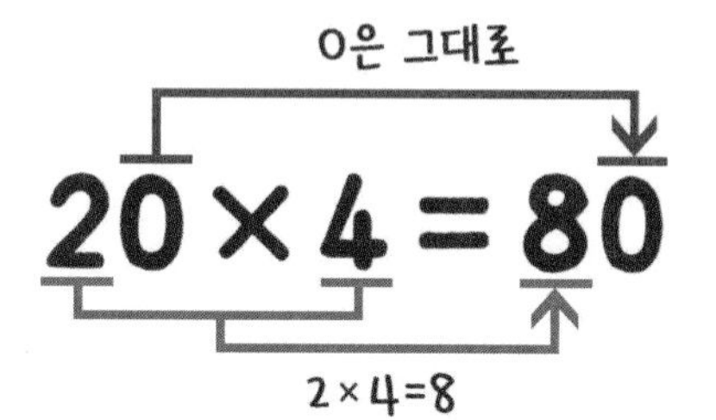

20×4는 2×4의 계산 결과에 0을 붙이면 돼. $2\times4=8$이고 계산한 8에 0을 붙이면 $20\times4=80$이야.

⇨ (몇십)×(몇)은 (몇)×(몇)의 계산 결과에 0을 붙입니다.

개념 체크

❶ 십 모형의 수를 곱셈식으로 쓰면 $2\times2=$ □ 입니다.

❷ 십 모형이 4개이므로 (4 , 40)입니다.

❸ $20\times2=$ □

개념 체크 정답 ❶ 4 ❷ 40에 ○표 ❸ 40

교과서 유형

1-1 수 모형을 보고 □ 안에 알맞은 수를 써넣으시오.

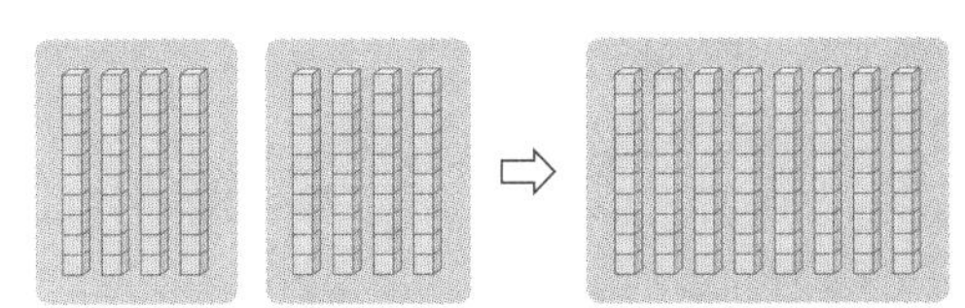

(1) 십 모형의 수 : $4\times2=$ □

(2) $40\times2=$ □

힌트 십 모형이 ■개이면 ■0입니다.

2-1 그림을 보고 □ 안에 알맞은 수를 써넣으시오.

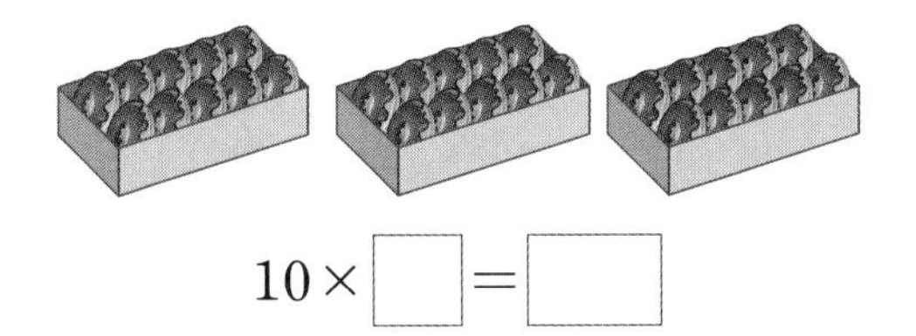

$10\times$ □ $=$ □

힌트 도넛은 10개씩 3상자 있습니다.

3-1 □ 안에 알맞은 수를 써넣으시오.

0은 그대로

$30\times2=$ □ 0

$3\times2=$ □

힌트 30×2는 3×2의 계산 결과에 0을 붙입니다.

4-1 계산을 하시오.

(1) $10\times4=$ □ (2) $30\times3=$ □

힌트 (몇십)×(몇)은 (몇)×(몇)의 계산 결과에 0을 붙입니다.

1-2 수 모형을 보고 □ 안에 알맞은 수를 써넣으시오.

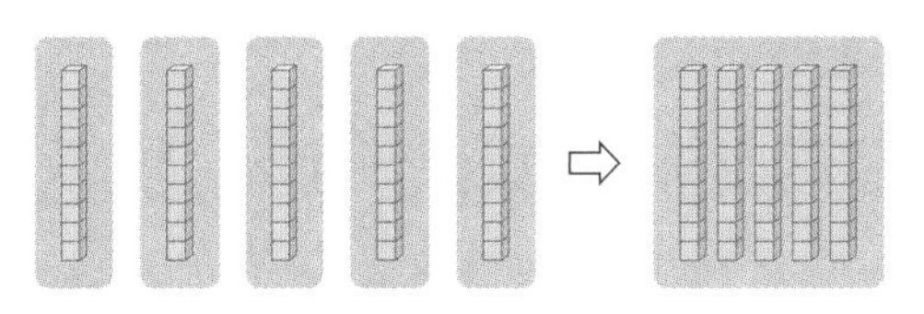

(1) 십 모형의 수 : $1\times5=$ □

(2) $10\times5=$ □

2-2 그림을 보고 □ 안에 알맞은 수를 써넣으시오.

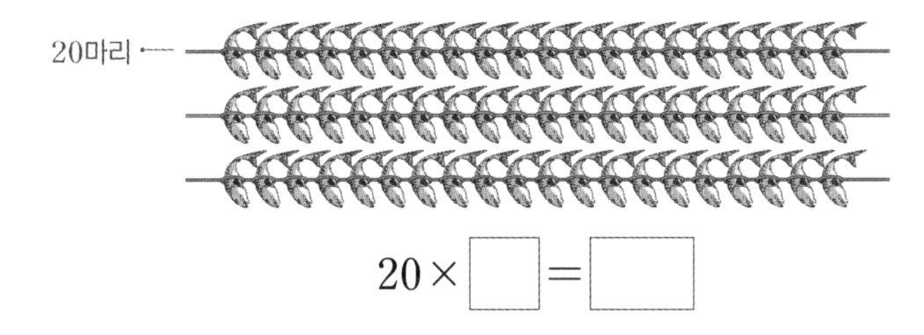

$20\times$ □ $=$ □

3-2 □ 안에 알맞은 수를 써넣으시오.

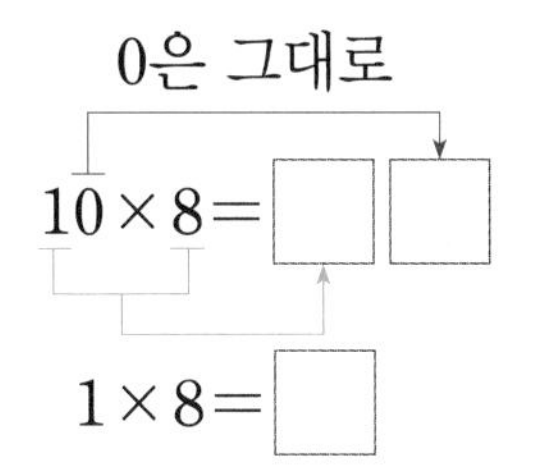

4-2 계산을 하시오.

(1) 10×6

(2) 10×2

개념 파헤치기

개념 동영상

개념 2 (몇십몇)×(몇)을 구해 볼까요 (1) – 올림이 없는 (몇십몇)×(몇), 수 모형

• 21×3을 수 모형으로 알아보기

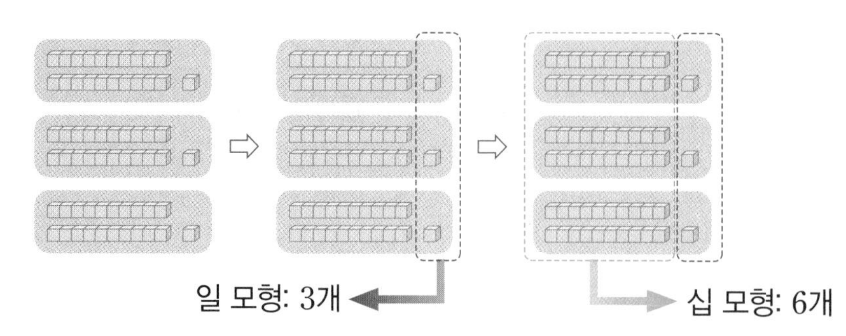

계산 방법 일 모형은 $1\times3=3$이고, 십 모형은 $2\times3=6$이므로 60입니다. $3+60$은 63입니다.

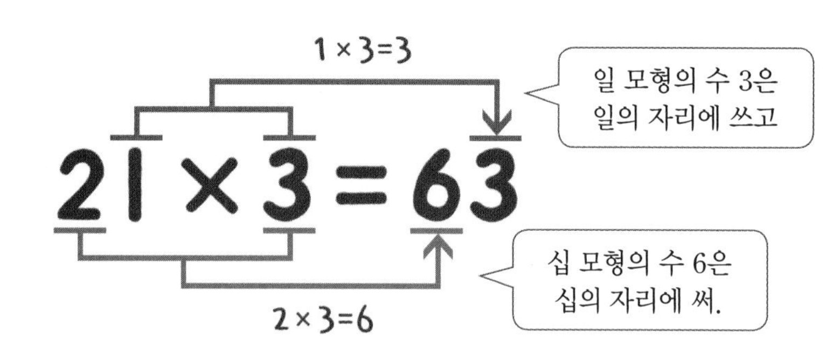

개념 체크

21×3을 수 모형으로 알아보면

❶ 일 모형은

$1\times3=$ □ 이고,

십 모형은

$2\times3=$ □ 이므로

(6 , 60)입니다.

❷ 따라서

$3+60=$ □

이므로

$21\times3=$ □

입니다.

개념 체크 정답 ❶ 3, 6, 60에 ○표 ❷ 63, 63

교과서 유형

1-1 수 모형으로 24×2의 계산 과정을 나타낸 그림입니다. □ 안에 알맞은 수를 써넣으시오.

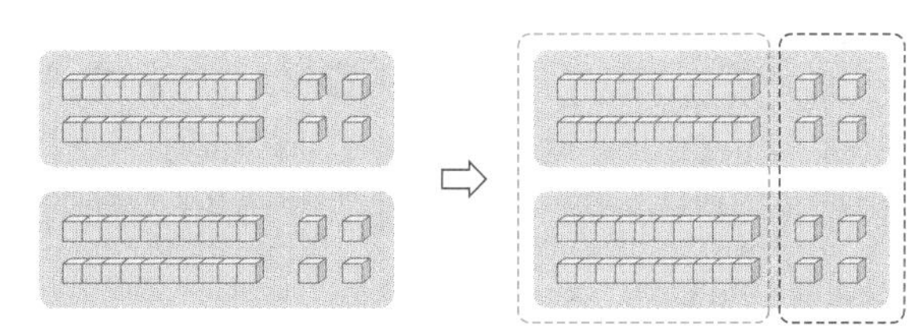

(1) 일 모형의 수 : $4\times2=$□

(2) 십 모형의 수 : $2\times2=$□

(3) $24\times2=$□

힌트 일 모형의 수를 일의 자리에 쓰고 십 모형의 수를 십의 자리에 씁니다.

1-2 수 모형으로 13×3의 계산 과정을 나타낸 그림입니다. □ 안에 알맞은 수를 써넣으시오.

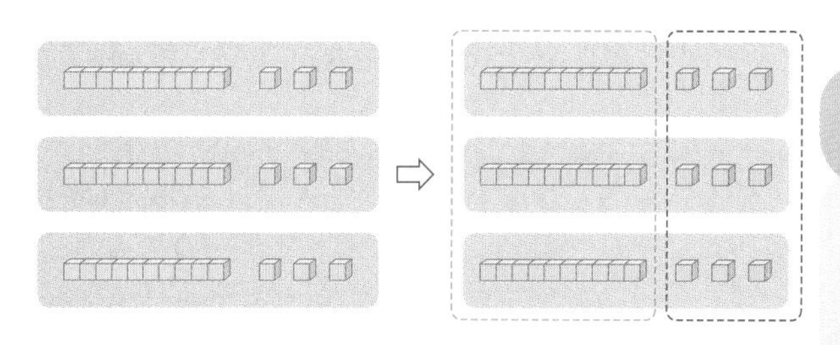

(1) 일 모형의 수 : □$\times3=$□

(2) 십 모형의 수 : □$\times3=$□

(3) $13\times3=$□

2-1 수 모형을 보고 □ 안에 알맞은 수를 써넣으시오.

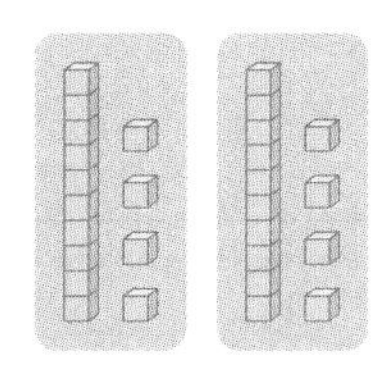

$14\times2=$□

힌트 일 모형의 수와 십 모형의 수를 세어 봅니다.

2-2 수 모형을 보고 □ 안에 알맞은 수를 써넣으시오.

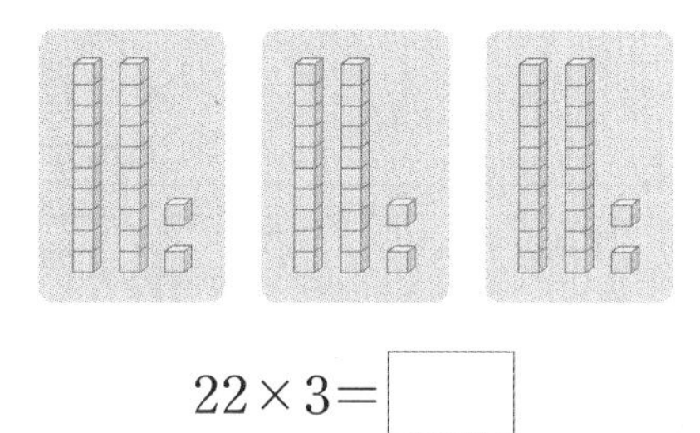

$22\times3=$□

3-1 곶감이 한 상자에 21개씩 2상자 있습니다. □ 안에 알맞은 수를 써넣으시오.

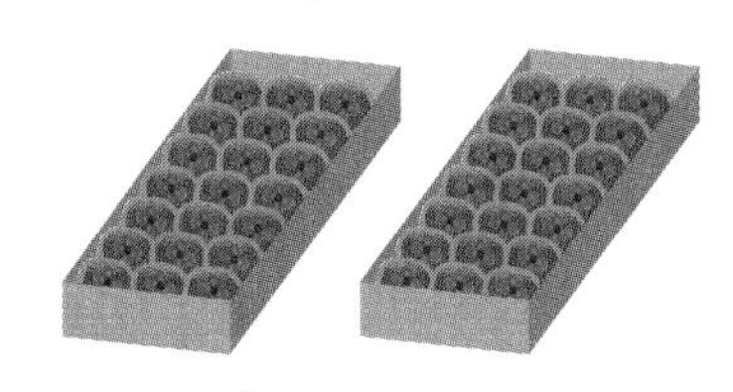

$21\times$□$=$□

힌트 곶감이 21개씩 2상자 있습니다.

3-2 꽃이 한 묶음에 32송이씩 2묶음 있습니다. □ 안에 알맞은 수를 써넣으시오.

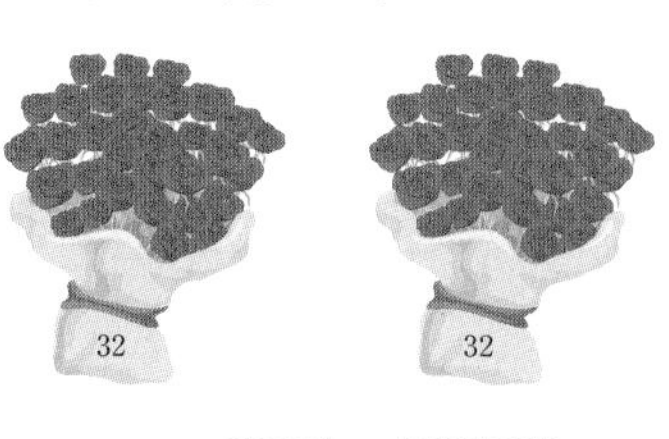

$32\times$□$=$□

개념 파헤치기

개념 3 (몇십몇)×(몇)을 구해 볼까요 (1) – 올림이 없는 (몇십몇)×(몇), 계산 방법

• 21×3의 계산 방법 알아보기

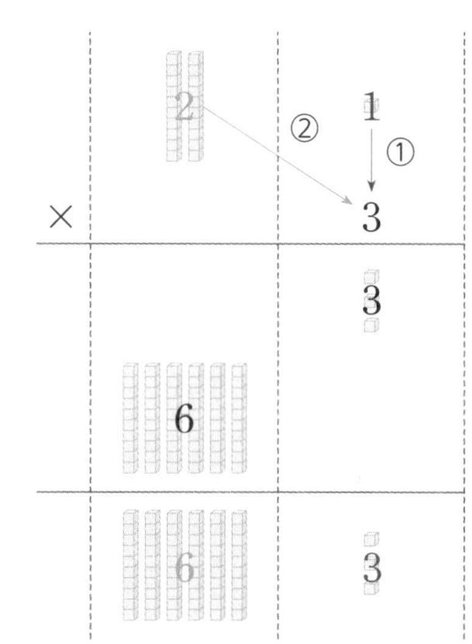

계산 방법

① 1과 3의 곱 3을 일의 자리에 씁니다.

② 2와 3의 곱 6을 십의 자리에 씁니다.

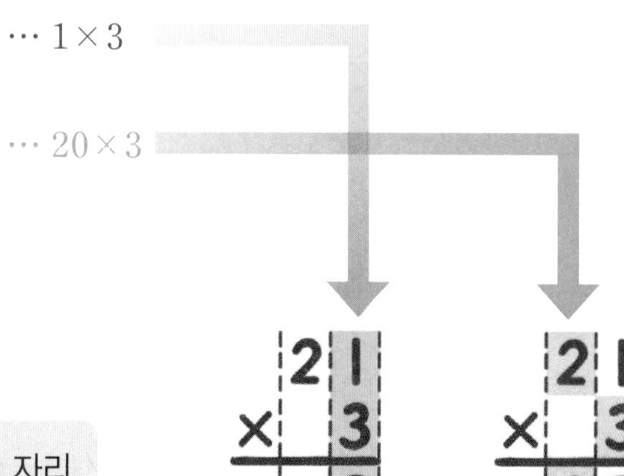

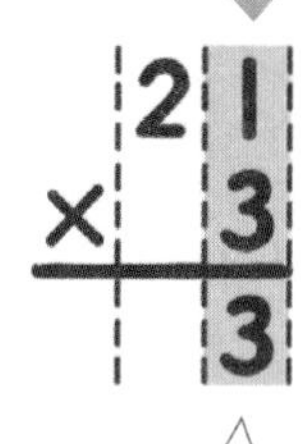

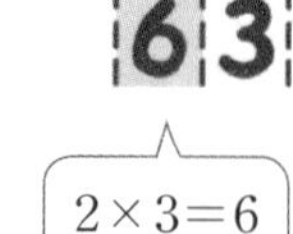

일의 자리를 계산한 3과 십의 자리를 계산한 60을 더하면 63입니다.

⇨ $21\times3=63$

개념 체크

❶ 21×3의 계산 방법을 알아보면

① 일의 자리 계산 : $1\times3=\square$

② 십의 자리 계산 : $20\times3=\square$

⇨ $21\times3=\square$

❷
$$\begin{array}{r} 2\ 1 \\ \times\ \ \ 3 \\ \hline 3 \\ \square\square \\ \hline \square\square \end{array}$$
…1×3
…20×3

일의 자리부터 계산하면 1×3=3이니까 일의 자리에 3을 쓰고

일의 자리 먼저!

$$\begin{array}{r} 2\ 1 \\ \times\ \ \ 3 \\ \hline 3 \end{array} \Rightarrow \begin{array}{r} 2\ 1 \\ \times\ \ \ 3 \\ \hline 6\ 3 \end{array}$$

십의 자리를 계산하면 20×3=60이니까 십의 자리에 6을 쓰면 돼요.

그럼 63이네!

잘했어! 계란빵 먹어라.

계란빵도 달걀로 만들잖아요~ㅠㅠ

개념 체크 정답 ❶ 3, 60, 63 ❷ 60, 63

정답은 19쪽

1-1 11×8을 세로로 계산하려고 합니다. □ 안에 알맞은 수를 써넣으시오.

	1	1	⇨		1	1	⇨		1	1
×		8		×		8		×		8
						8			□	8

힌트 11×8은 일의 자리 수 1과 8의 곱은 일의 자리에 쓰고, 십의 자리 수 1과 8의 곱은 십의 자리에 써서 계산합니다.

교과서 유형

2-1 □ 안에 알맞은 수를 써넣으시오.

(1) 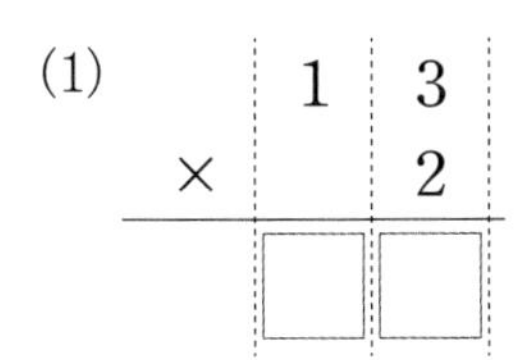

(2) 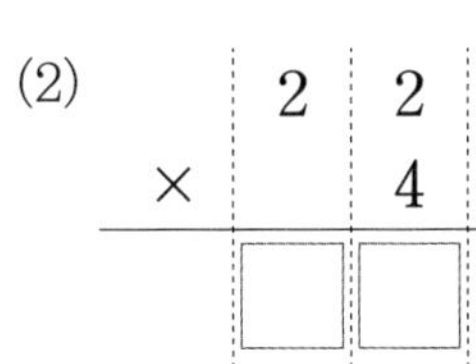

(3) 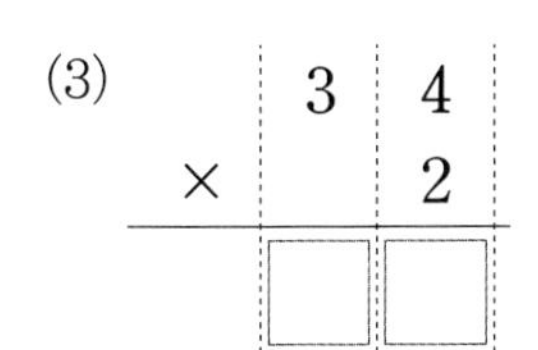

(4) 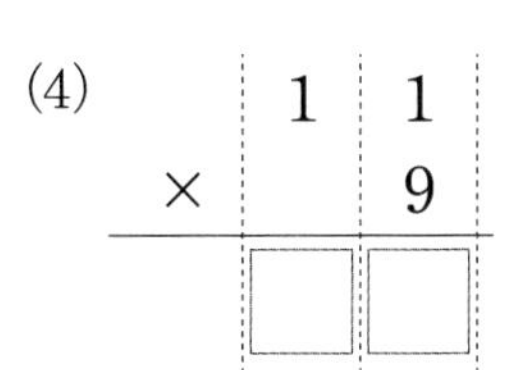

힌트 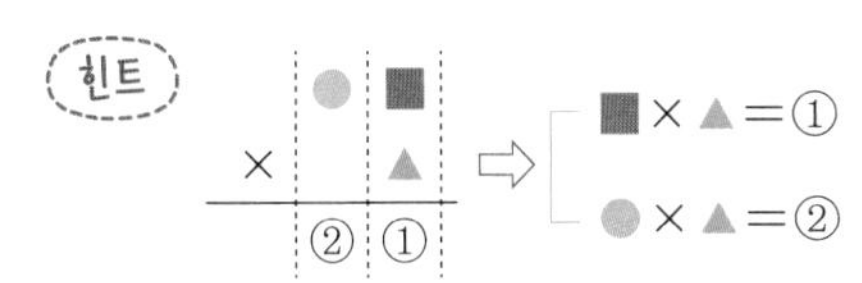

3-1 계산을 하시오.

(1) 11×4

(2) 12×2

힌트 세로셈으로 계산해 봅니다.

1-2 22×2를 세로로 계산하려고 합니다. □ 안에 알맞은 수를 써넣으시오.

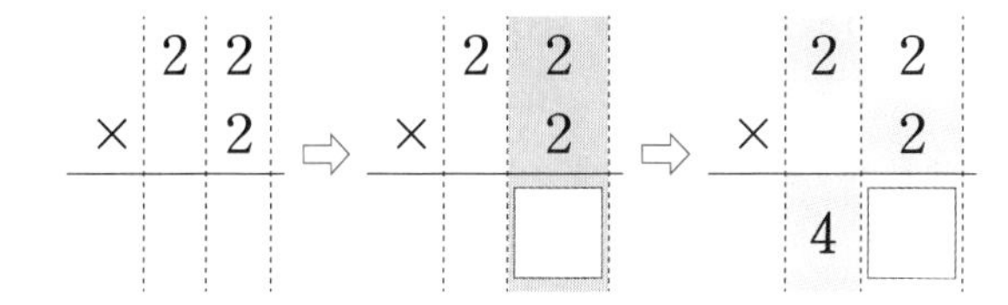

2-2 계산을 하시오.

(1)
$$\begin{array}{r} 31 \\ \times\ \ 2 \\ \hline \end{array}$$

(2)
$$\begin{array}{r} 32 \\ \times\ \ 3 \\ \hline \end{array}$$

(3)
$$\begin{array}{r} 42 \\ \times\ \ 2 \\ \hline \end{array}$$

(4)
$$\begin{array}{r} 21 \\ \times\ \ 4 \\ \hline \end{array}$$

3-2 계산 결과를 찾아 선으로 이으시오.

43×2 •

• 68

• 86

4 곱셈

2 STEP 개념 확인하기

개념 1 (몇십)×(몇)을 구해 볼까요

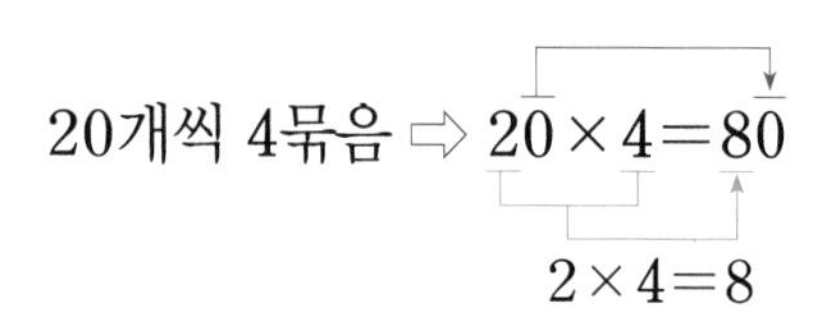

교과서 유형

01 수 모형을 보고 □ 안에 알맞은 수를 써넣으시오.

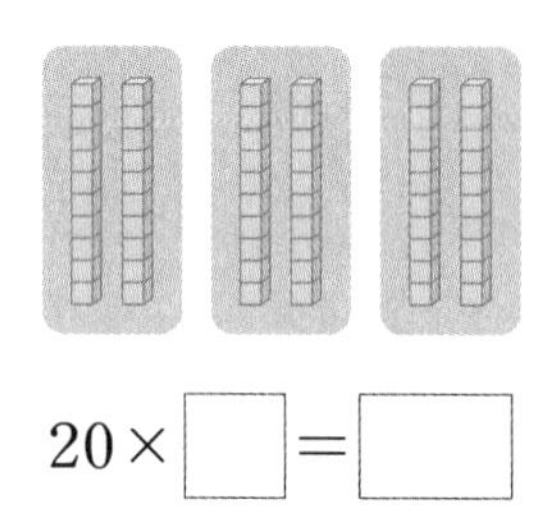

$20 \times \square = \square$

02 계산을 하시오.

(1) 10×4　　(2) 40×2

(3) 10×7　　(4) 30×2

03 계산 결과를 찾아 선으로 이으시오.

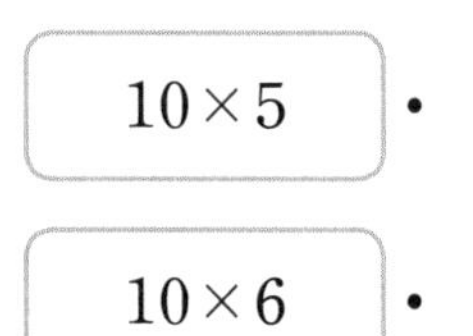

50

60

70

04 빈 곳에 알맞은 수를 써넣으시오.

⊗ →

30	3	
10	9	

익힘책 유형

05 다음과 같은 버스 2대에 앉을 수 있는 사람은 모두 몇 명입니까?

(　　　　　　　　　　　)

개념 2, 3 (몇십몇)×(몇)을 구해 볼까요 (1)

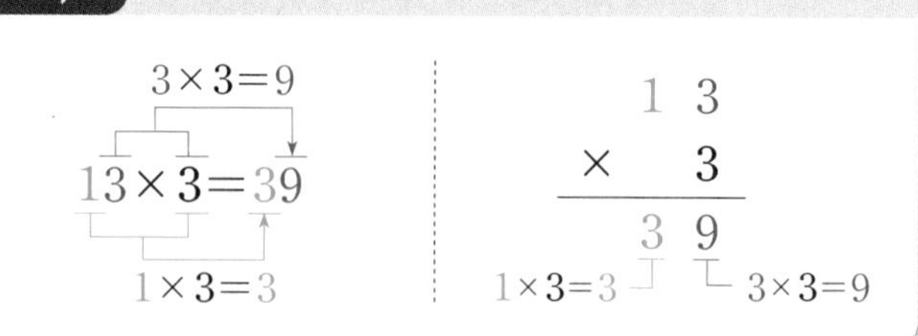

06 수 모형을 보고 □ 안에 알맞은 수를 써넣으시오.

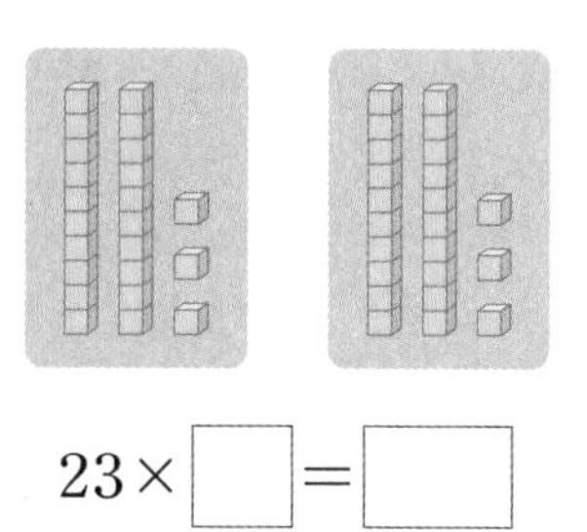

$23 \times \square = \square$

07 수직선을 보고 □ 안에 알맞은 수를 써넣으시오.

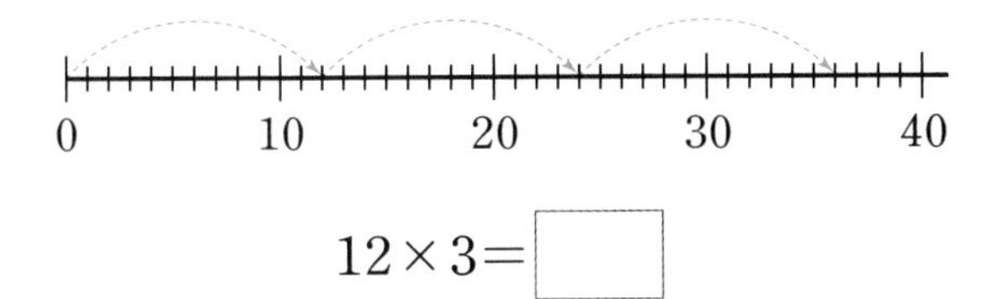

$12 \times 3 =$ □

교과서 유형

08 계산을 하시오.

(1) $\begin{array}{r} 1\ 2 \\ \times \quad 4 \\ \hline \end{array}$

(2) $\begin{array}{r} 3\ 3 \\ \times \quad 3 \\ \hline \end{array}$

(3) $\begin{array}{r} 3\ 1 \\ \times \quad 3 \\ \hline \end{array}$

(4) $\begin{array}{r} 1\ 1 \\ \times \quad 5 \\ \hline \end{array}$

09 빈 곳에 알맞은 수를 써넣으시오.

41	$\times 2$	

10 두 수의 곱을 구하시오.

33 2

( )

익힘책 유형

11 계산 결과를 비교하여 ○ 안에 $>$, $=$, $<$를 알맞게 써넣으시오.

11×6 ○ 23×3

12 상아는 토끼 한 마리를 7일 동안 먹이려고 합니다. 준비해야 하는 당근은 모두 몇 조각입니까?

( )

13 오른쪽 곱셈식을 보고 파란색 숫자 6이 뜻하는 것을 •보기•와 같이 써 보시오.

$\begin{array}{r} 3\ 4 \\ \times \quad 2 \\ \hline 6\ 8 \end{array}$

•보기•

빨간색 숫자 8은 일 모형 4개의 2배인 8을 나타냅니다.
빨간색 숫자 8은 $4 \times 2 = 8$을 나타냅니다.

(1) 파란색 숫자 6은 ______________________

____

(2) 파란색 숫자 6은 ______________________

____

(몇십)×(몇)은 (몇)×(몇)의 계산 결과에 0을 붙이면 됩니다.

잘못된 계산 $20 \times 4 = 8$ └→ 0을 붙이지 않아서 틀렸습니다.

바른 계산 $20 \times 4 = 80$

개념 4 (몇십몇)×(몇)을 구해 볼까요 (2) – 십의 자리에서 올림, 수 모형

- 43×3을 수 모형으로 알아보기

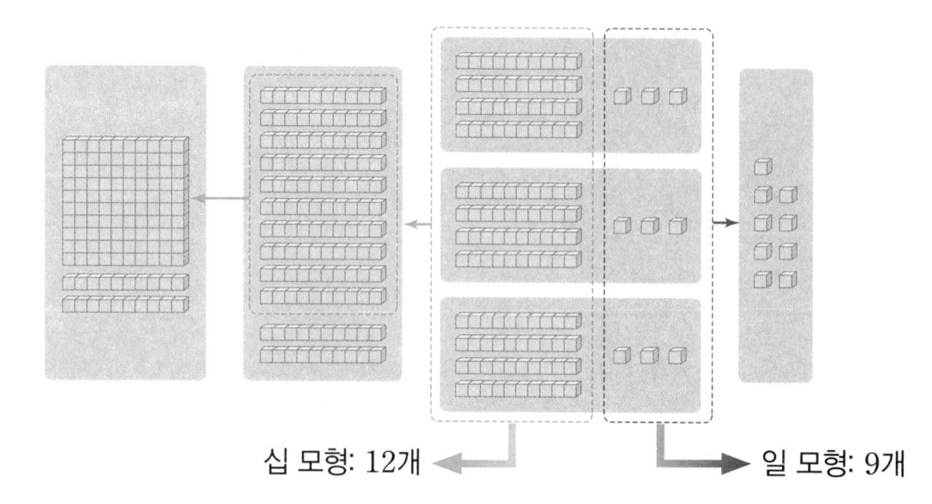

계산 방법 십 모형은 $4\times3=12$이므로 120이고,
일 모형은 $3\times3=9$이므로
$120+9=129$입니다.
이때 십 모형 12개는 백 모형 1개, 십 모형 2개와 같습니다.

개념 체크

43×3을 수 모형으로 알아보면

❶ 일 모형은

$3\times3=$ ☐ 이고,

십 모형은

$4\times3=$ ☐ 이므로

(12 , 120)입니다.

❷ 따라서

$9+120=$ ☐

이므로

$43\times3=$ ☐

입니다.

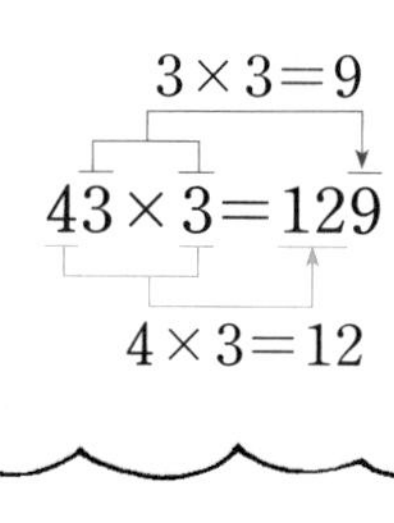

개념 체크 정답 ❶ 9, 12, 120에 ○표 ❷ 129, 129

1-1 수 모형으로 53×2의 계산 과정을 나타낸 그림입니다. □ 안에 알맞은 수를 써넣으시오.

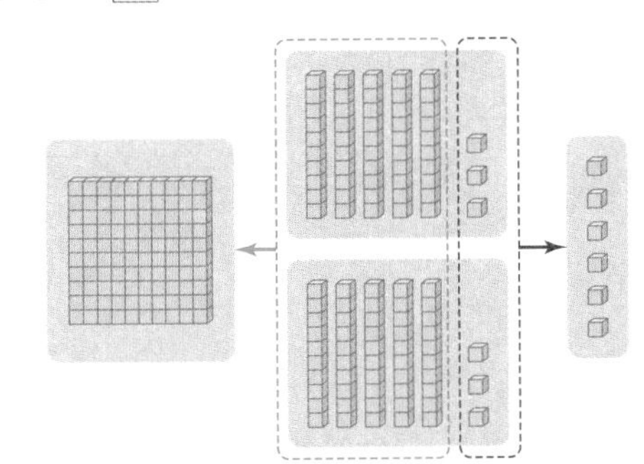

(1) 일 모형의 수 : $3\times2=$□

(2) 십 모형의 수 : $5\times2=$□

(3) $53\times2=$□

힌트 십 모형 10개는 백 모형 1개와 같습니다.

1-2 수 모형으로 42×3의 계산 과정을 나타낸 그림입니다. □ 안에 알맞은 수를 써넣으시오.

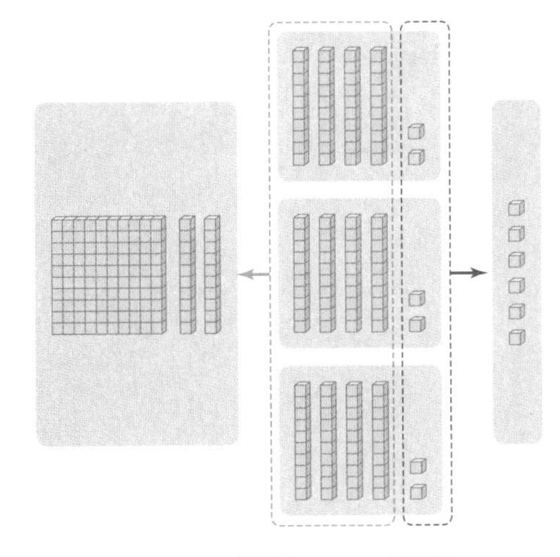

(1) 일 모형의 수 : □$\times3=$□

(2) 십 모형의 수 : □$\times3=$□

(3) $42\times3=$□

2-1 수 모형을 보고 □ 안에 알맞은 수를 써넣으시오.

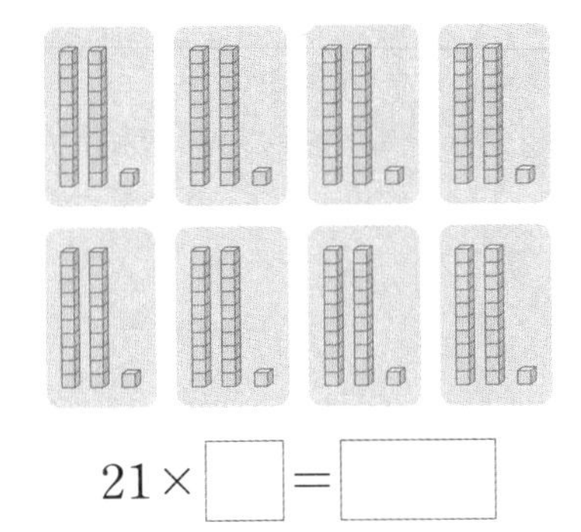

$21\times$□$=$□

힌트 일 모형의 수와 십 모형의 수를 세어 봅니다.

2-2 수 모형을 보고 □ 안에 알맞은 수를 써넣으시오.

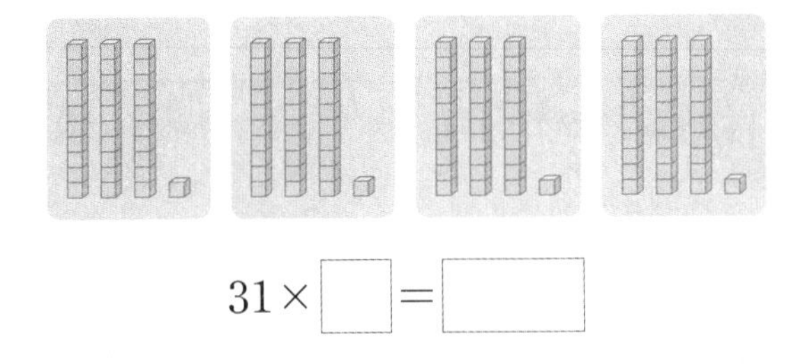

$31\times$□$=$□

3-1 색종이가 한 묶음에 32장씩 4묶음 있습니다. □ 안에 알맞은 수를 써넣으시오.

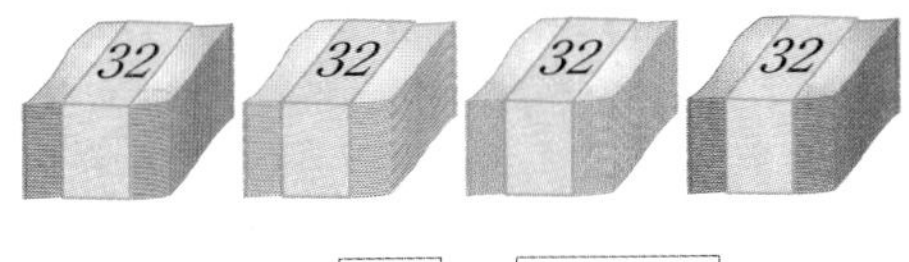

$32\times$□$=$□

힌트 색종이가 32장씩 4묶음 있습니다.

3-2 알약이 한 상자에 21개씩 5상자 있습니다. □ 안에 알맞은 수를 써넣으시오.

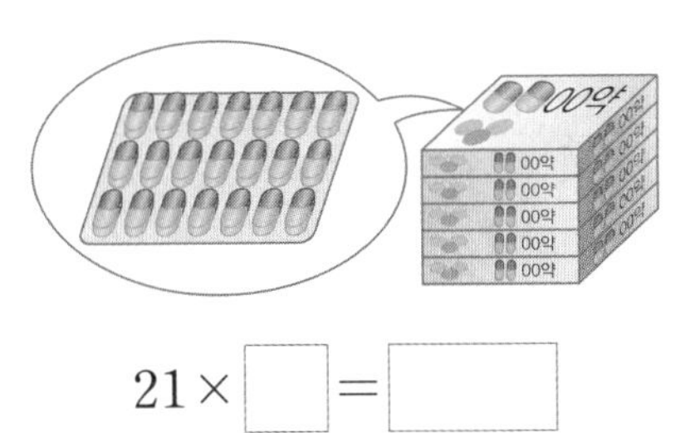

$21\times$□$=$□

개념 5 (몇십몇)×(몇)을 구해 볼까요 (2) – 십의 자리에서 올림, 계산 방법

• 43×3의 계산 방법 알아보기

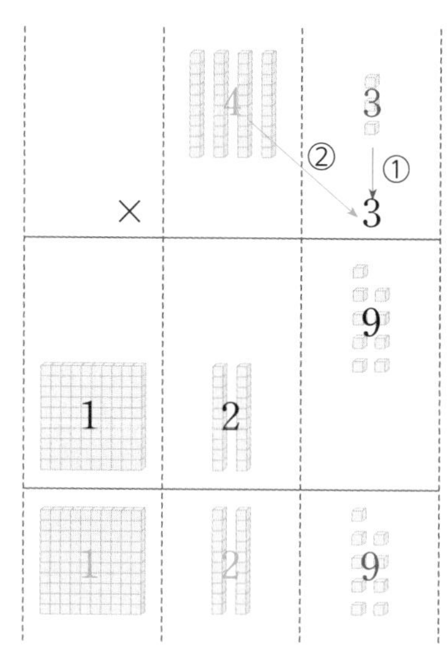

계산 방법

① 3과 3의 곱 9를 일의 자리에 씁니다.

② 40과 3의 곱 120의 2를 십의 자리에 쓰고 1을 백의 자리에 씁니다.

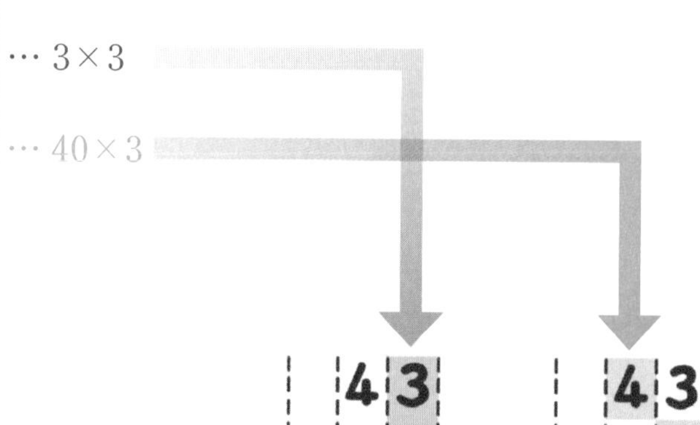

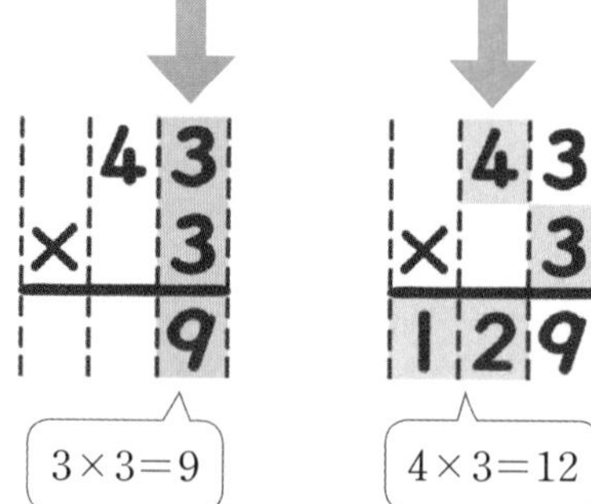

일의 자리를 계산한 9와 십의 자리를 계산한 120을 더하면 129입니다.

⇨ 43×3=129

개념 체크

❶ 43×3의 계산 방법을 알아보면

① 일의 자리 계산 :

3×3=☐

② 십의 자리 계산 :

40×3=☐

⇨ 43×3=☐

❷

$$\begin{array}{r} 4\ 3 \\ \times\ \ \ 3 \\ \hline 9 \end{array}$$ …3×3

☐☐☐ …40×3

☐☐☐

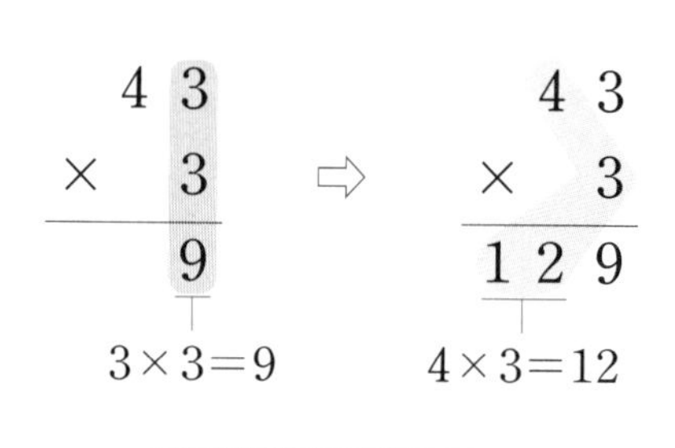

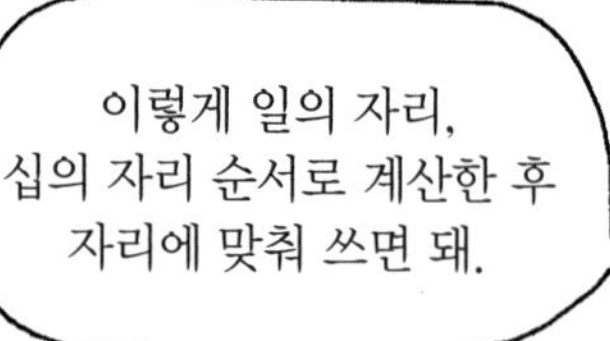

개념 체크 정답 ❶ 9, 120, 129 ❷ 120, 129

기본 문제

1-1 64×2를 세로로 계산하려고 합니다. □ 안에 알맞은 수를 써넣으시오.

	6	4
×		2

⇨

	6	4
×		2
		8

⇨

	6	4
×		2
□	□	8

(힌트) 64×2는 일의 자리 수 4와 2의 곱은 일의 자리에 쓰고, 십의 자리 수 6과 2의 곱은 십의 자리와 백의 자리에 써서 계산합니다.

교과서 유형

2-1 □ 안에 알맞은 수를 써넣으시오.

(1)
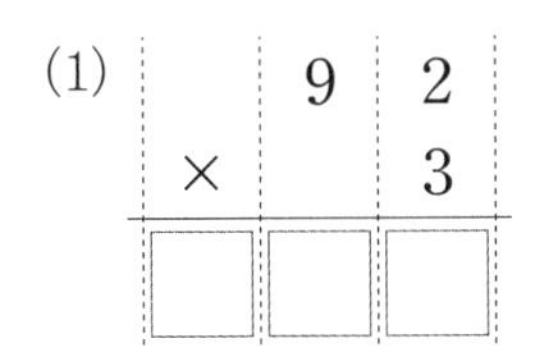

	9	2
×		3
□	□	□

(2)
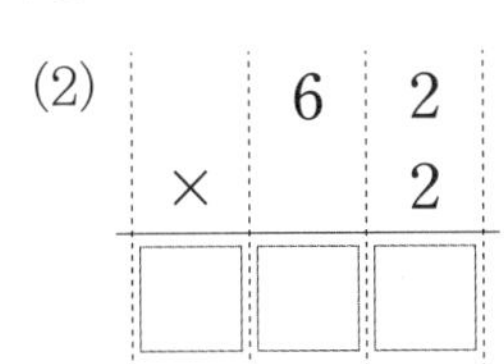

	6	2
×		2
□	□	□

(3)
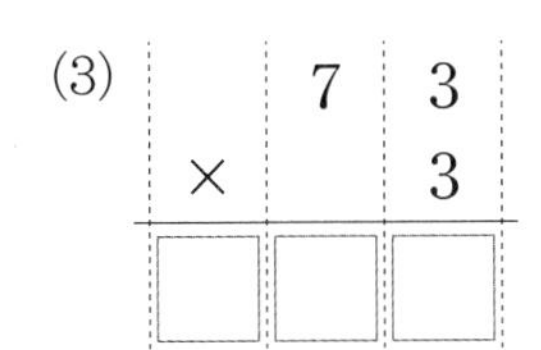

	7	3
×		3
□	□	□

(4)
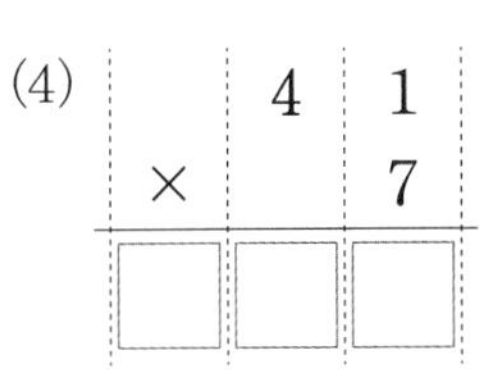

	4	1
×		7
□	□	□

(힌트)

	●	■
×		▲
③	②	①

⇨ ■×▲=①
●×▲=③②

3-1 계산을 하시오.

(1) 21×9

(2) 82×3

(힌트) 세로셈으로 계산해 봅니다.

쌍둥이 문제

1-2 51×2를 세로로 계산하려고 합니다. □ 안에 알맞은 수를 써넣으시오.

	5	1
×		2

⇨

	5	1
×		2
		□

⇨

	5	1
×		2
1	0	□

2-2 계산을 하시오.

(1)

	6	2
×		3

(2)

	8	1
×		6

(3)

	7	4
×		2

(4)

	9	3
×		3

3-2 계산 결과를 찾아 선으로 이으시오.

54×2 •

• 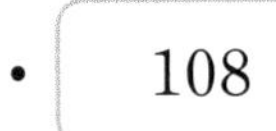
108

• 128

4 곱셈

개념 파헤치기

개념 6 (몇십몇)×(몇)을 구해 볼까요 (3) – 일의 자리에서 올림, 수 모형

• 23×4를 수 모형으로 알아보기

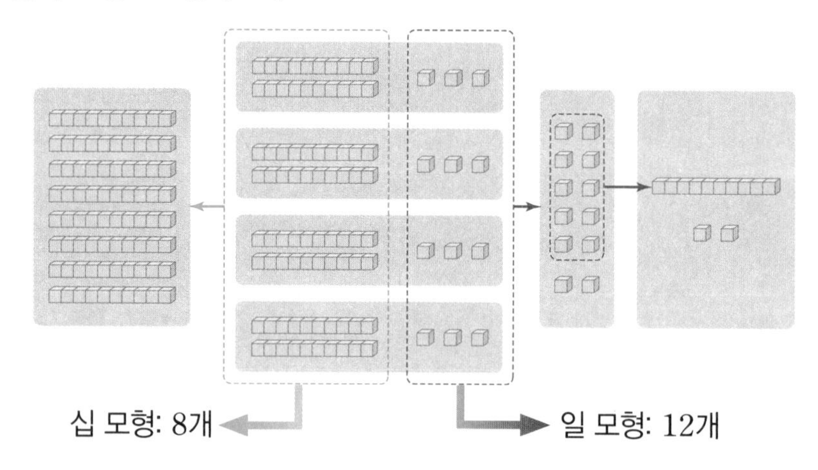

십 모형: 8개　　일 모형: 12개

계산 방법 십 모형은 2×4=8이므로 80이고,
일 모형은 3×4=12이므로
80+12=92입니다.
이때 일 모형 12개는 십 모형 1개, 일 모형 2개와 같습니다.

참고 일 모형의 수가 10이거나 10이 넘으면 십 모형의 수만큼 십의 자리로 올림합니다.

개념 체크

23×4를 수 모형으로 알아보면

❶ 일 모형은
3×4=☐이고,
십 모형은
2×4=☐이므로
(8 , 80)입니다.

❷ 따라서
12+80=☐
이므로
23×4=☐
입니다.

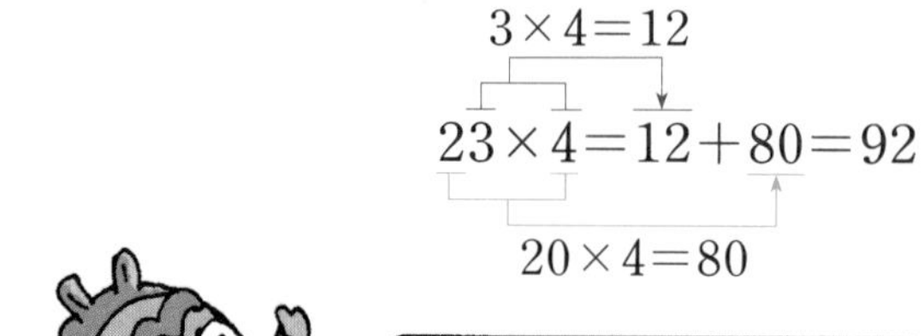

이렇게 계산하면 23×4=92야. 토마토는 모두 92개구나.

개념 체크 정답 ❶ 12, 8, 80에 ○표 ❷ 92, 92

교과서 유형

1-1 수 모형으로 38×2의 계산 과정을 나타낸 그림입니다. □ 안에 알맞은 수를 써넣으시오.

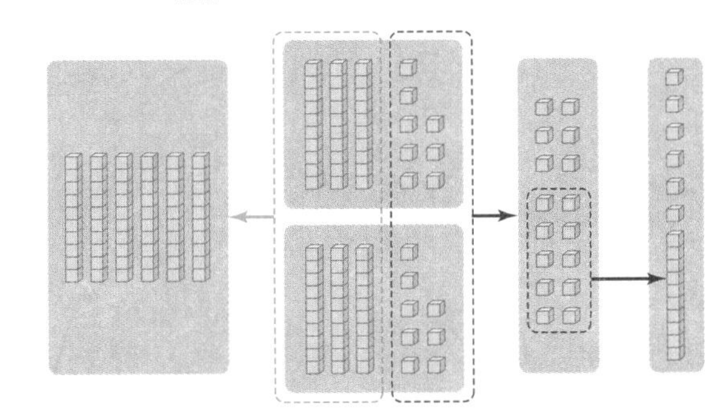

(1) 일 모형의 수 : $8 \times 2 = \square$

(2) 십 모형의 수 : $3 \times 2 = \square$

(3) $38 \times 2 = \square$

힌트 일 모형 10개는 십 모형 1개와 같습니다.

1-2 수 모형으로 24×3의 계산 과정을 나타낸 그림입니다. □ 안에 알맞은 수를 써넣으시오.

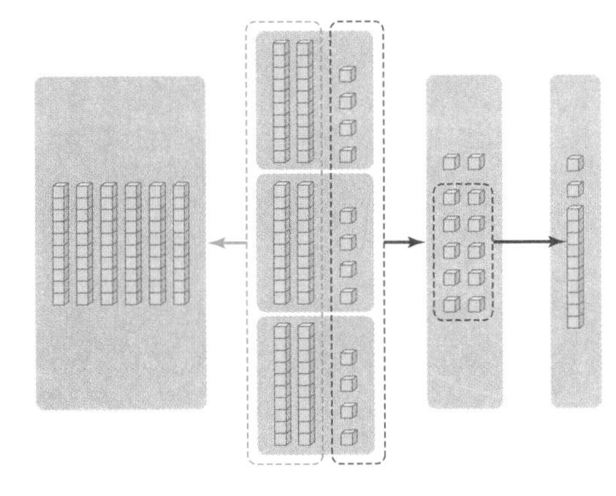

(1) 일 모형의 수: $\square \times 3 = \square$

(2) 십 모형의 수: $\square \times 3 = \square$

(3) $24 \times 3 = \square$

2-1 수 모형을 보고 □ 안에 알맞은 수를 써넣으시오.

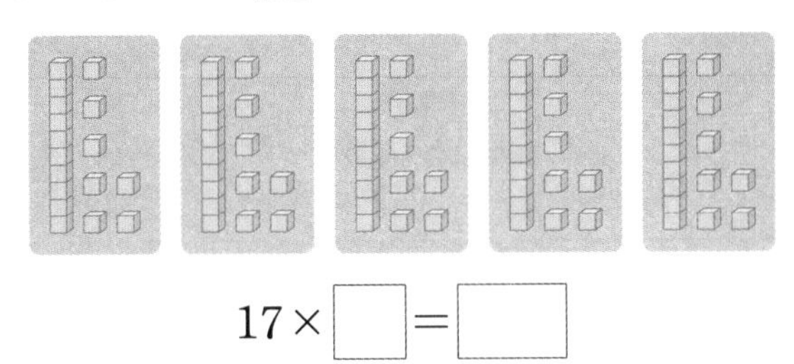

$17 \times \square = \square$

힌트 일 모형의 수와 십 모형의 수를 세어 봅니다.

2-2 수 모형을 보고 □ 안에 알맞은 수를 써넣으시오.

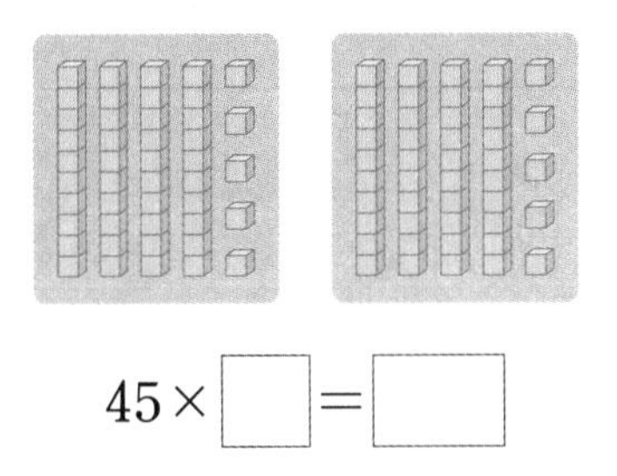

$45 \times \square = \square$

3-1 초콜릿이 한 상자에 36개씩 2상자 있습니다. □ 안에 알맞은 수를 써넣으시오.

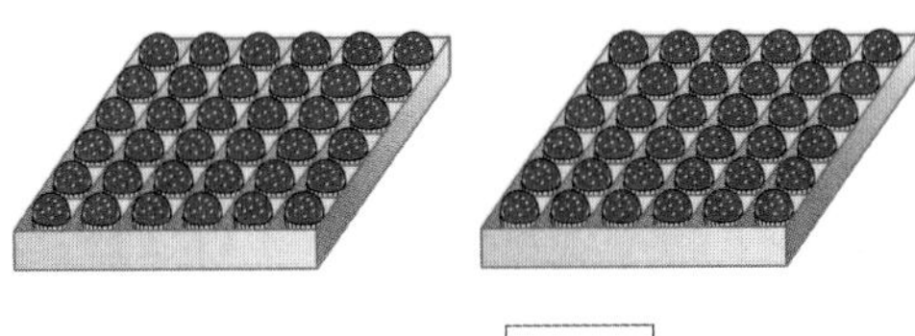

$36 \times 2 = \square$

힌트 초콜릿이 36개씩 2상자 있습니다.

3-2 떡이 한 상자에 27개씩 3상자 있습니다. □ 안에 알맞은 수를 써넣으시오.

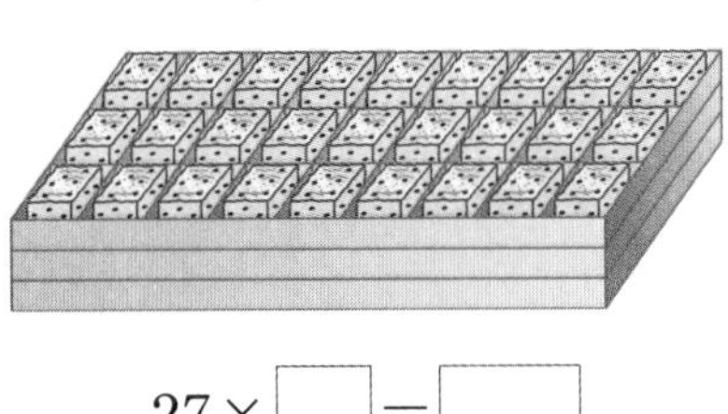

$27 \times \square = \square$

개념 동영상

개념 7 (몇십몇)×(몇)을 구해 볼까요 (3) – 일의 자리에서 올림, 계산 방법

• 23×4의 계산 방법 알아보기

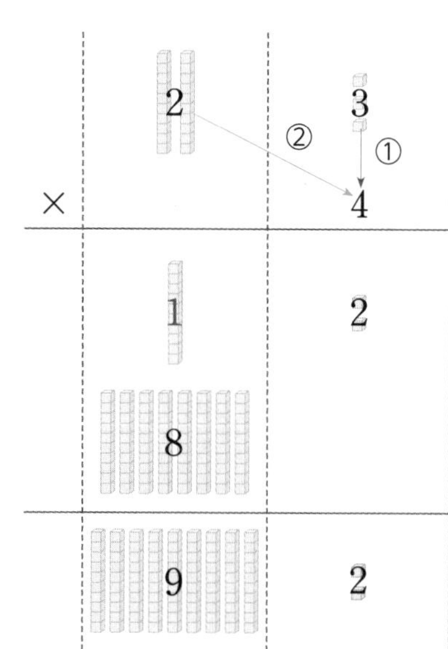

계산 방법

① 3과 4의 곱 12의 2를 일의 자리에 씁니다.

② 20과 4의 곱 80과 ①의 12에서 10을 더하여 십의 자리에 9를 씁니다.

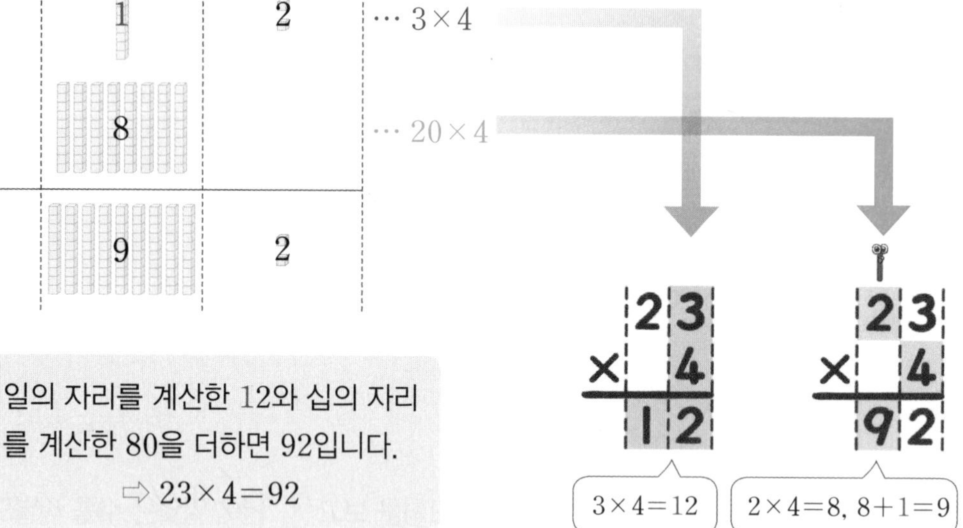

일의 자리를 계산한 12와 십의 자리를 계산한 80을 더하면 92입니다.

⇨ $23 \times 4 = 92$

개념 체크

23×4의 계산 방법을 알아보면

❶ 일의 자리를 계산한 값 12에서 ☐를 일의 자리에 쓰고

❷ 십의 자리를 계산한 값 80과 일의 자리를 계산한 값 12에서 ☐을 더하여

❸ 십의 자리에 ☐를 써서 계산합니다.

3×4=12에서 1을 작게 적어 올림하는 수를 표시할 수도 있지.

일의 자리에서 올림한 수 ← 1

$$\begin{array}{r} 14 \\ \times\ \ 3 \\ \hline 2 \end{array} \Rightarrow \begin{array}{r} {}^{1}\ \ \\ 14 \\ \times\ \ 3 \\ \hline 42 \end{array}$$

4×3=12 / 1×3=3, 3+1=4

14×3은 일의 자리에서 올림이 있는 곱셈이야. 일의 자리에서 올림한 수를 십의 자리 계산에 더하는 걸 빠뜨리지 않도록 주의하렴.

이 나무가 올리브 나무니까 내려가지 않아도 돼.

얼른 따올게요.

개념 체크 정답 ❶ 2 ❷ 10 ❸ 9

기본 문제

쌍둥이 문제

교과서 유형

1-1 15×3을 세로로 계산하려고 합니다. □ 안에 알맞은 수를 써넣으시오.

$\begin{array}{r} 15 \\ \times\ 3 \\ \hline \end{array}$ ⇨ $\begin{array}{r} {}^{1}15 \\ \times\ 3 \\ \hline 5 \end{array}$ ⇨ $\begin{array}{r} {}^{1}15 \\ \times\ 3 \\ \hline \square 5 \end{array}$

힌트 일의 자리 계산이 ●■이면 ■는 일의 자리에 쓰고 ●는 십의 자리 계산에 더합니다.

1-2 26×3을 세로로 계산하려고 합니다. □ 안에 알맞은 수를 써넣으시오.

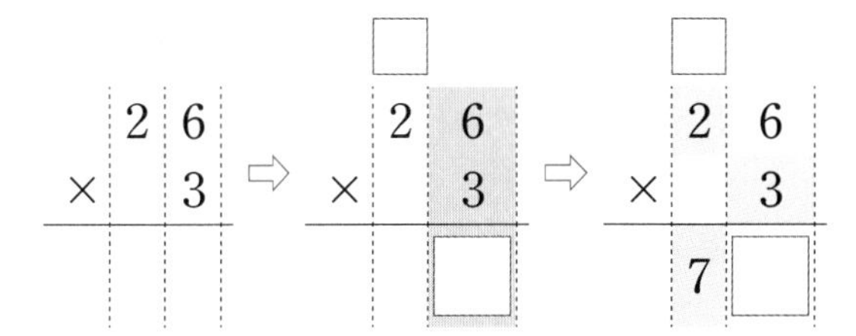

2-1 □ 안에 알맞은 수를 써넣으시오.

(1)

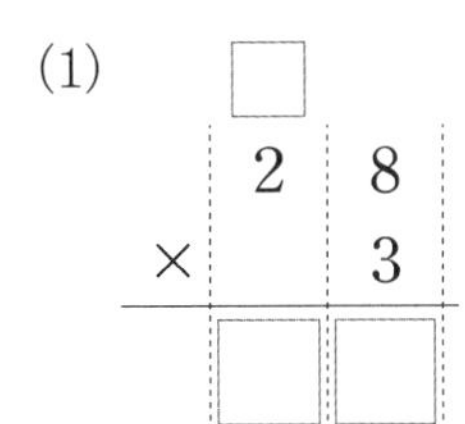

(2)

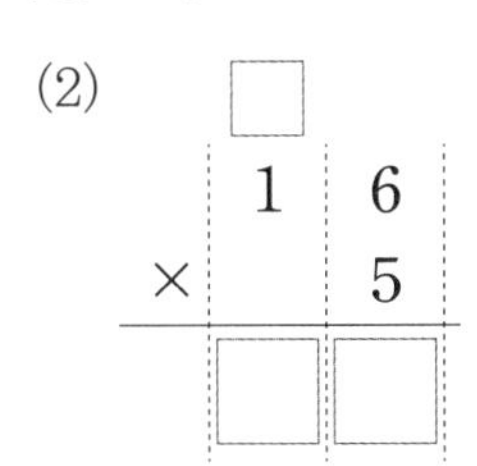

(3) $\begin{array}{r} \square\ \ \\ 14 \\ \times\ 3 \\ \hline \square\square \end{array}$

(4) $\begin{array}{r} \square\ \ \\ 47 \\ \times\ 2 \\ \hline \square\square \end{array}$

힌트 일의 자리에서 올림하는 수는 십의 자리 위에 작게 적고 십의 자리 계산에 더합니다.

2-2 계산을 하시오.

(1) $\begin{array}{r} 19 \\ \times\ 2 \\ \hline \end{array}$

(2) $\begin{array}{r} 37 \\ \times\ 2 \\ \hline \end{array}$

(3) $\begin{array}{r} 14 \\ \times\ 7 \\ \hline \end{array}$

(4) $\begin{array}{r} 28 \\ \times\ 2 \\ \hline \end{array}$

3-1 계산을 하시오.

(1) 18×5

(2) 49×2

힌트 세로셈으로 계산해 봅니다.

3-2 빈 곳에 알맞은 수를 써넣으시오.

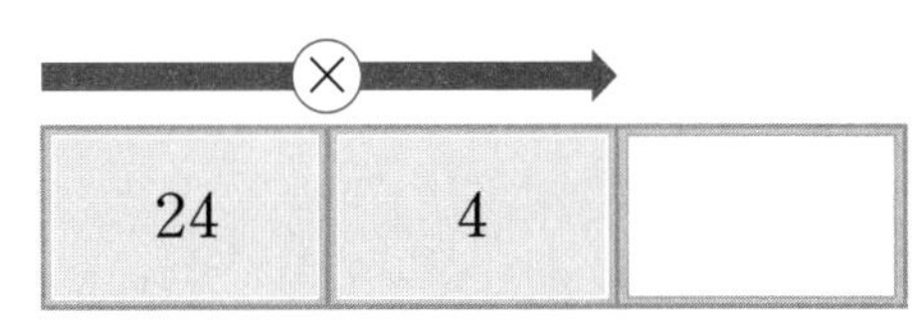

4 곱셈

2 STEP 개념 확인하기

개념4, 5 (몇십몇)×(몇)을 구해 볼까요 (2)

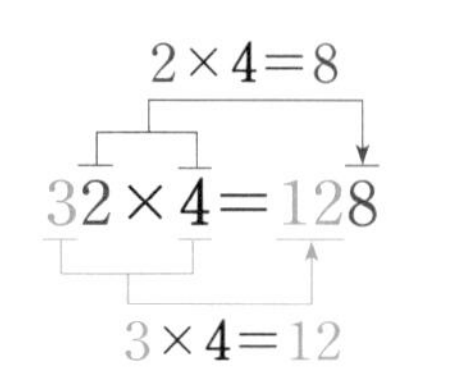

$$32 \times 4 = 128$$

$2 \times 4 = 8$, $3 \times 4 = 12$

```
    3 2
 ×    4
 ------
  1 2 8
```

$3 \times 4 = 12$, $2 \times 4 = 8$

교과서 유형

01 수 모형을 보고 □ 안에 알맞은 수를 써넣으시오.

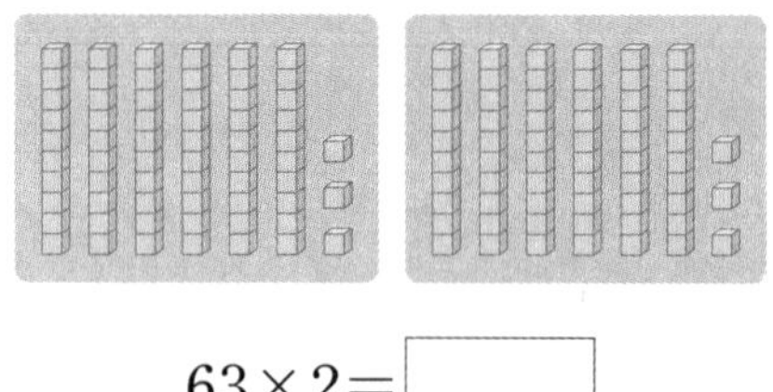

$63 \times 2 =$ □

02 □ 안에 알맞은 수를 써넣으시오.

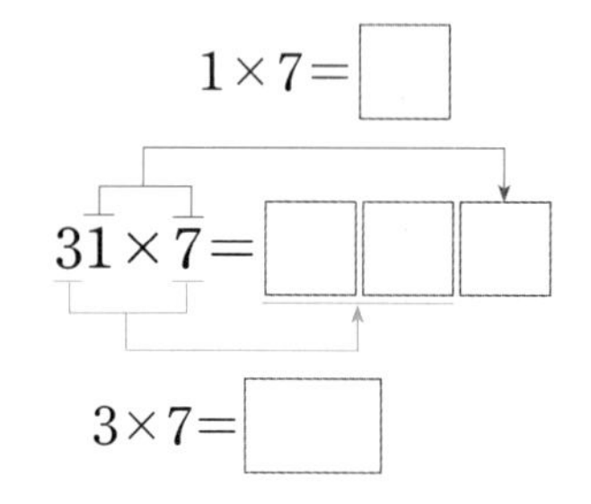

$1 \times 7 =$ □

$31 \times 7 =$ □□□

$3 \times 7 =$ □

03 계산을 하시오.

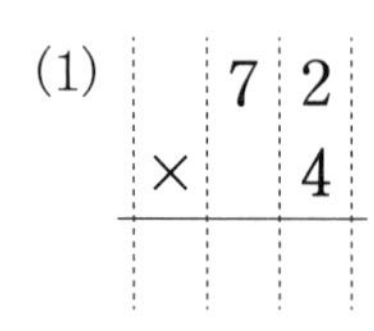

(1) 72×4

(2) 53×3

(3) 42×4

(4) 91×6

익힘책 유형

04 빈 곳에 알맞은 수를 써넣으시오.

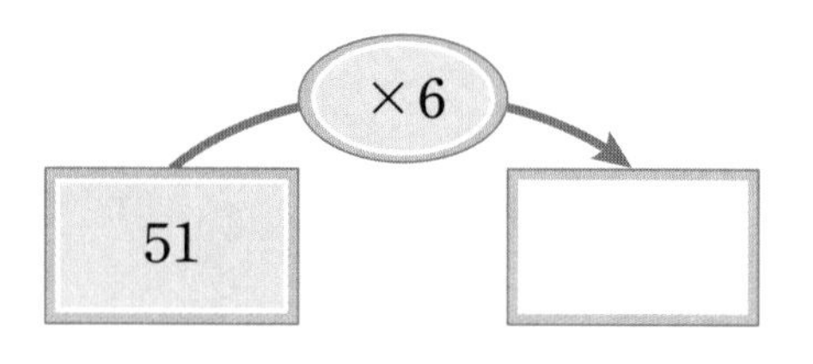

05 계산 결과를 비교하여 ○ 안에 >, =, <를 알맞게 써넣으시오.

62×4 ○ 41×8

06 계산 결과가 같은 것끼리 선으로 이으시오.

21×8 •	• 64×2
32×4 •	• 84×2

07 어느 두유 한 팩에는 지방이 7 g 들어 있습니다. 두유를 하루에 3팩씩 먹었다면 7일 동안 두유로 먹은 지방은 몇 g입니까?

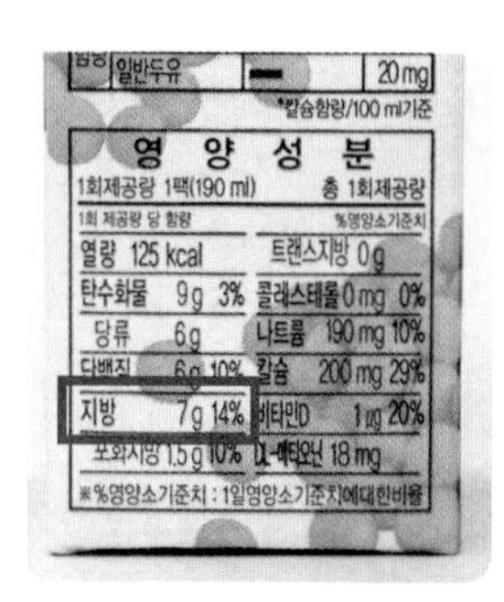

(　　　　　　　　)

개념6, 7 (몇십몇)×(몇)을 구해 볼까요 (3)

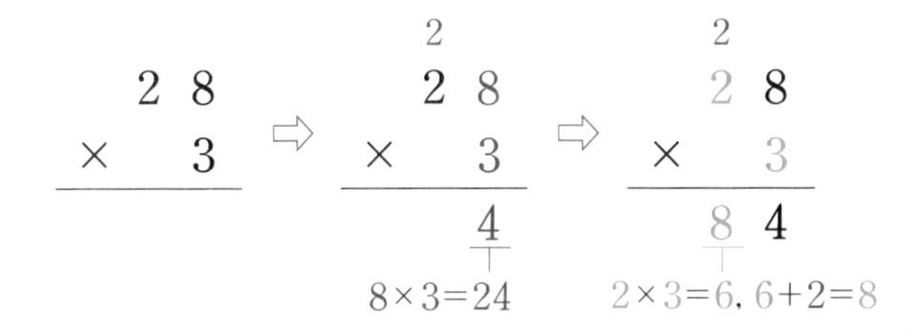

교과서 유형

08 계산을 하시오.

(1) $\begin{array}{r} 19 \\ \times\ \ 4 \\ \hline \end{array}$

(2) $\begin{array}{r} 25 \\ \times\ \ 3 \\ \hline \end{array}$

(3) 14×4

(4) 37×2

09 빈 곳에 알맞은 수를 써넣으시오.

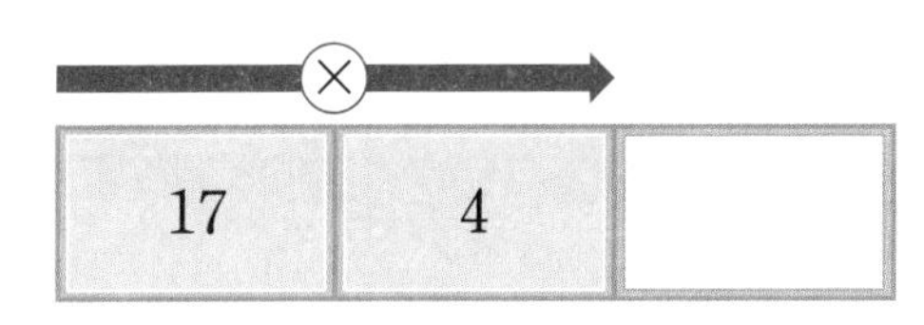

10 두 수의 곱을 구하시오.

15　6

(　　　　　　)

11 다음 중 계산 결과가 다른 하나에 ○표 하시오.

36×2　　23×4　　12×6

12 계산 결과를 비교하여 ○ 안에 >, =, <를 알맞게 써넣으시오.

46×2 ○ 29×3

13 성찬이는 끈으로 겹치는 부분 없이 오른쪽 정사각형을 한 개 만들었습니다. 정사각형을 만드는 데 사용한 끈의 길이는 몇 cm입니까?

(　　　　　　)

익힘책 유형

14 색연필이 7타 있습니다. 색연필은 모두 몇 자루입니까? (단, 1타는 12자루입니다.)

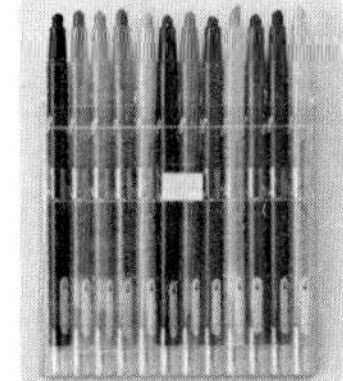

(　　　　　　)

일의 자리에서 올림이 있는 (몇십몇)×(몇)을 세로로 계산할 때 일의 자리에서 올림하는 수를 십의 자리 위에 작게 적고 십의 자리를 계산할 때 더해야 합니다.

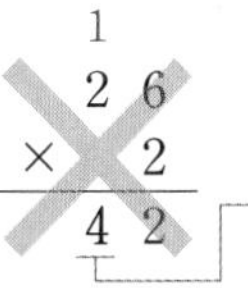

올림하는 수를 더하지 않아서 틀렸습니다.

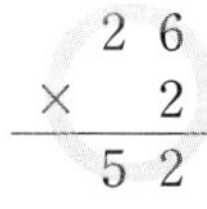

개념 파헤치기

개념 8 (몇십몇)×(몇)을 구해 볼까요 (4) – 십의 자리와 일의 자리에서 올림, 수 모형

• 45×3을 수 모형으로 알아보기

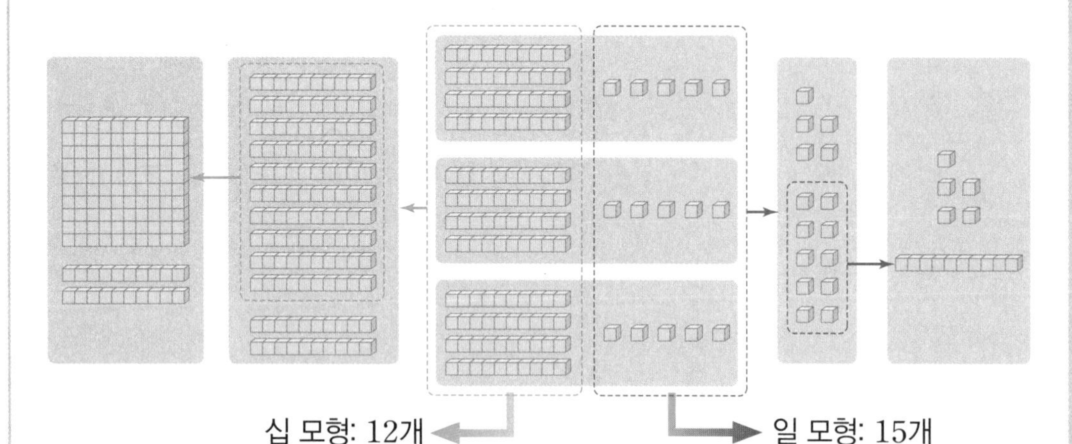

십 모형: 12개 일 모형: 15개

계산 방법 십 모형은 $4 \times 3 = 12$이므로 120이고, 일 모형은 $5 \times 3 = 15$이므로 $120 + 15 = 135$입니다.

십 모형 10개를 백 모형 1개로 바꾸는 것이 십의 자리에서 올림하는 것을 나타내고,

일 모형 10개를 십 모형 1개로 바꾸는 것이 일의 자리에서 올림하는 것을 나타냅니다.

개념 체크

45×3을 수 모형으로 알아보면

❶ 일 모형은 $5 \times 3 =$ ☐이고, 십 모형은 $4 \times 3 =$ ☐이므로 (12 , 120)입니다.

❷ 따라서 $15 + 120 =$ ☐이므로 $45 \times 3 =$ ☐입니다.

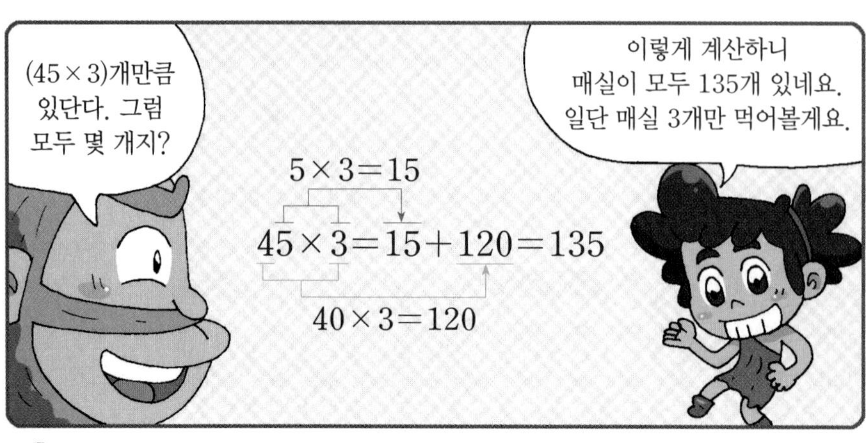

개념 체크 정답 ❶ 15, 12, 120에 ○표 ❷ 135, 135

기본 문제

교과서 유형

1-1 수 모형으로 56×2의 계산 과정을 나타낸 그림입니다. □ 안에 알맞은 수를 써넣으시오.

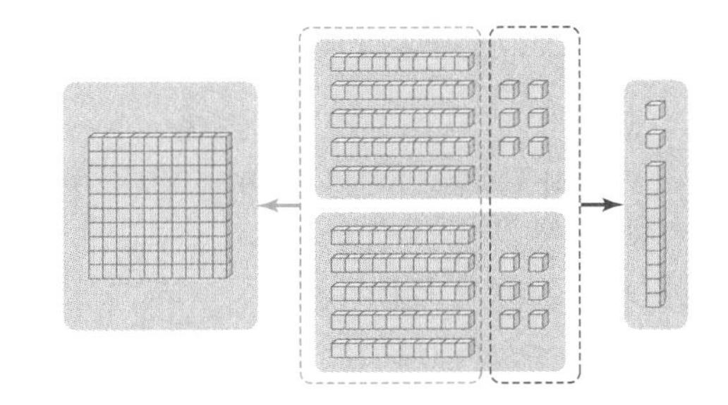

(1) 일 모형의 수 : $6 \times 2=$ □

(2) 십 모형의 수 : $5 \times 2=$ □

(3) $56 \times 2=$ □

힌트 일 모형 10개는 십 모형 1개와 같고, 십 모형 10개는 백 모형 1개와 같습니다.

2-1 수 모형을 보고 □ 안에 알맞은 수를 써넣으시오.

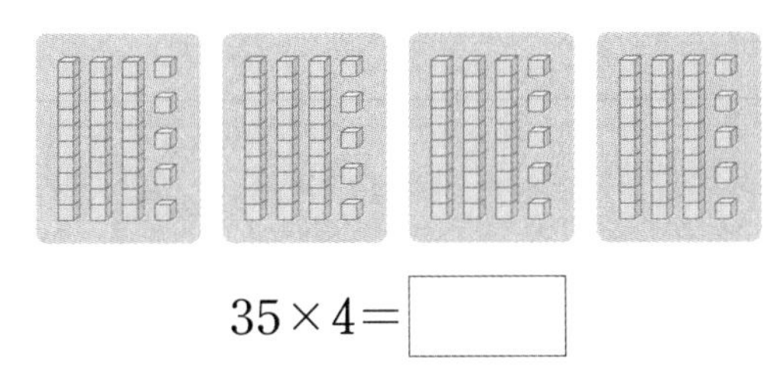

$35 \times 4=$ □

힌트 일 모형의 수와 십 모형의 수를 세어 봅니다.

3-1 크레파스가 한 상자에 24개씩 6상자 있습니다. □ 안에 알맞은 수를 써넣으시오.

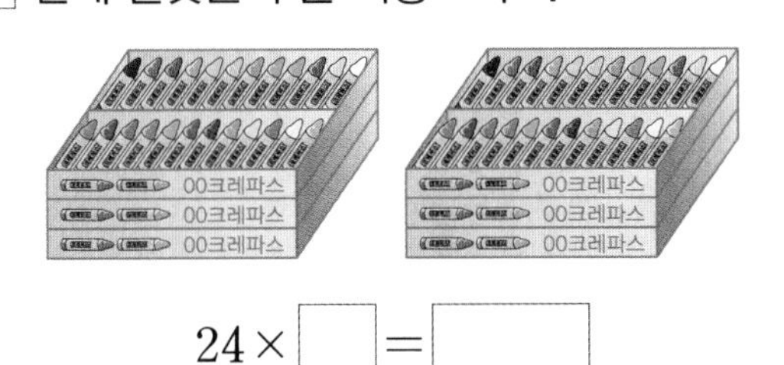

$24 \times$ □ $=$ □

힌트 크레파스가 24개씩 6상자 있습니다.

쌍둥이 문제

1-2 수 모형으로 47×3의 계산 과정을 나타낸 그림입니다. □ 안에 알맞은 수를 써넣으시오.

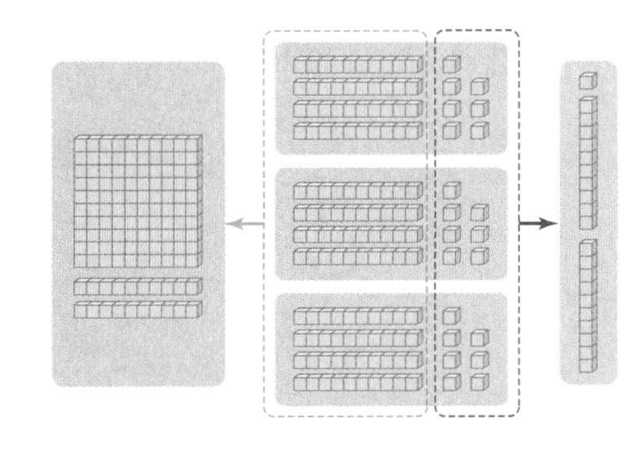

(1) 일 모형의 수 : □ $\times 3=$ □

(2) 십 모형의 수 : □ $\times 3=$ □

(3) $47 \times 3=$ □

2-2 수 모형을 보고 □ 안에 알맞은 수를 써넣으시오.

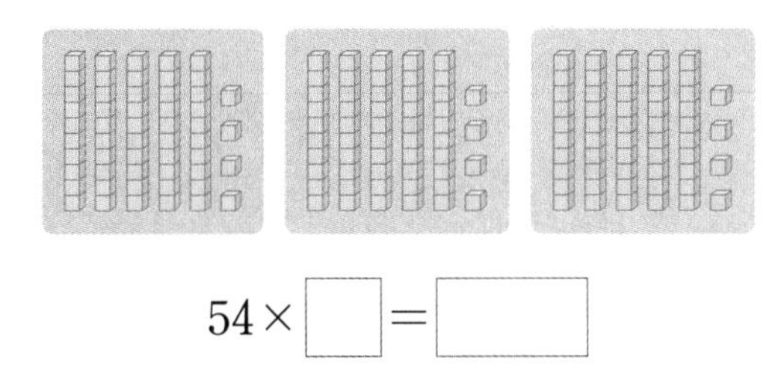

$54 \times$ □ $=$ □

3-2 호두과자가 한 상자에 36개씩 6상자 있습니다. □ 안에 알맞은 수를 써넣으시오.

$36 \times$ □ $=$ □

4 곱셈

개념 파헤치기

개념 9 (몇십몇)×(몇)을 구해 볼까요 (4) – 십의 자리와 일의 자리에서 올림, 계산 방법

• 45×3의 계산 방법 알아보기

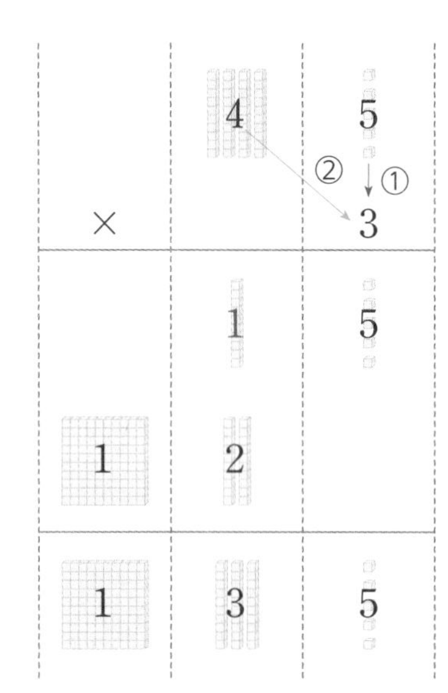

계산 방법

① 5와 3의 곱 15의 5를 일의 자리에 씁니다.

② 40과 3의 곱 120과 ①의 15에서 10을 더하여 십의 자리에 3을 쓰고 백의 자리에 1을 씁니다.

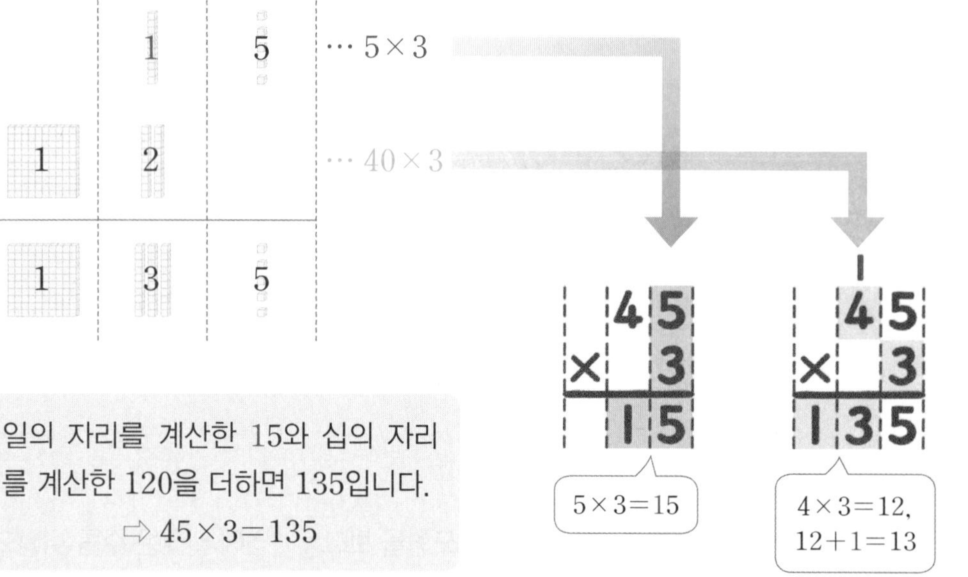

일의 자리를 계산한 15와 십의 자리를 계산한 120을 더하면 135입니다.
⇨ 45×3=135

개념 체크

45×3의 계산 방법을 알아보면

❶ 일의 자리를 계산한 값 15에서 ☐를 일의 자리에 쓰고

❷ 십의 자리를 계산한 값 120과 일의 자리를 계산한 값 15에서 ☐을 더하여 십의 자리에 ☐을 쓰고

❸ 백의 자리에 ☐을 써서 계산합니다.

개념 체크 정답 ❶ 5 ❷ 10, 3 ❸ 1

기본 문제

교과서 유형

1-1 78×2를 세로로 계산하려고 합니다. □ 안에 알맞은 수를 써넣으시오.

$\begin{array}{r} 78 \\ \times\ 2 \\ \hline \end{array}$ ⇨ $\begin{array}{r} {}^{1}\ \ \\ 78 \\ \times\ 2 \\ \hline 6 \end{array}$ ⇨ $\begin{array}{r} {}^{1}\ \ \\ 78 \\ \times\ 2 \\ \hline \square\square 6 \end{array}$

(힌트) 십의 자리 계산이 ●■0이면 ■는 십의 자리에 쓰고 ●는 백의 자리에 씁니다.

2-1 □ 안에 알맞은 수를 써넣으시오.

(1)
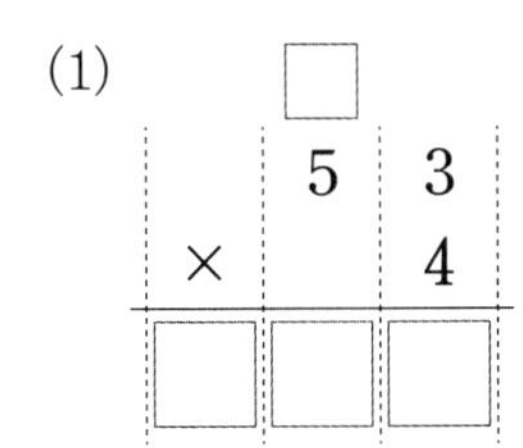

(2)
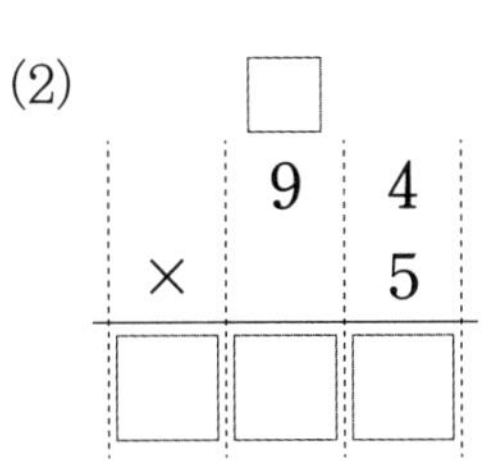

(3)
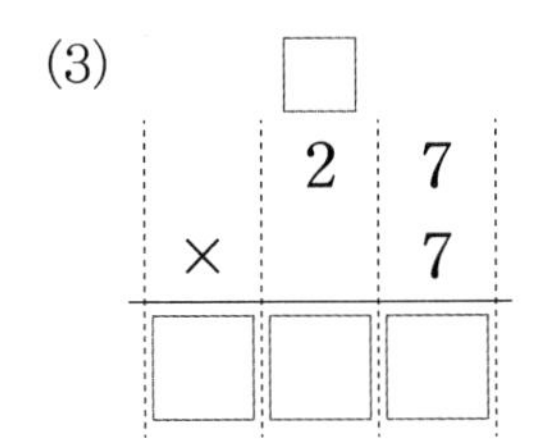

(4)
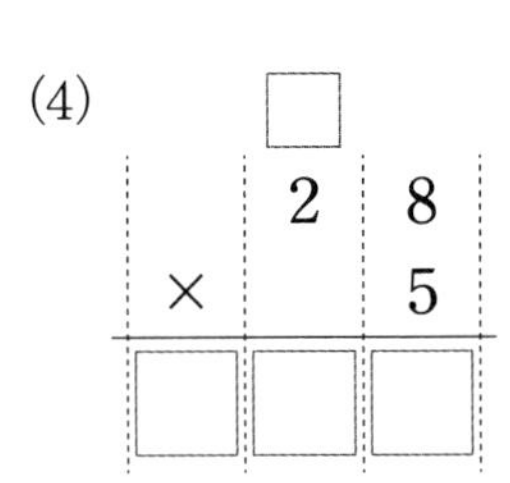

(힌트) 일의 자리에서 올림하는 수는 십의 자리 계산에 더하고, 십의 자리에서 올림하는 수는 백의 자리에 씁니다.

3-1 계산을 하시오.

(1) 42×5

(2) 63×8

(힌트) 세로셈으로 계산해 봅니다.

쌍둥이 문제

1-2 67×2를 세로로 계산하려고 합니다. □ 안에 알맞은 수를 써넣으시오.

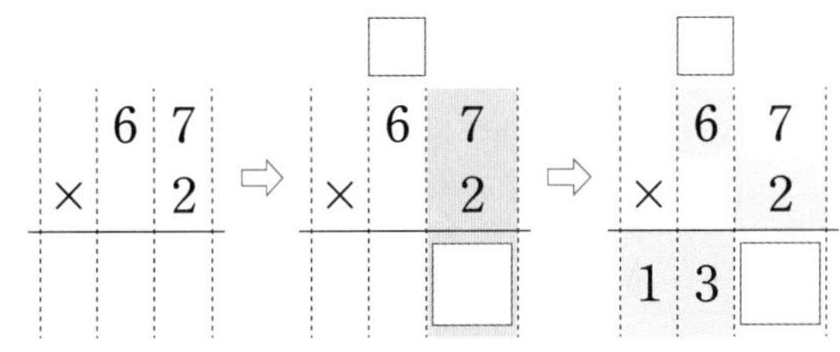

2-2 계산을 하시오.

(1) $\begin{array}{r} 38 \\ \times\ 4 \\ \hline \end{array}$

(2) $\begin{array}{r} 42 \\ \times\ 6 \\ \hline \end{array}$

(3) $\begin{array}{r} 28 \\ \times\ 7 \\ \hline \end{array}$

(4) $\begin{array}{r} 32 \\ \times\ 9 \\ \hline \end{array}$

3-2 빈 곳에 알맞은 수를 써넣으시오.

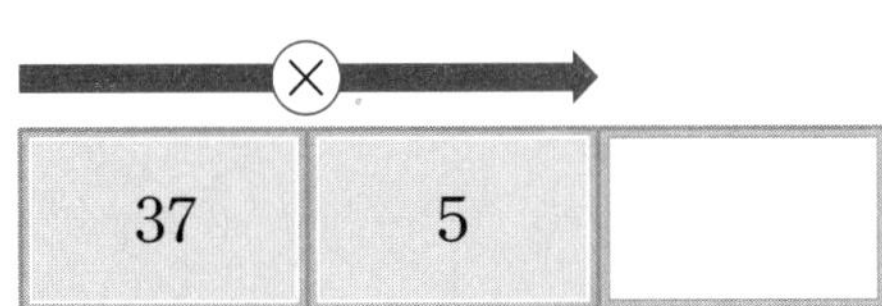

2 STEP 개념 확인하기

개념8, 9 (몇십몇)×(몇)을 구해 볼까요 (4)

$$\begin{array}{r} 57 \\ \times\ \ 4 \\ \hline \end{array} \Rightarrow \begin{array}{r} {}^{2}\ \ \\ 57 \\ \times\ \ 4 \\ \hline 8 \end{array} \Rightarrow \begin{array}{r} {}^{2}\ \ \\ 57 \\ \times\ \ 4 \\ \hline 228 \end{array}$$

$7\times4=28$ $5\times4=20$, $20+2=22$

교과서 유형

01 수 모형을 보고 □ 안에 알맞은 수를 써넣으시오.

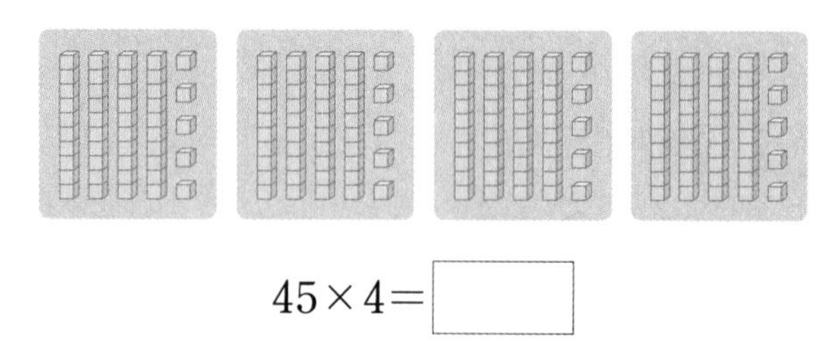

$45\times4=$ □

02 바르게 계산한 것에 ○표 하시오.

$$\begin{array}{r} 27 \\ \times\ \ 5 \\ \hline 105 \end{array} \qquad \begin{array}{r} 27 \\ \times\ \ 5 \\ \hline 135 \end{array}$$

(　　　)　(　　　)

03 보기와 같은 방법으로 계산하시오.

보기

$$\begin{array}{r} 32 \\ \times\ \ 7 \\ \hline 14 \\ 210 \\ \hline 224 \end{array}$$

$$\begin{array}{r} 46 \\ \times\ \ 4 \\ \hline \end{array}$$

익힘책 유형

04 계산을 하시오.

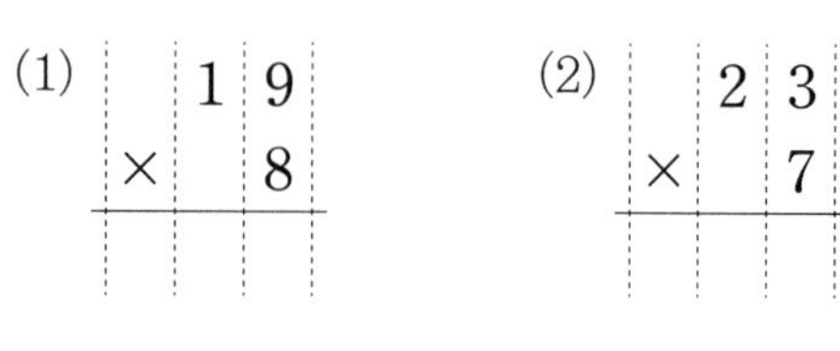

(1) $\begin{array}{r} 19 \\ \times\ \ 8 \\ \hline \end{array}$　(2) $\begin{array}{r} 23 \\ \times\ \ 7 \\ \hline \end{array}$

(3) 43×6　(4) 32×6

05 계산 결과를 찾아 선으로 이으시오.

24×5 •	• 120
35×4 •	• 140

06 빈 곳에 두 수의 곱을 써넣으시오.

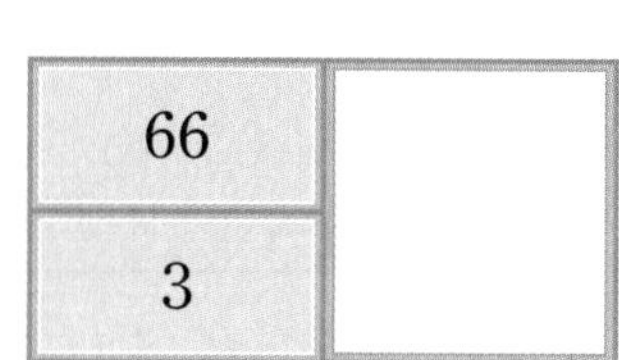

66	
3	

07 우성이가 계산기에 다음과 같은 순서대로 눌렀을 때 계산기에 나타날 수를 구하시오.

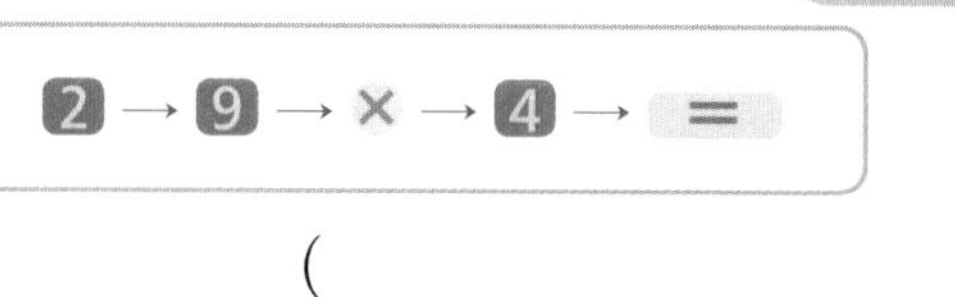

(　　　　　　)

정답은 24쪽

08 선을 따라 만나는 곳에 계산 결과를 써넣으시오.

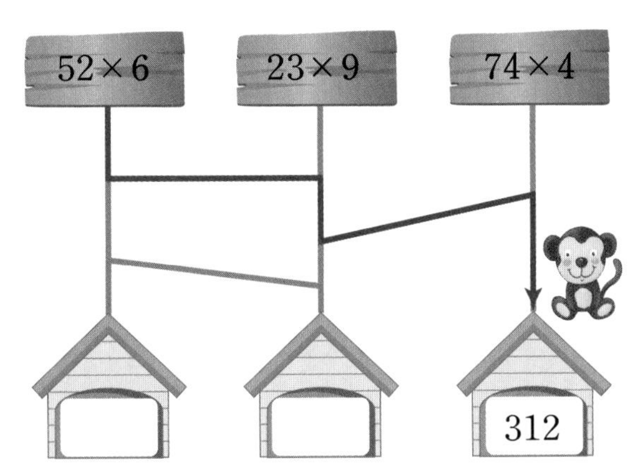

09 계산 결과를 비교하여 ◯ 안에 >, =, <를 알맞게 써넣으시오.

$$39\times7 \bigcirc 56\times4$$

10 빈 곳에 알맞은 수를 써넣으시오.

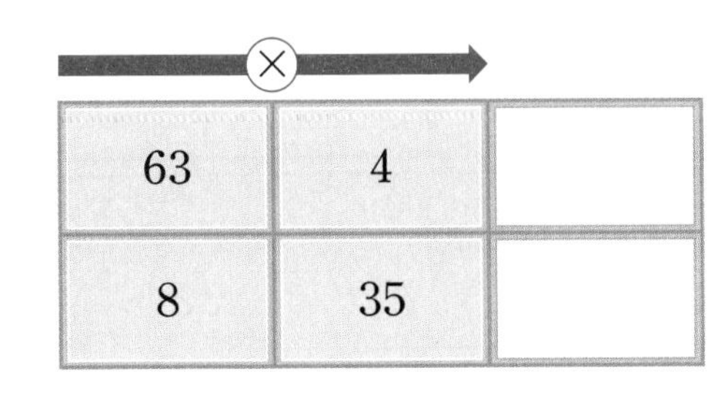

63	4	
8	35	

익힘책 유형

11 빈 곳에 알맞은 수를 써넣으시오.

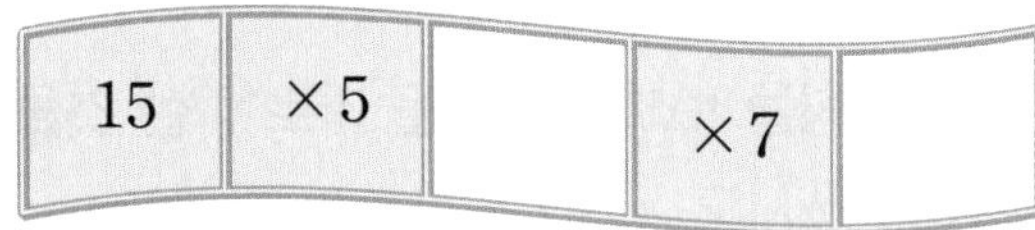

교과서 유형

12 오세은 선수가 이번 시즌에서 3점 슛으로 얻은 점수는 몇 점입니까?

( )

13 □ 안에 알맞은 수를 구하시오.

$$\square\div8=16$$

( )

13에서 곱셈과 나눗셈의 관계를 이용하여 주어진 나눗셈식을 곱셈식으로 바꾸어 나타내 봅니다.

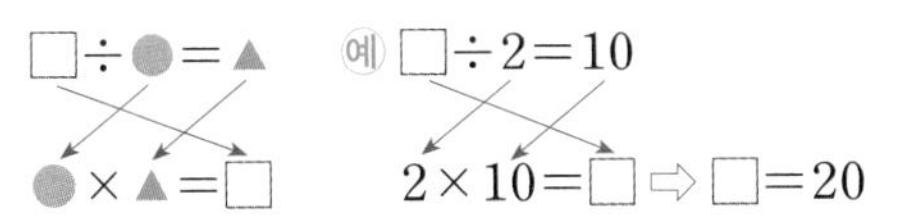

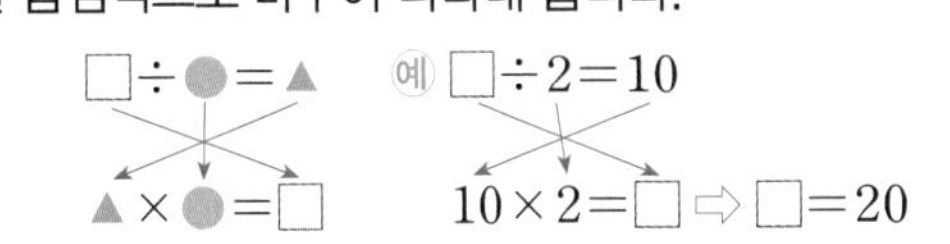

4. 곱셈

점수

01 수 모형을 보고 곱셈식을 바르게 쓴 것을 찾아 기호를 쓰시오.

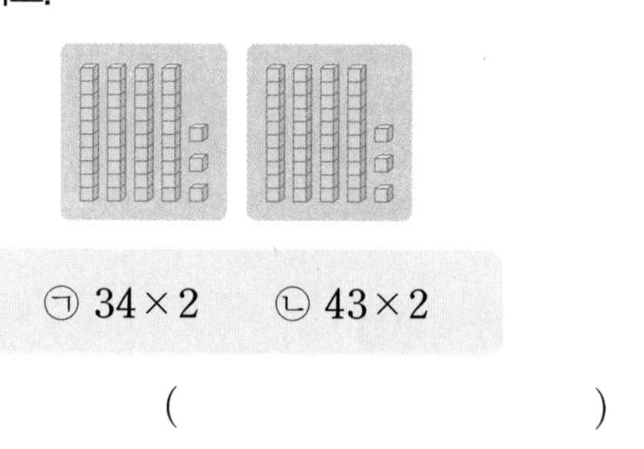

㉠ 34×2 ㉡ 43×2

( )

02 수 모형을 보고 □ 안에 알맞은 수를 써넣으시오.

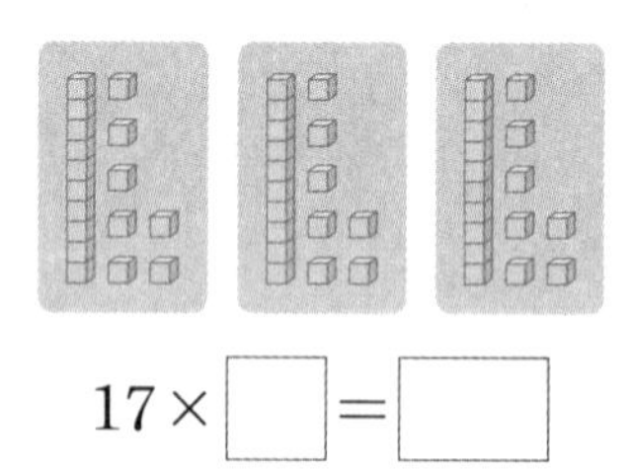

$17 \times \square = \square$

03 그림을 보고 □ 안에 알맞은 수를 써넣으시오.

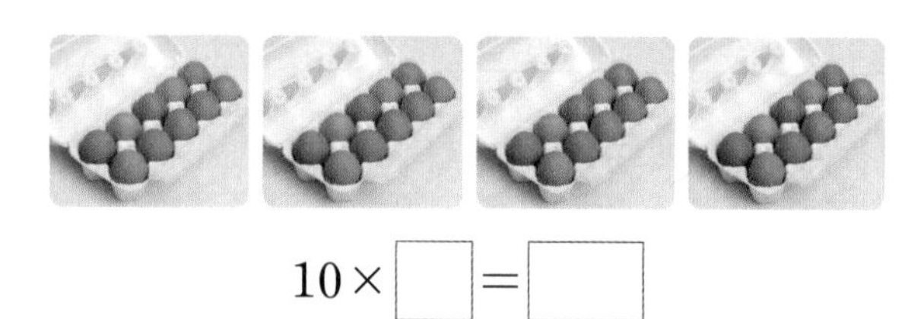

$10 \times \square = \square$

04 수직선을 보고 □ 안에 알맞은 수를 써넣으시오.

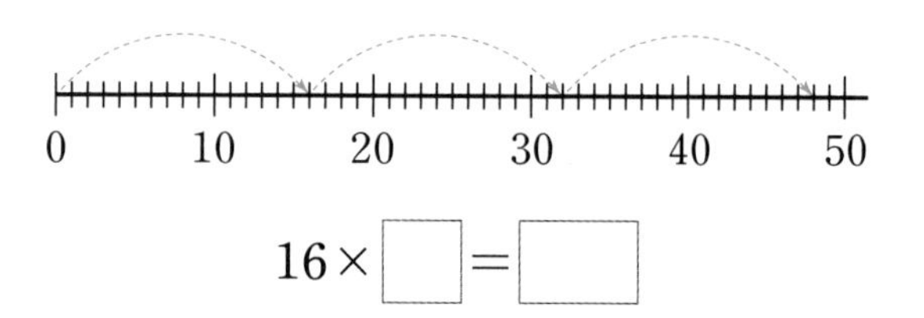

$16 \times \square = \square$

05 바르게 계산한 것에 ○표 하시오.

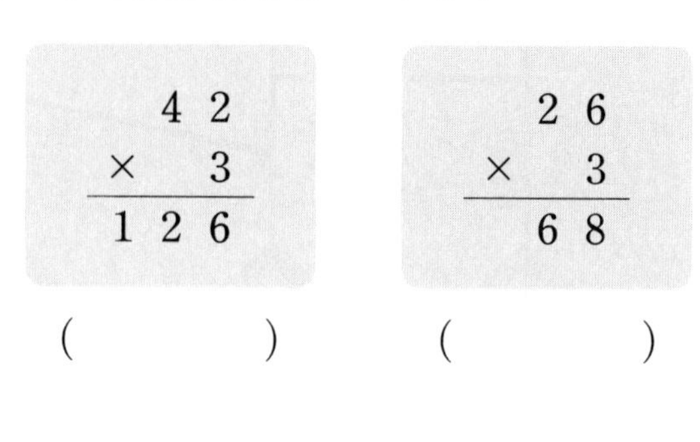

$$\begin{array}{r} 42 \\ \times \quad 3 \\ \hline 126 \end{array} \qquad \begin{array}{r} 26 \\ \times \quad 3 \\ \hline 68 \end{array}$$

( ) ( )

06 계산을 하시오.

(1) $\begin{array}{r} 24 \\ \times \quad 2 \\ \hline \end{array}$

(2) $\begin{array}{r} 62 \\ \times \quad 4 \\ \hline \end{array}$

07 계산 결과를 찾아 선으로 이으시오.

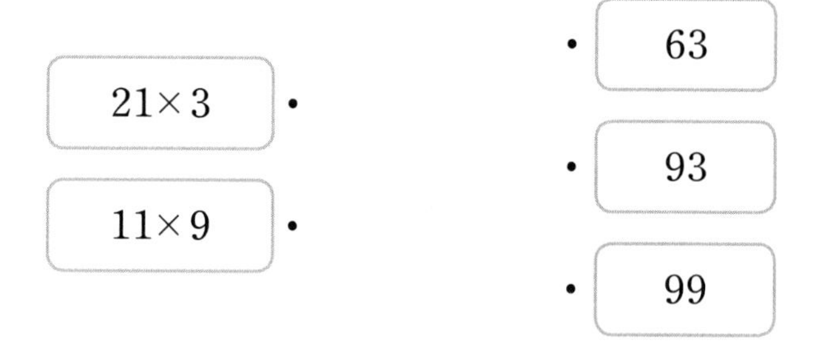

08 빈 곳에 두 수의 곱을 써넣으시오.

71	3

09 빈 곳에 알맞은 수를 써넣으시오.

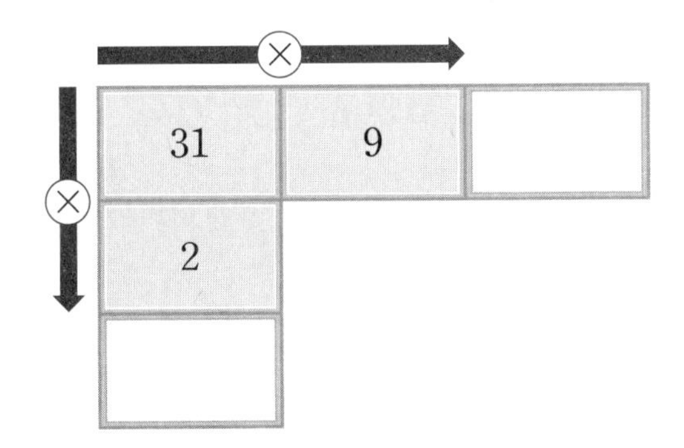

10 계산 결과를 비교하여 ◯ 안에 >, =, <를 알맞게 써넣으시오.

41×5 ◯ 52×4

11 계산 결과가 다른 하나에 ○표 하시오.

31×6　　52×3　　93×2

12 다음 계산에서 잘못된 부분을 찾아 이유를 설명하고 바르게 고쳐 계산하시오.

$$\begin{array}{r} 2\ 7 \\ \times\quad 3 \\ \hline 6\ 1 \end{array} \Rightarrow \begin{array}{r} 2\ 7 \\ \times\quad 3 \\ \hline \end{array}$$

이유 ______________________

____

13 가장 큰 수와 가장 작은 수의 곱을 구하시오.

23　4　3　17

(　　　　　　　　)

유사 문제

14 지수는 친구들에게 줄 초콜릿을 한 상자에 13개씩 담아 3상자를 포장했습니다. 지수가 포장한 초콜릿은 모두 몇 개인지 식을 쓰고 답을 구하시오.

식 ______________________

답 ______________

15 선주는 마트에서 달걀 8개와 메추리알 40개를 샀습니다. 달걀과 메추리알 중 어느 것이 더 무겁습니까? (단, 달걀 한 개의 무게와 메추리알 한 개의 무게는 각각 같습니다.)

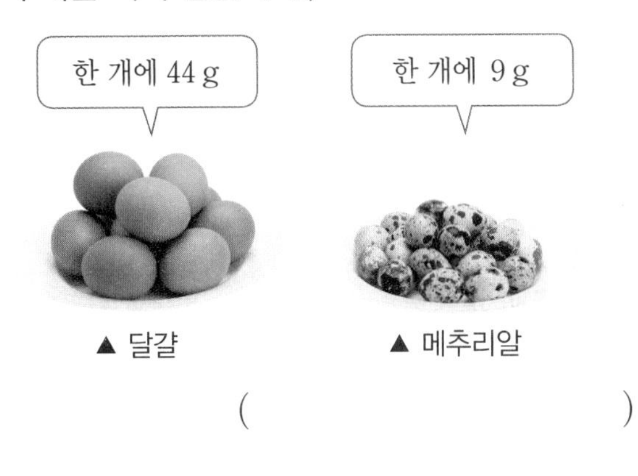

▲ 달걀　▲ 메추리알

(　　　　　　　　)

4 곱셈

정답은 25쪽

16 어느 해 우리나라에 내린 비의 양입니다. 비가 가장 많이 내린 곳부터 차례로 기호를 쓰시오.

(   )

17 숫자 퍼즐의 흰색 빈칸에 알맞은 수를 써넣으시오.

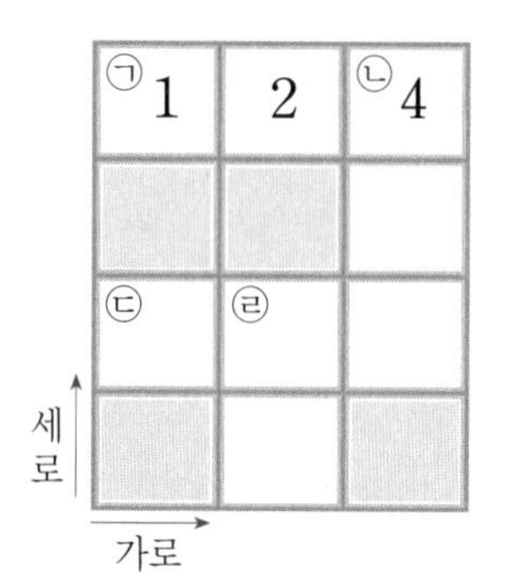

가로 ㉠ 31×4 ㉢ 62×3

세로 ㉡ 52×8 ㉣ 20×4

18 □ 안에 알맞은 수를 써넣으시오.

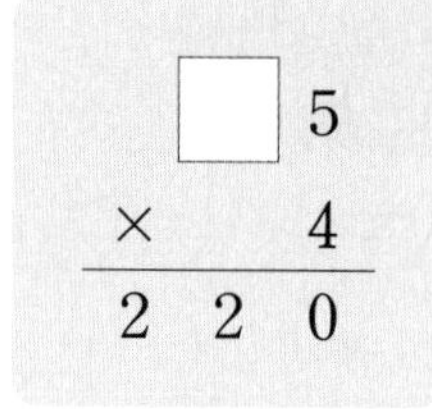

19 (2)두 곱은 같습니다. □ 안에 알맞은 수를 구하시오.

(2) $16\times$□ (1) 28×4

(   )

해결의 법칙

(1) 십의 자리와 일의 자리에서 올림이 있는 (몇십몇)×(몇)을 계산하는 방법을 생각해 봅니다.

(2) 16×□의 곱이 (1)에서 계산한 값과 같으려면 □ 안에 어떤 수가 들어가야 할지 생각해 봅니다.

20 (1)오른쪽은 과녁 맞히기 놀이에서 승윤이가 맞힌 과녁입니다. (2)승윤이가 얻은 점수는 모두 몇 점입니까?

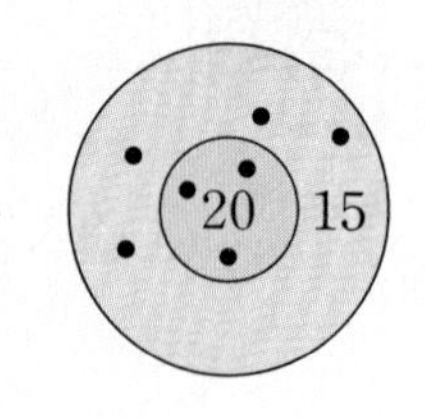

(   )

(1) 그림을 보고 승윤이가 맞힌 과녁의 점수와 맞힌 횟수를 세어 봅니다.

(2) 승윤이가 얻은 점수를 계산하는 방법을 생각해 봅니다.

QR 코드를 찍어 게임을 해 보고 이번 단원을 확실히 익혀 보세요!

창의·융합 문제

정답은 25쪽

[❶~❷] 지우와 수아는 모눈종이를 이용하여 15×3의 계산 원리를 알아보았습니다. 물음에 답하시오.

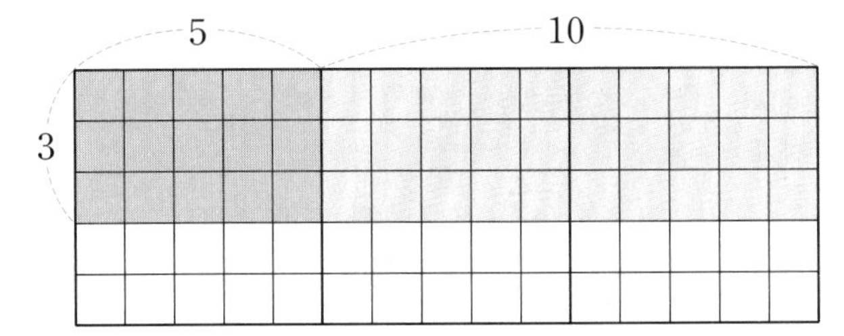

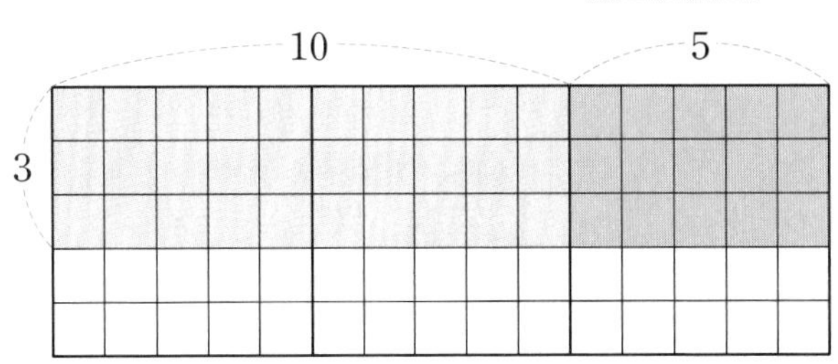

$$\begin{array}{r} 15 \\ \times \quad 3 \\ \hline 15 \\ 30 \\ \hline 45 \end{array} \qquad \begin{array}{r} 15 \\ \times \quad 3 \\ \hline 30 \\ 15 \\ \hline 45 \end{array}$$

1 13×4의 계산 원리를 지우와 같은 방법으로 모눈종이를 색칠하여 알아보고 계산해 보시오.

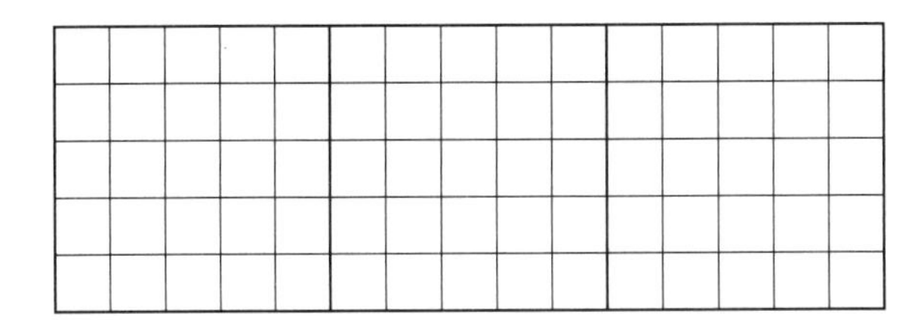

$$\begin{array}{r} 13 \\ \times \quad 4 \\ \hline \end{array}$$

13×4는
3씩 4줄과 10씩 4줄로
생각할 수 있어.

2 13×4의 계산 원리를 수아와 같은 방법으로 모눈종이를 색칠하여 알아보고 계산해 보시오.

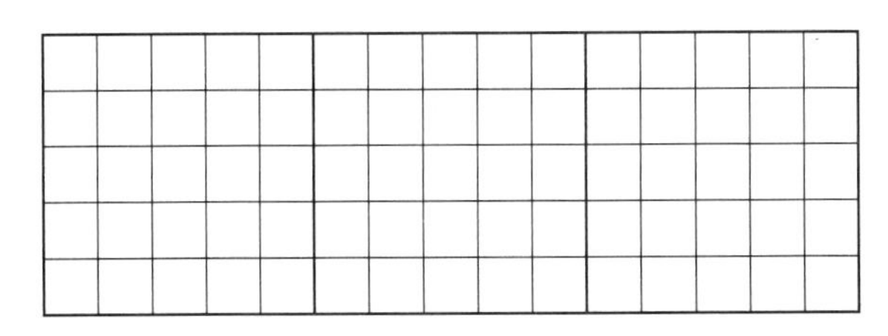

$$\begin{array}{r} 13 \\ \times \quad 4 \\ \hline \end{array}$$

13×4는
10씩 4줄과 3씩 4줄로
생각할 수 있어.

5 길이와 시간

제5화 소풍 가는 길, 오늘 안에 도착할 수 있을까?

이미 배운 내용

[2-2 길이 재기]
- 100 cm=1 m 알아보기
- 길이의 합과 차

[2-2 시각과 시간]
- 60분=1시간 알아보기

이번에 배울 내용

- 1 cm=10 mm 알아보기
- 1000 m=1 km 알아보기
- 60초=1분 알아보기
- 시간의 덧셈과 뺄셈하기

앞으로 배울 내용

[5-1 다각형의 넓이]
- 둘레 이해하기
- 평면도형의 둘레 구하기

쓰기 1 km

읽기 1 킬로미터

1000 m=1 km

개념 1 1 cm보다 작은 단위는 무엇일까요

• 1 mm 알아보기

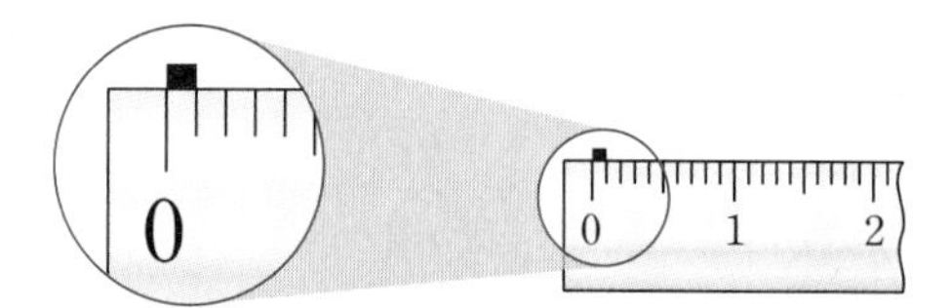

1 mm는 1 cm( )를 10칸으로 똑같이 나누었을 때( ) 작은 눈금 한 칸의 길이(▪)입니다.

쓰기 1 mm 읽기 1 밀리미터

1 cm = 10 mm

• 몇 cm 몇 mm 알아보기

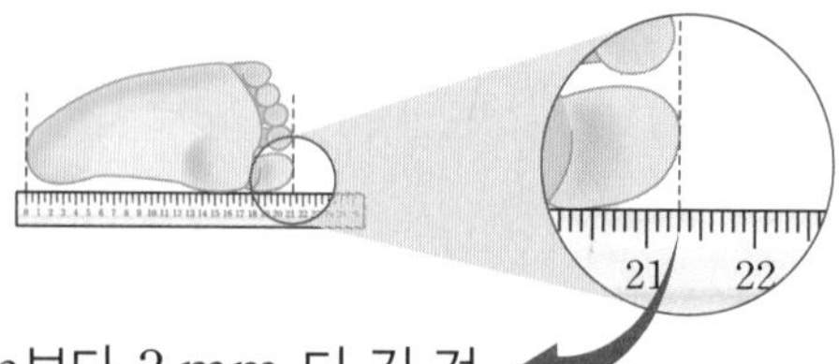

21 cm보다 3 mm 더 긴 것

쓰기 21 cm 3 mm

읽기 21 센티미터 3 밀리미터

21 cm 3 mm는 213 mm입니다.

21 cm 3 mm=213 mm

참고 21 cm 3 mm=21 cm+3 mm=210 mm+3 mm
=213 mm

개념 체크

❶ 1 cm는 (10 mm , 100 mm)입니다.

❷ 1 cm보다 2 mm 더 긴 것은 (12cm , 1cm 2 mm)라고 씁니다.

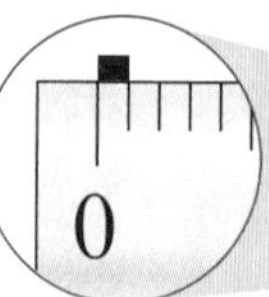

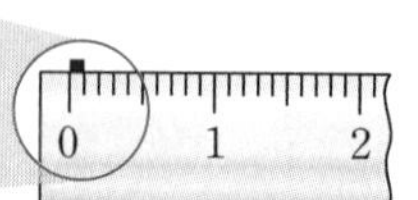

개념 체크 정답 ❶ 10 mm에 ○표 ❷ 1 cm 2 mm에 ○표

기본 문제

쌍둥이 문제

정답은 27쪽

1-1 □ 안에 알맞은 수를 써넣으시오.

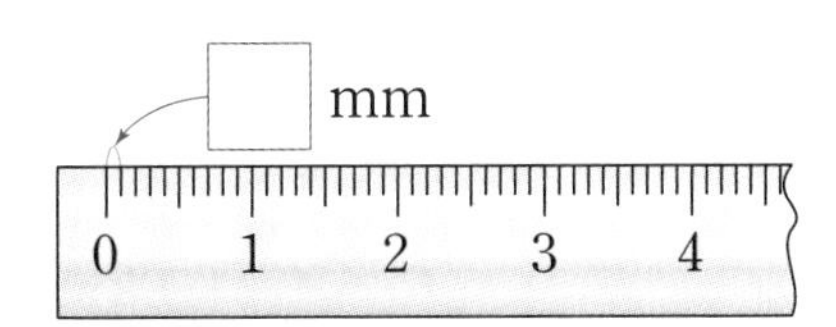

힌트 1 cm를 10칸으로 똑같이 나누었을 때 작은 눈금 한 칸의 길이는 1 mm입니다.

1-2 □ 안에 알맞은 수를 써넣으시오.

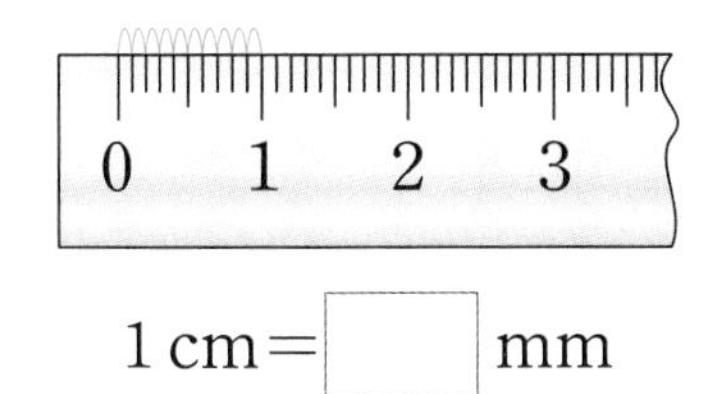

1 cm=□ mm

익힘책 유형

2-1 주어진 길이를 쓰고 읽어 보시오.

6 mm

쓰기 6 mm

읽기 (　　　　　　　　)

힌트 cm는 센티미터, mm는 밀리미터라고 읽습니다.

2-2 주어진 길이를 쓰고 읽어 보시오.

4 cm 1 mm

쓰기 4 cm 1 mm

읽기 (　　　　　　　　)

3-1 1 cm를 10칸으로 똑같이 나누었을 때 작은 눈금 6칸의 길이는 몇 mm입니까?

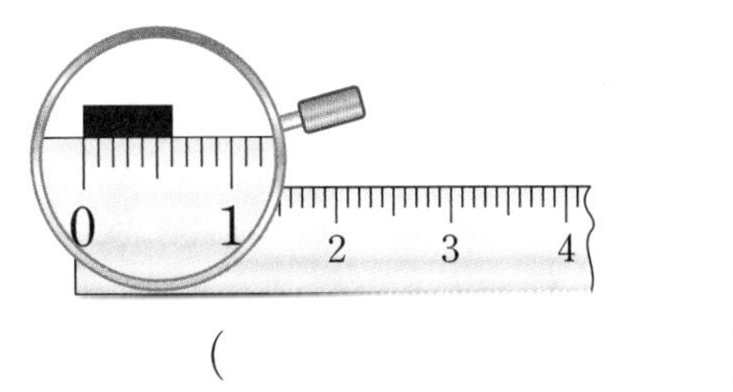

(　　　　　　　　)

힌트 1 mm가 ■칸이면 ■ mm입니다.

3-2 연필심의 길이는 몇 mm인지 써 보시오.

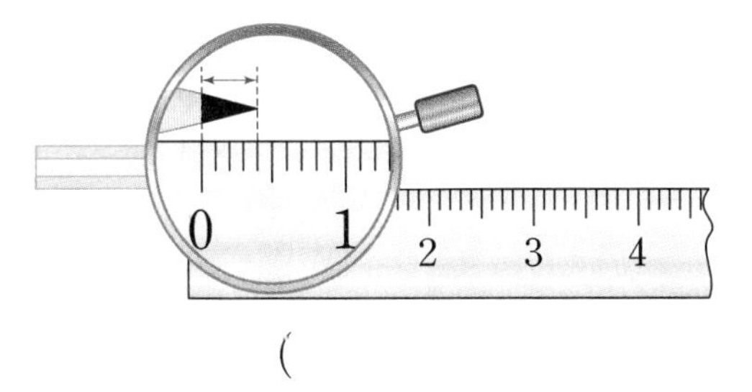

(　　　　　　　　)

4-1 □ 안에 알맞은 수를 써넣으시오.

3 cm 4 mm=□ mm

힌트 1 cm=10 mm이므로 ■ cm=■0 mm입니다.

4-2 □ 안에 알맞은 수를 써넣으시오.

78 mm=□ cm □ mm

개념 2 1 m보다 큰 단위는 무엇일까요

- 1 km 알아보기

1000 m를 1 km라 씁니다.

쓰기 1 km

읽기 1 킬로미터

1000 m = 1 km

- 몇 km 몇 m 알아보기

1 km보다 200 m 더 긴 것

쓰기 1 km 200 m

읽기 1 킬로미터 200 미터

1 km 200 m = 1200 m

참고 1 km 200 m = 1 km + 200 m = 1000 m + 200 m = 1200 m

- 길이의 단위 사이의 관계

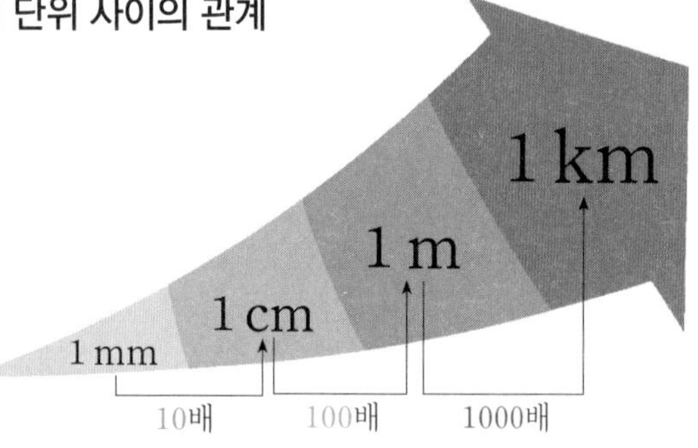

10 mm = 1 cm

100 cm = 1 m

1000 m = 1 km

개념 체크

1. 1000 m는 (1 km , 1 cm)입니다.
2. 1 km는 (1 킬로 , 1 킬로미터) 라고 읽습니다.
3. 1 km보다 300 m 더 긴 것은 (1300 km , 1 km 300 m) 라고 씁니다.

개념 체크 정답 1 1 km에 ○표 2 1 킬로미터에 ○표 3 1 km 300 m에 ○표

1-1 □ 안에 알맞은 수를 써넣으시오.

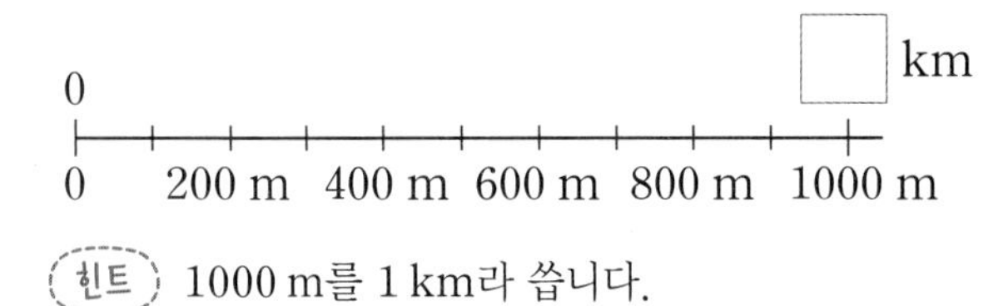

힌트 1000 m를 1 km라 씁니다.

1-2 □ 안에 알맞은 수를 써넣으시오.

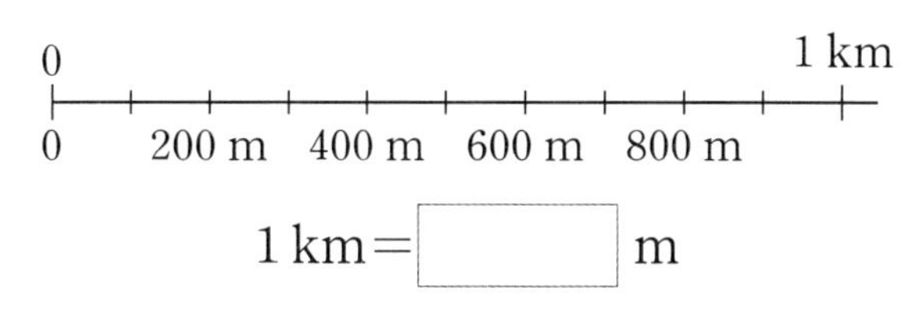

익힘책 유형

2-1 주어진 길이를 쓰고 읽어 보시오.

7 km

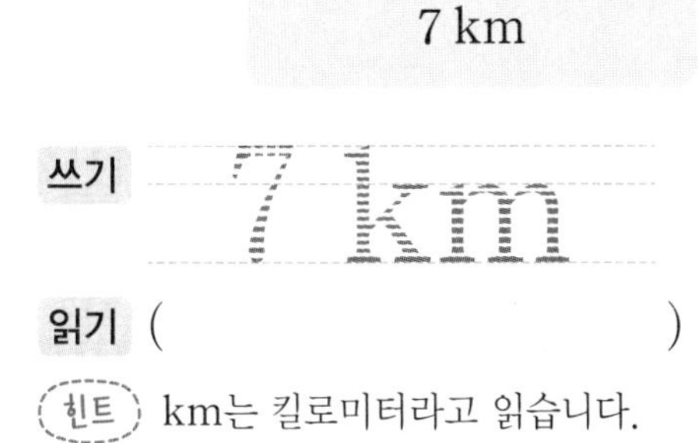

읽기 (　　　　　　　)

힌트 km는 킬로미터라고 읽습니다.

2-2 주어진 길이를 쓰고 읽어 보시오.

2 km 100 m

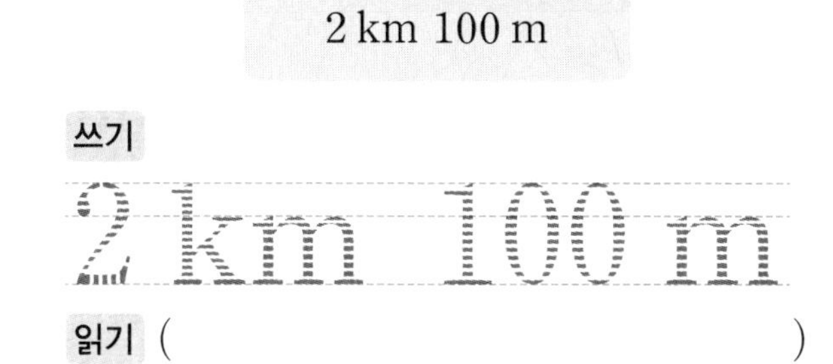

읽기 (　　　　　　　)

3-1 □ 안에 알맞은 수를 써넣으시오.

2 km보다 300 m 더 먼 거리

⇨ □ km □ m

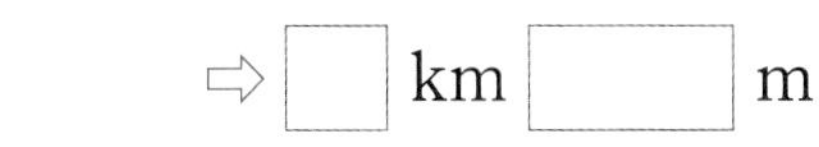

3-2 □ 안에 알맞은 수를 써넣으시오.

7 km보다 405 m 더 먼 거리

⇨ □ km □ m

4-1 □ 안에 알맞은 수를 써넣으시오.

4 km 700 m=□ m

힌트 ■ km ●▲★ m=■●▲★ m

4-2 □ 안에 알맞은 수를 써넣으시오.

6100 m=□ km □ m

5 길이와 시간

개념 파헤치기

개념 3 길이와 거리를 어림하고 재어 볼까요

• 주변 물건의 길이와 주변 장소의 거리 어림하기

방법 1 길이를 알고 있는 사물이나 신체의 부분을 길이를 재는 데 이용하기

예

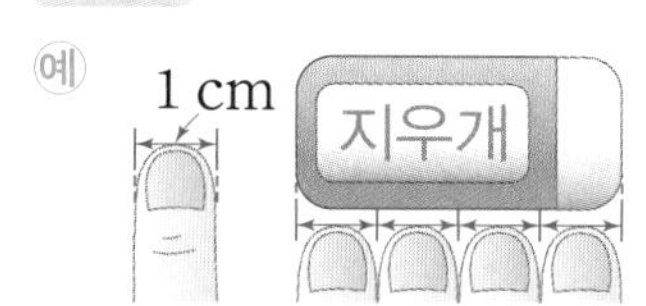

⇨ 손가락의 너비는 1 cm 정도이고 지우개의 길이는 손가락 너비의 약 4배이므로 약 4 cm입니다.

어림한 길이의 앞에는 '약'을 붙입니다.

방법 2 전체 길이의 일부를 먼저 어림한 후 전체가 일부의 몇 배인지 알아보기

예

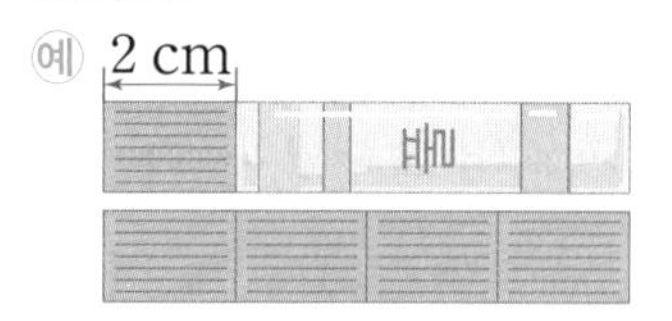

⇨ 풀의 ▭ 부분은 2 cm 정도이고 풀 전체의 길이는 ▭의 약 4배이므로 약 8 cm입니다.

방법 3 전체 길이를 몇 개의 덩어리로 나누어서 어림한 후 더하기

예 집에서 학교, 체육관을 거쳐 집으로 돌아올 때 움직이는 전체 거리 구하기

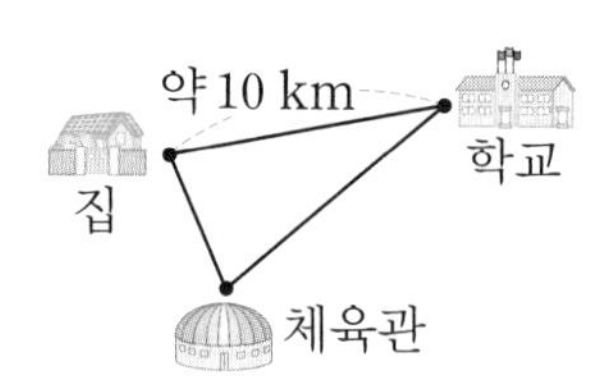

① 집에서 학교까지의 거리: 약 10 km

② 학교에서 체육관까지의 거리: 약 10 km

③ 체육관에서 집까지의 거리: 약 5 km

⇨ 전체 거리는 약 25 km입니다.

①+②+③

개념 체크

1 1 cm

손가락의 너비는 1 cm 정도이고 클립의 길이는 손가락 너비의 약 3배이므로 약 ☐ cm입니다.

2 20 cm

얼굴의 길이는 20 cm 정도이고 키는 얼굴의 약 6배이므로 약 (120 , 160) cm 입니다.

개념 체크 정답 **1** 3 **2** 120에 ○표

교과서 유형

1-1 물건의 길이를 어림하고 자로 재어 보시오.

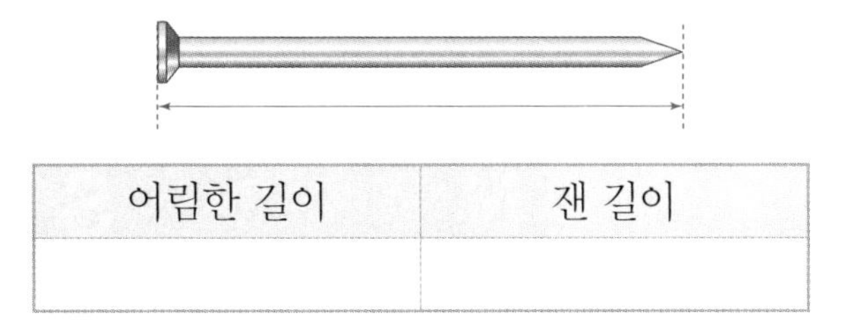

어림한 길이	잰 길이

힌트 길이를 알고 있는 사물을 이용하여 어림해 봅니다.

1-2 물건의 길이를 어림하고 자로 재어 보시오.

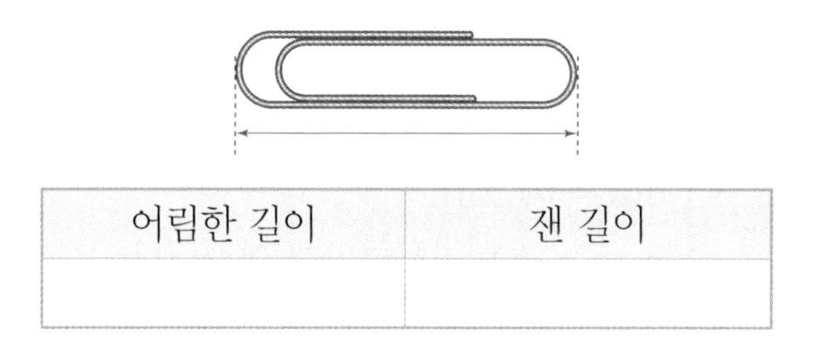

어림한 길이	잰 길이

2-1 알맞은 단위에 ○표 하시오.

(1) 개념 해결의 법칙 책의 두께는

약 10 (cm , mm)입니다.

(2) 필통 긴 쪽의 길이는

약 18 (cm , mm)입니다.

힌트 mm는 cm보다 더 짧은 길이를 나타낼 때 사용할 수 있습니다.

2-2 보기에서 알맞은 단위를 찾아 □ 안에 써넣으시오.

보기
km m cm

(1) 운동화 긴 쪽의 길이는 약 22 □입니다.

(2) 지리산의 높이는 약 2 □입니다.

익힘책 유형

3-1 길이가 1 km보다 긴 것에 ○표 하시오.

- 버스의 길이 .... (   )
- 3층 건물의 높이 .... (   )
- 지구에서 달까지의 거리 .... (   )

힌트 1 km는 1 m를 1000개 모은 길이입니다.

3-2 길이가 1 km보다 긴 것을 찾아 기호를 쓰시오.

㉠ 빨대의 길이
㉡ 서울에서 부산까지의 거리
㉢ 친구의 키

(   )

교과서 유형

4-1 학교에서 공원까지의 거리는 약 1 km입니다. 학교에서 서점까지의 거리는 약 몇 km입니까?

학교 약 1 km 공원 서점 버스 정류장 경찰서

약 (   )

힌트 학교에서 서점까지의 거리는 학교에서 공원까지의 거리의 몇 배 정도인지 어림해 봅니다.

4-2 4-1의 그림을 보고 학교에서 약 3 km 떨어진 곳에 있는 장소를 찾아 쓰시오.

(   )

2 STEP 개념 확인하기

개념1 1 cm보다 작은 단위는 무엇일까요

- 1 cm=10 mm
- 1 mm는 1 밀리미터라고 읽습니다.

01 주어진 길이를 자로 그어 보시오.

(1) 5 mm

(2) 2 cm 7 mm

02 □ 안에 알맞은 수를 써넣으시오.

(1) 6 cm 3 mm=□ mm

(2) 29 mm=□ cm □ mm

교과서 유형

03 장수풍뎅이의 길이를 자로 재어 보고 길이를 두 가지 방법으로 쓰시오.

몇 cm 몇 mm (　　　　　　　)

몇 mm (　　　　　　　)

04 자석의 길이를 mm로 나타내시오.

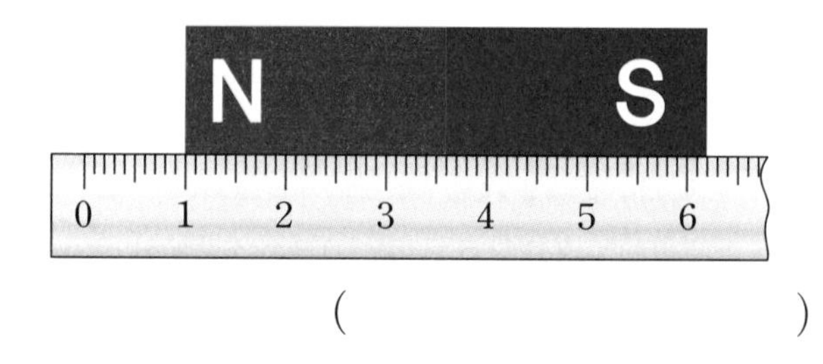

(　　　　　　　)

개념2 1 m보다 큰 단위는 무엇일까요

- 1000 m=1 km
- 1 km는 1 킬로미터라고 읽습니다.

05 길이가 같은 것을 찾아 선으로 이어 보시오.

1800 m •	• 1 km 900 m
	• 3900 m
3 km 900 m •	• 1 km 800 m

익힘책 유형

06 수직선을 보고 □ 안에 알맞은 수를 써넣으시오.

2 km　　　　　　　3 km

□ km □ m

07 뿌치와 아저씨 중 1 km의 길이를 바르게 이해한 사람은 누구입니까?

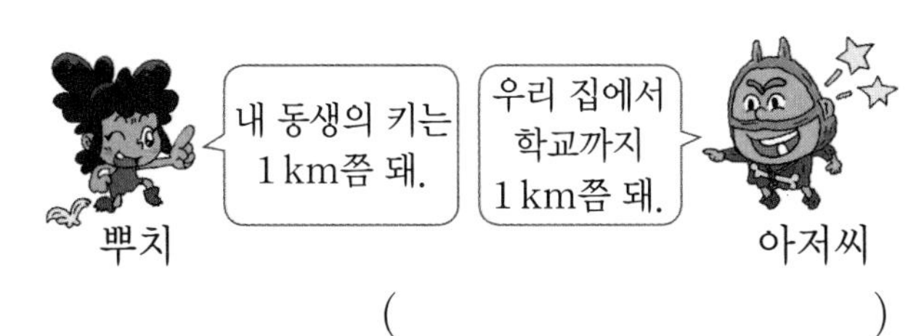

( )

08 길이를 비교하여 ◯ 안에 >, =, <를 알맞게 써넣으시오.

3240 m ◯ 3 km 204 m

익힘책 유형

09 소연이는 단위를 잘못 사용하였습니다. 소연이가 말한 문장을 옳게 고쳐 보시오.

 고친 문장

개념3 길이와 거리를 어림하고 재어 볼까요

여러 가지 방법으로 길이를 어림할 수 있습니다.

예 길이를 알고 있는 사물이나 신체의 부분을 길이를 재는 데 이용하기

10 •보기•에 주어진 길이를 선택하여 문장을 완성하시오.

•보기•
5 cm   12 m   2 m 30 cm

(1) 버스의 길이는 약 ☐입니다.

(2) 엄지손가락의 길이는 약 ☐입니다.

(3) 교실 문의 높이는 약 ☐입니다.

교과서 유형

11 선영이네 집에서 약 1 km 떨어진 곳에 있는 장소를 찾아 쓰시오.

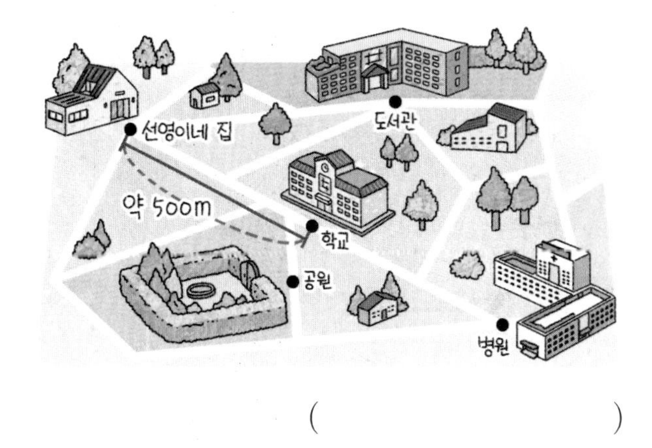

( )

해결의 창 단위가 다른 길이를 비교할 때에는 같은 단위로 고친 다음 비교합니다. – 1 km=1000 m를 이용하여 단위를 바꿀 수 있습니다.

예 1100 m와 1 km 70 m의 비교

① 1 km 70 m=1 km+70 m=1000 m+70 m=1070 m
② 1100 m>1070 m
⇨ 1100 m>1 km 70 m

5 길이와 시간

개념 4 1분보다 작은 단위는 무엇일까요

• 1초: **초바늘이 작은 눈금 한 칸을 지나는 데 걸리는 시간**

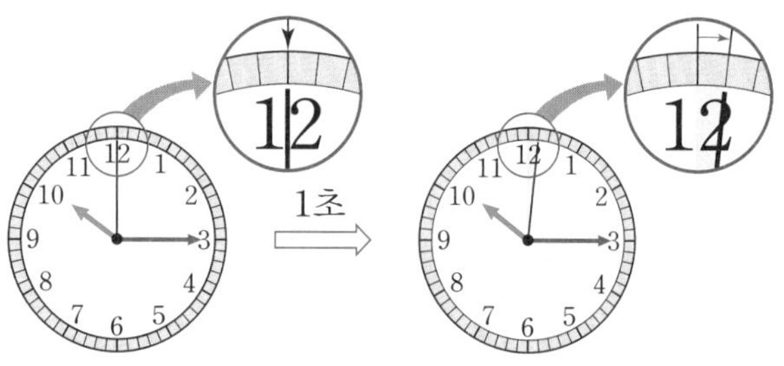

작은 눈금 한 칸=1초

• 60초: **초바늘이 시계를 한 바퀴 도는 데 걸리는 시간**

작은 눈금 60칸 ⇨ 60초

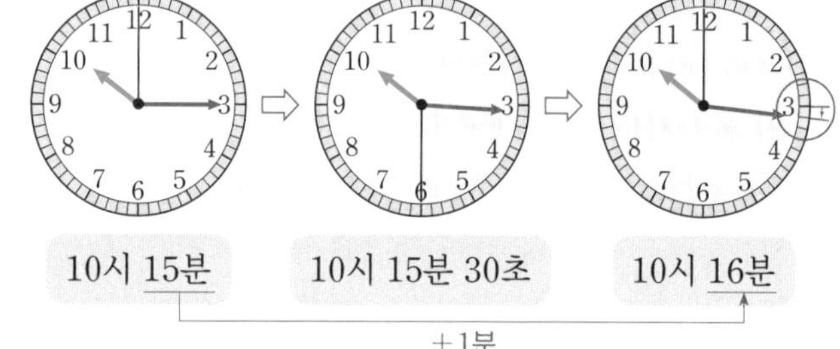

참고 초바늘이 한 바퀴를 돌면 '분'을 나타내는 긴바늘은 작은 눈금 한 칸을 움직이므로 60초=1분입니다.

개념 체크

❶ 초바늘이 작은 눈금 한 칸을 지나는 데 걸리는 시간은 (1초 , 1분)입니다.

❷ 초바늘이 시계를 한 바퀴 도는 데 걸리는 시간은 (12초 , 60초)입니다.

❸ 60초는 (1분 , 1시간) 입니다.

개념 체크 정답 ❶ 1초에 ○표 ❷ 60초에 ○표 ❸ 1분에 ○표

기본 문제

1-1 초바늘이 작은 눈금 3칸을 지나는 데 걸리는 시간은 몇 초입니까?

( )

힌트 초바늘이 작은 눈금 한 칸을 지나는 데 걸리는 시간은 1초입니다.

익힘책 유형

2-1 1초 동안 할 수 있는 일에 ○표 하시오.

박수 한 번 치기	( )
옷 갈아 입기	( )

힌트 "똑딱"하고 말하는 데 약 1초가 걸립니다.

3-1 시계에서 각각의 숫자가 몇 초를 나타내는지 □ 안에 써넣으시오.

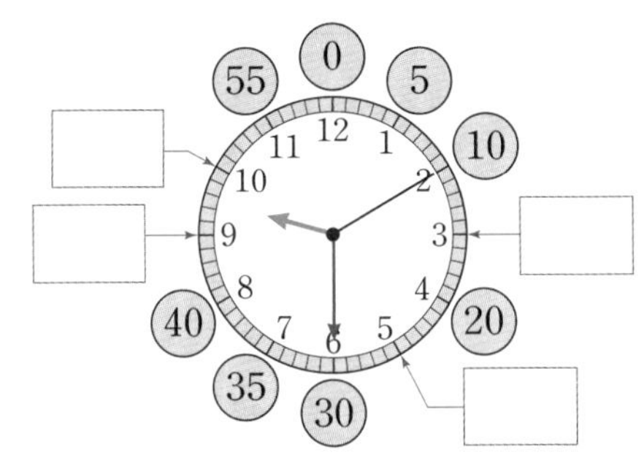

힌트 시계의 초바늘이 가리키는 숫자가 1씩 커짐에 따라 나타내는 초는 5초씩 커집니다.

4-1 같은 시간끼리 선으로 이어 보시오.

120초 •	• 3분
180초 •	• 2분

힌트 60초=1분 ⇨ 60초×■=■분

쌍둥이 문제

1-2 □ 안에 알맞은 수를 써넣으시오.

초바늘이 시계를 한 바퀴 도는 데 걸리는 시간은 □초입니다.

2-2 1초 동안 할 수 있는 일을 찾아 기호를 쓰시오.

㉠ 눈 한 번 깜박이기
㉡ 동화책 한 권 읽기

( )

3-2 시각을 읽어 보시오.

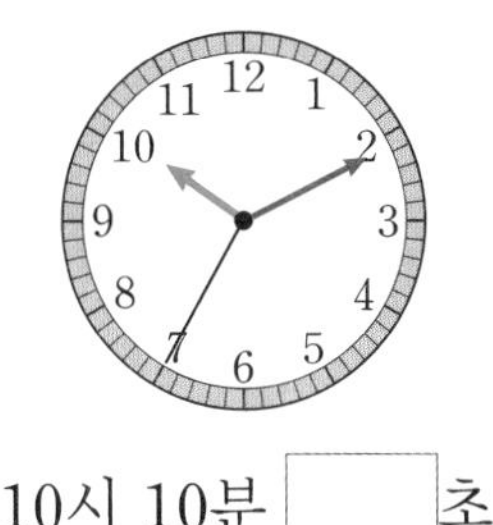

10시 10분 □초

4-2 틀린 것을 찾아 기호를 쓰시오.

㉠ 1분 10초=70초
㉡ 2분 30초=200초

( )

개념 파헤치기

개념 5 시간은 어떻게 더하고 뺄까요 (1) — 받아올림이 없는 시간의 덧셈

• 시각, 시간 알아보기

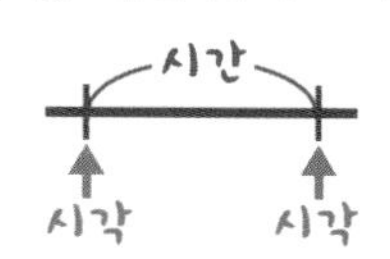

- 시각: 어느 한 **시점**을 나타내는 것
- **시간**: 어떤 시각에서 어떤 시각까지의 **사이**

• (시각)+(시간)=(시각)

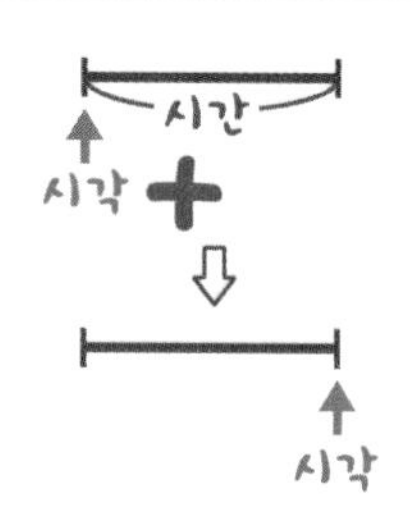

예 영화를 보기 시작한 **시각**에 영화가 상영되는 **시간**을 더하면 영화가 끝나는 **시각**입니다.

	2 시	35 분	10 초
+	1 시간	20 분	40 초
	3 시	55 분	50 초

시는 시끼리, 분은 분끼리, 초는 초끼리 더합니다.

• (시간)+(시간)=(시간)

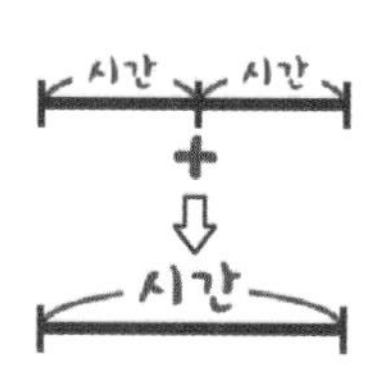

예 동화책을 읽는 데 걸리는 **시간**과 위인전을 읽는 데 걸리는 **시간**을 더하면 동화책과 위인전을 모두 읽는 데 걸리는 **시간**입니다.

	1 시간	10 분	20 초
+	2 시간	15 분	30 초
	3 시간	25 분	50 초

시간은 시간끼리, 분은 분끼리, 초는 초끼리 더합니다.

개념 체크

❶ 어느 한 시점을 나타내는 것을 (시각 , 시간) 이라고 합니다.

❷ 어떤 시각에서 어떤 시각까지의 사이를 (시각 , 시간)이라고 합니다.

❸ 시간을 더할 때에는 시는 시끼리, 분은 분끼리, 초는 초끼리 더합니다. (○ , ×)

40분 15초+1시간 5분 35초

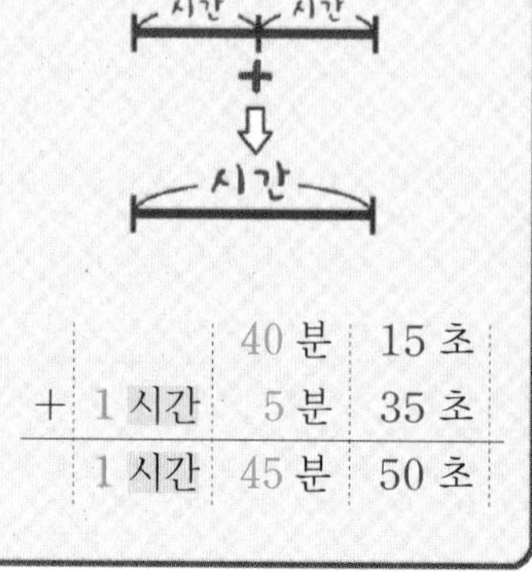

		40 분	15 초
+	1 시간	5 분	35 초
	1 시간	45 분	50 초

개념 체크 정답 ❶ 시각에 ○표 ❷ 시간에 ○표 ❸ ○에 ○표

교과서 유형

1-1 □ 안에 알맞은 수를 써넣으시오.

	2 분	10 초
+	5 분	20 초
	□분	□초

(힌트) 분은 분끼리, 초는 초끼리 더합니다.

1-2 □ 안에 알맞은 수를 써넣으시오.

	20 분	32 초
+	15 분	15 초
	□분	□초

익힘책 유형

2-1 만화 영화가 끝나는 시각을 알아보려고 합니다. □ 안에 알맞은 수를 써넣으시오.

만화 영화는 4시 25분 13초에 시작하고 30분 25초 동안 방영됩니다.

	4 시	25 분	13 초
+		□분	□초
	□시	□분	□초

(힌트) 시는 시끼리, 분은 분끼리, 초는 초끼리 더합니다.

2-2 팔랑이가 책 읽기를 끝낸 시각을 알아보려고 합니다. □ 안에 알맞은 수를 써넣으시오.

1시 33분 22초에 책을 읽기 시작해서 2시간 12분 18초 동안 읽었어요.

	1 시	33 분	22 초
+	□시간	□분	□초
	□시	□분	□초

3-1 □ 안에 알맞은 수를 써넣으시오.

	7 시간	13 분	20 초
+	2 시간		16 초
	□시간	□분	□초

(힌트) (시간)+(시간)=(시간)

3-2 계산을 하시오.

	3 시간	27 분	18 초
+	4 시간	15 분	

5 길이와 시간

개념 파헤치기

개념 동영상

개념 6 시간은 어떻게 더하고 뺄까요(1) – 받아내림이 없는 시간의 뺄셈

- **(시각)−(시각)=(시간)**

예 부산에 도착한 **시각**에서
서울에서 출발한 **시각**을 빼면
서울에서 부산까지 이동하는 데 걸린 **시간**입니다.

⇨

	시	분
	5 시	57 분
−	3 시	15 분
	2 시간	42 분

- **(시각)−(시간)=(시각)**

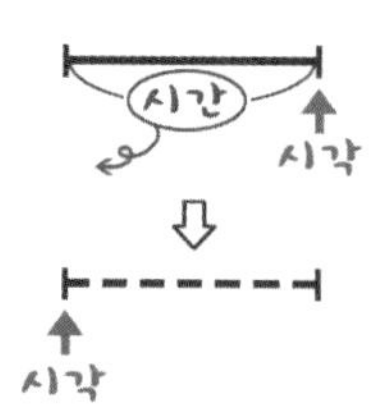

예 영화가 끝난 **시각**에서 영화가 상영된 **시간**을 빼면 영화가 시작한 **시각**입니다.

	시	분	초
	8 시	37 분	30 초
−	2 시간	10 분	5 초
	6 시	27 분	25 초

시는 시끼리, 분은 분끼리, 초는 초끼리 뺍니다.

- **(시간)−(시간)=(시간)**

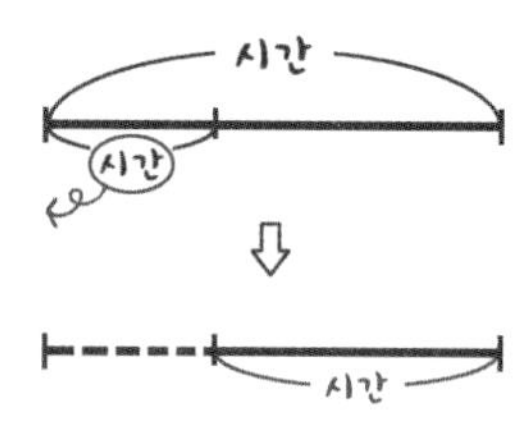

예 국어와 수학을 공부한 **시간**에서 국어를 공부한 **시간**을 빼면 수학을 공부한 **시간**입니다.

	시간	분	초
	4 시간	13 분	25 초
−	1 시간	7 분	18 초
	3 시간	6 분	7 초

시간은 시간끼리, 분은 분끼리, 초는 초끼리 뺍니다.

개념 체크

❶ 시간을 뺄 때에는 시는 시끼리, 분은 분끼리, 초는 초끼리 뺍니다. (○ , ×)

❷
	4시	34분
−	2시	13분
	2(시 , 시간)	21분

❸
	3시	24분
−	1시간	10분
	2(시 , 시간)	14분

	시	분	초
	4 시	35 분	42 초
−	1 시간	24 분	11 초
	3 시	11 분	31 초

개념 체크 정답 ❶ ○에 ○표 ❷ 시간에 ○표 ❸ 시에 ○표

기본 문제

교과서 유형

1-1 □ 안에 알맞은 수를 써넣으시오.

	40 분	35 초
−	25 분	10 초
	□분	□초

(힌트) 분은 분끼리, 초는 초끼리 뺍니다.

쌍둥이 문제

1-2 □ 안에 알맞은 수를 써넣으시오.

	17 분	51 초
−	3 분	41 초
	□분	□초

익힘책 유형

2-1 팔랑이가 음악을 듣기 시작한 시각을 알아보려고 합니다. □ 안에 알맞은 수를 써넣으시오.

3분 20초 동안 연주되는 음악을 듣고 나니 2시 15분 36초였어요.

	2 시	15 분	36 초
−		□분	□초
	□시	□분	□초

(힌트) 시는 시끼리, 분은 분끼리, 초는 초끼리 뺍니다.

2-2 뿌치가 서울에서 부산까지 이동하는 데 걸린 시간을 알아보려고 합니다. □ 안에 알맞은 수를 써넣으시오.

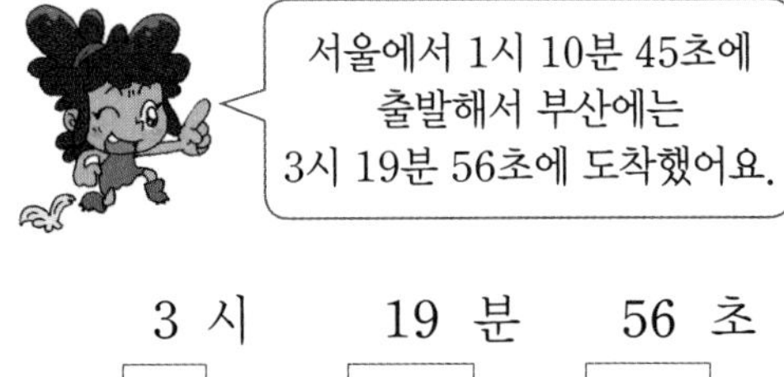

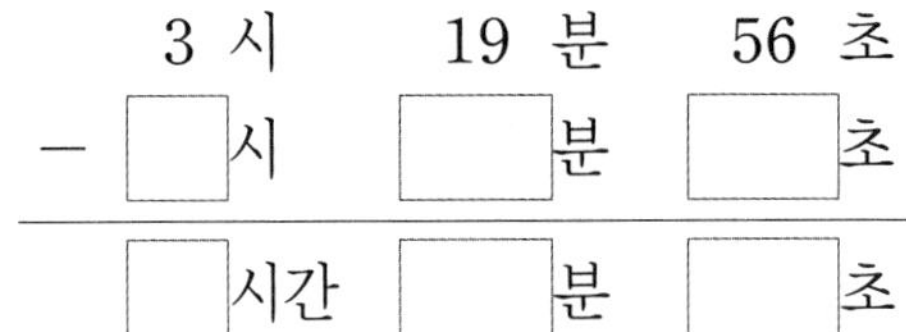

	3 시	19 분	56 초
−	□시	□분	□초
	□시간	□분	□초

3-1 □ 안에 알맞은 수를 써넣으시오.

	8 시	36 분	18 초
−	5 시간	16 분	
	□시	□분	□초

(힌트) (시각)−(시간)=(시각), (시간)−(시간)=(시간)

3-2 계산을 하시오.

	3 시간	15 분	28 초
−	2 시간		9 초

개념 파헤치기

개념 동영상

개념 7 시간은 어떻게 더하고 뺄까요 (2) – 받아올림이 있는 시간의 덧셈, 받아내림이 있는 시간의 뺄셈

• 받아올림이 있는 시간의 덧셈

초끼리나 분끼리의 합이 60이거나 60보다 크면 받아올림하여 계산합니다.

	시	분	초
	1 시	15 분	55 초
+			5 초
	1 시	15 분	60 초
		+1분 ⇦	−60초
	1 시	16 분	

초끼리의 합이 60초이므로 60초 ⇨ 1분으로 받아올림합니다.

	시	분
	1 시	15 분
+		50 분
	1 시	65 분
	+1시간 ⇦	−60분
	2 시	5 분

분끼리의 합이 65분이므로 60분 ⇨ 1시간으로 받아올림합니다.

• 받아내림이 있는 시간의 뺄셈

초끼리나 분끼리 뺄 수 없으면 분이나 시간에서 받아내림하여 계산합니다.

	시	분	초
		19	60
	4 시	~~20~~ 분	10 초
−		5 분	15 초
	4 시	14 분	55 초

10초에서 15초를 뺄 수 없으므로 1분 ⇨ 60초로 받아내림합니다.

	시	분
	3	60
	~~4~~ 시	20 분
−	1 시간	30 분
	2 시	50 분

20분에서 30분을 뺄 수 없으므로 1시간 ⇨ 60분으로 받아내림합니다.

개념 체크

❶ 시간을 더할 때 60초는 (1분 , 1시간)으로, 60분은 (1초 , 1시간)(으)로 받아올림할 수 있습니다.

❷ 초끼리 뺄 수 없으면 1분을 (10초 , 60초)로 받아내림하여 계산합니다.

❸ 분끼리 뺄 수 없으면 1시간을 (10분 , 60분)으로 받아내림하여 계산합니다.

개념 체크 정답 ❶ 1분에 ○표, 1시간에 ○표 ❷ 60초에 ○표 ❸ 60분에 ○표

익힘책 유형

1-1 □ 안에 알맞은 수를 써넣으시오.

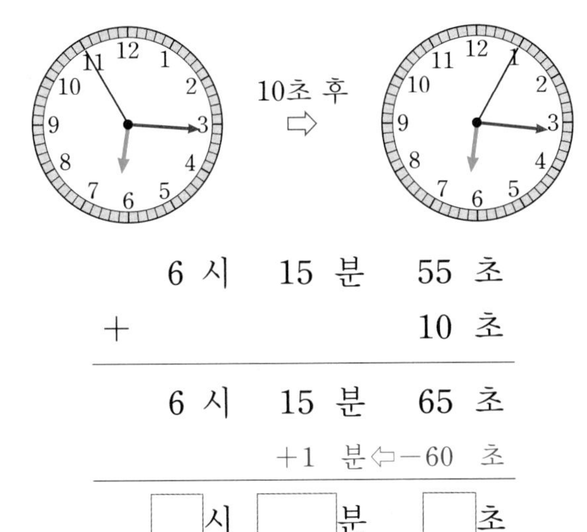

6 시 15 분 55 초
\+ 10 초
6 시 15 분 65 초
+1 분 ⇦ −60 초
□시 □분 □초

⇨ 6시 15분 55초에서 10초가 지난 시각은 □시 □분 □초입니다.

힌트 65초=60초+5초=1분 5초

1-2 □ 안에 알맞은 수를 써넣으시오.

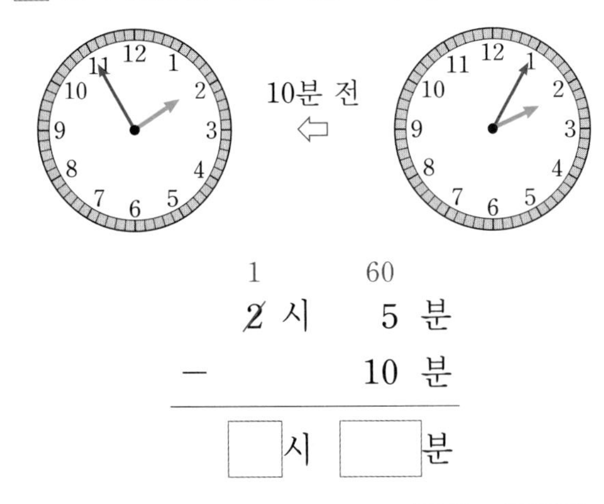

1 60
~~2~~ 시 5 분
− 10 분
□시 □분

⇨ 2시 5분의 10분 전 시각은 □시 □분입니다.

2-1 □ 안에 알맞은 수를 써넣으시오.

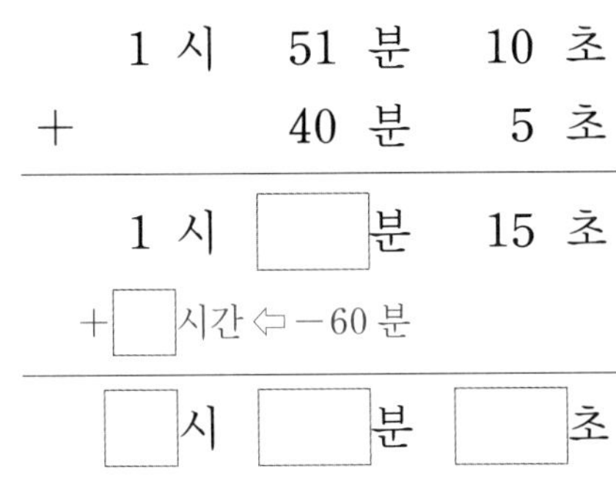

1 시 51 분 10 초
\+ 40 분 5 초
1 시 □분 15 초
+□시간 ⇦ −60 분
□시 □분 □초

힌트 60분은 1시간으로 받아올림합니다.

2-2 □ 안에 알맞은 수를 써넣으시오.

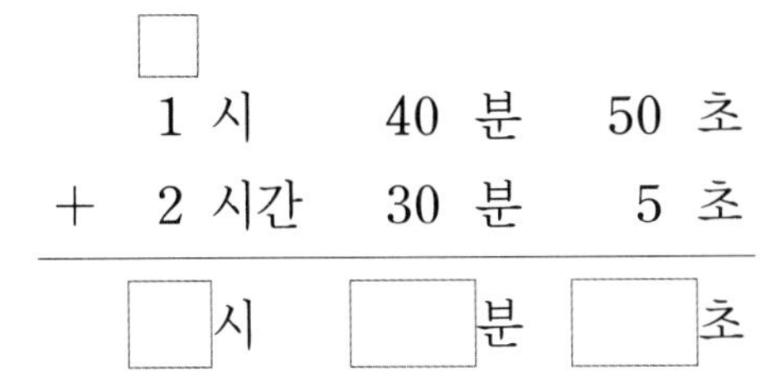

□
1 시 40 분 50 초
\+ 2 시간 30 분 5 초
□시 □분 □초

3-1 □ 안에 알맞은 수를 써넣으시오.

56 □
~~57~~ 분 18 초
− 22 분 25 초
□분 □초

힌트 초끼리 뺄 수 없으면 1분을 60초로 받아내림하여 계산합니다.

3-2 □ 안에 알맞은 수를 써넣으시오.

6 □
~~7~~ 시 43 분 30 초
− 3 시간 50 분 10 초
□시 □분 □초

5 길이와 시간

2 STEP 개념 확인하기

개념 4 1분보다 작은 단위는 무엇일까요

• 1초: 초바늘이 작은 눈금 한 칸을 지나는 데 걸리는 시간

60초=1분

교과서 유형

01 시각을 읽어 보시오.

□시 □분 □초

02 더 긴 시간을 나타내는 것에 ○표 하시오.

3분 10초　　220초

03 다혜네 반 학생들의 자유형(수영의 한 종목) 경기 기록을 두 가지 방법으로 나타낸 것입니다. □ 안에 알맞은 수를 써넣으시오.

이름	경기 기록	
	■초	●분 ▲초
다혜	105초	1분 □초
민지	□초	2분 3초
수호	89초	□분 □초

익힘책 유형

04 보기에서 알맞은 시간의 단위를 찾아 □ 안에 써넣으시오.

보기: 시간　분　초

(1) 아침 식사를 하는 시간: 20 □

(2) 물 한 모금을 마시는 시간: 3 □

(3) 극장에서 영화를 보는 시간: 2 □

개념 5,6 시간은 어떻게 더하고 뺄까요 (1)

시는 시끼리, 분은 분끼리, 초는 초끼리 계산합니다.

	● 시	■ 분	▲ 초
+	◆ 시간	★ 분	♥ 초
	(●+◆)시	(■+★)분	(▲+♥)초

05 계산을 하시오.

(1) 2분 10초+3분 25초

(2) 32분 28초−17분 14초

06 승찬이는 3시 16분+5분 30초를 다음과 같이 잘못 계산했습니다. 옳게 고쳐서 계산하시오.

	3시	16분	
+	5분	30초	⇨ □
	8시	46분	

07 주어진 시간의 차는 몇 시간 몇 분 몇 초입니까?

2시간 5분 15초, 3시간 55분 20초

( )

교과서 유형

08 영미가 오전 동안 열린 달리기 대회에서 8시 15분부터 10시 33분까지 달렸습니다. 영미가 달린 시간은 몇 시간 몇 분입니까?

( )

개념7 시간은 어떻게 더하고 뺄까요 (2)

- 초끼리나 분끼리의 합이 60이거나 60보다 크면 받아올림하여 계산합니다.
- 초끼리나 분끼리 뺄 수 없으면 분이나 시간에서 받아내림하여 계산합니다.

09 계산을 하시오.

	4 시간	21 분	43 초
+	3 시간	16 분	28 초

10 계산을 하시오.

	6 시	43 분	30 초
−	2 시간	18 분	58 초

11 두 시각의 차는 몇 시간 몇 분 몇 초입니까?

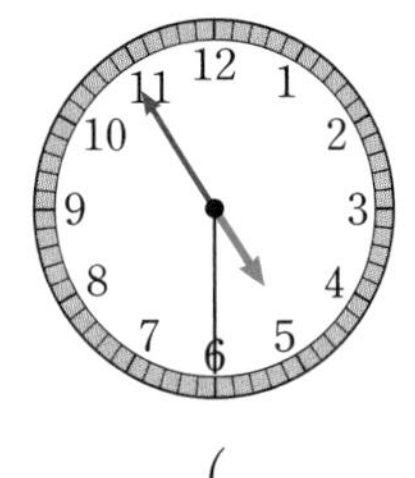

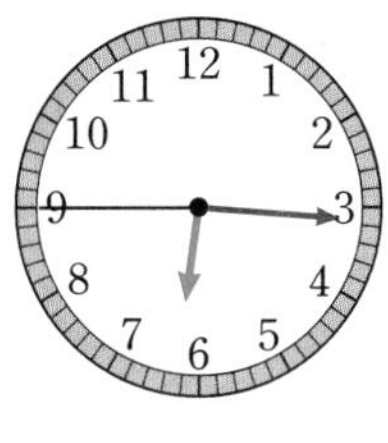

( )

익힘책 유형

12 오른쪽 시계가 나타내는 시각에서 1시간 38분 5초 후의 시각은 몇 시 몇 분 몇 초입니까?

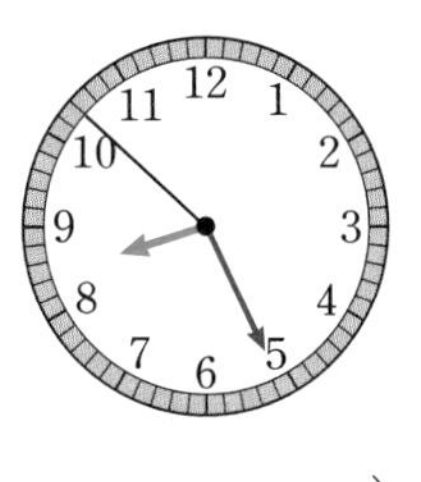

( )

해결의 창

- 초 단위까지 시각 알아보기

예) 11시 15분 32초 ⇨

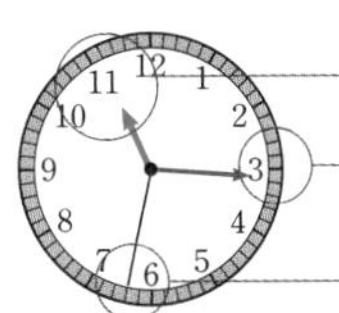

짧은바늘(시): 11과 12 사이 ⇨ 11시

긴바늘(분): 3과 3 다음 작은 눈금 사이 ⇨ 15분

초바늘(초): 6에서 작은 눈금으로 2칸 더 감 ⇨ 32초

긴바늘이 숫자 3을 정확하게 가리키지 않아서 15분이 아닌 것으로 착각할 수도 있습니다. 하지만 초바늘이 움직이는 동안 긴바늘도 조금씩 따라 움직이므로 긴바늘이 숫자 3과 3 다음 작은 눈금 사이에 있으면 15분임을 알도록 합니다.

점수

01 시각을 읽어 보시오.

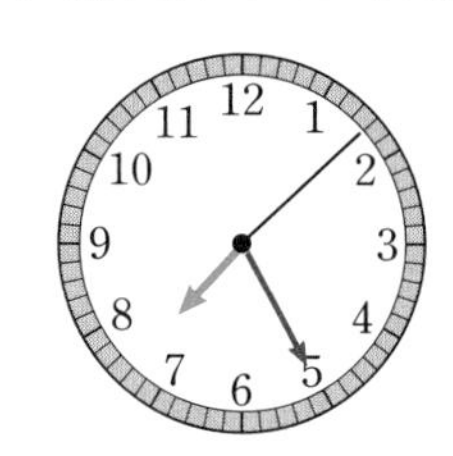

7시 25분 □초

02 나뭇잎의 길이를 자로 재어 보시오.

□ cm □ mm

03 주어진 길이를 자로 그어 보시오.

6 cm 3 mm

04 □ 안에 cm와 mm 중 알맞은 단위를 써넣으시오.

(1) 쌀 한 톨의 길이는 약 6 □입니다.

(2) 은수의 한 걸음의 길이는 약 50 □입니다.

05 1초 동안 할 수 있는 일을 찾아 ○표 하시오.

- 아침 식사하기 ( )
- 자리에서 일어나기 ( )
- 색종이로 카네이션 접기 ( )

06 길이가 1 km보다 긴 것을 말한 사람은 누구입니까?

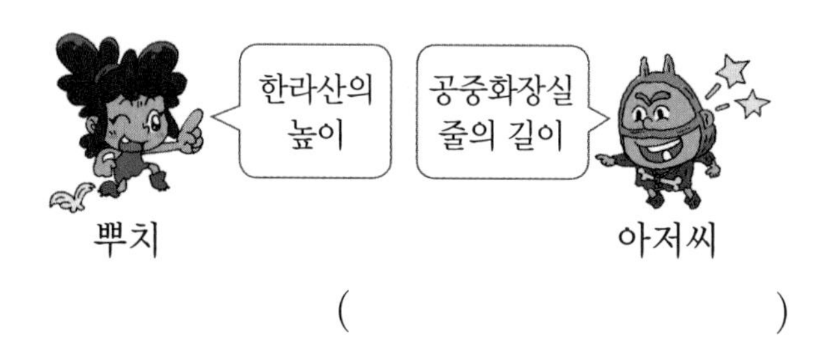

( )

07 같은 시간끼리 선으로 이어 보시오.

2분 45초 •	• 165초
3분 15초 •	• 185초
	• 195초

08 □ 안에 알맞은 수를 써넣으시오.

(1) 83 mm=□ cm □ mm

(2) □ mm=58 cm 5 mm

09 더 긴 길이를 찾아 기호를 쓰시오.

㉠ 23 mm
㉡ 3 cm보다 2 mm 더 긴 길이

(　　　　　　　　)

10 수직선을 보고 □ 안에 알맞은 수를 써넣으시오.

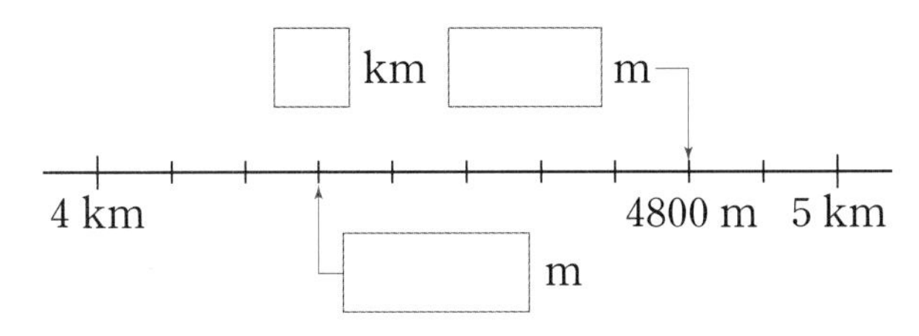

[11~12] 계산을 하시오.

11

	4 시간	25 분	30 초
+	2 시간	14 분	15 초
	□시간	□분	□초

12

	13 분	42 초
−	10 분	55 초
	□분	□초

13 빈 곳에 알맞은 시각을 써넣으시오.

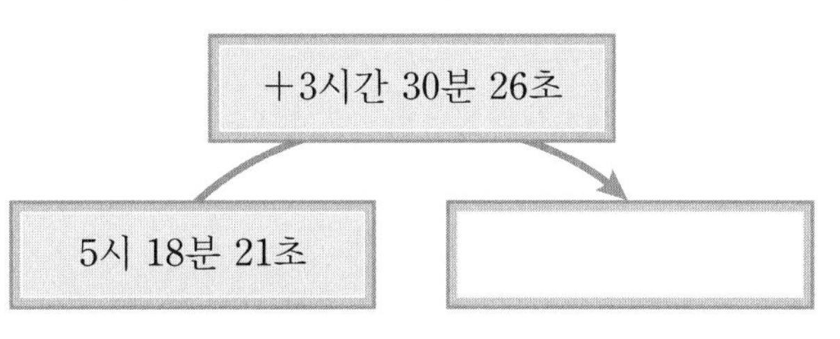

14 재현이는 단위를 잘못 사용하였습니다. 재현이가 말한 문장을 옳게 고쳐 보시오.

고친 문장

15 용주와 선미 중 거리를 바르게 어림한 사람은 누구입니까?

용주: 우리 학교 운동장 트랙이 약 500 m니까 운동장 트랙을 따라 2바퀴 돌면 약 1 km야.
선미: 우리 교실의 높이가 약 3 m이고 학교는 3층이니까 우리 학교의 높이는 약 90 m야.

(　　　　　　　　)

5 길이와 시간

정답은 31쪽

16 기차 승차권을 보고 대전에서 부산까지 가는 데 걸린 시간을 구하시오.

승차권		
대전	▸	부산
10:18		12:57
20○○년 ○월 ○일		

( )

유사 문제

17 50 m 달리기 기록을 이야기하고 있습니다. 50 m를 더 빨리 달린 사람은 누구입니까?

( )

유사 문제

18 오른쪽 시계가 나타내는 시각부터 1시간 30분 후에 알람이 울리도록 시계를 맞추어 놓았습니다. 알람이 울리는 시각은 몇 시 몇 분 몇 초입니까?

( )

19 (2) 학교에서 가까운 순서대로 장소를 쓰시오.

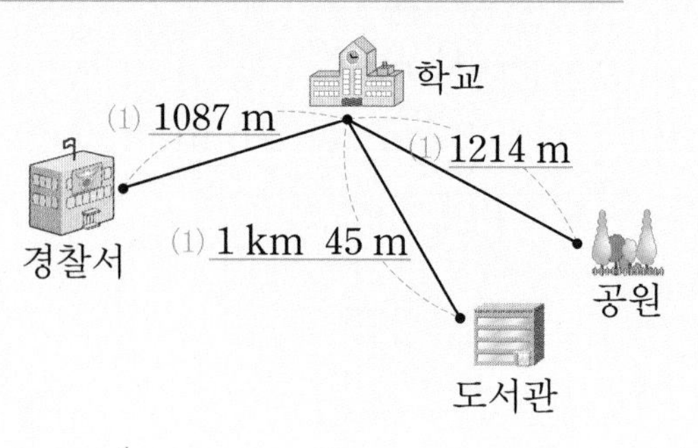

( )

해결의 법칙

(1) 학교에서 각 장소까지의 거리를 같은 단위로 나타내어 봅니다.

(2) 거리가 짧은 장소부터 순서대로 써 봅니다.

20 (1) 오른쪽 시계가 나타내는 시각에서/ (2) 2시간 27분 52초 전의 시각은 몇 시 몇 분 몇 초입니까?

( )

해결의 법칙

(1) 시계가 나타내는 시각을 읽어 봅니다.

(2) (1)에서 구한 시각과 2시간 27분 52초의 차를 구해 봅니다.

QR 코드를 찍어 게임을 해 보고 이번 단원을 확실히 익혀 보세요!

창의·융합 문제

정답은 31쪽

[❶~❷] 하윤이는 소망 호수 공원의 지도를 구해 어떤 산책로가 있는지 알아보았습니다. 현 위치에서 폭포 광장까지 가는 더 짧은 길을 알아보시오.

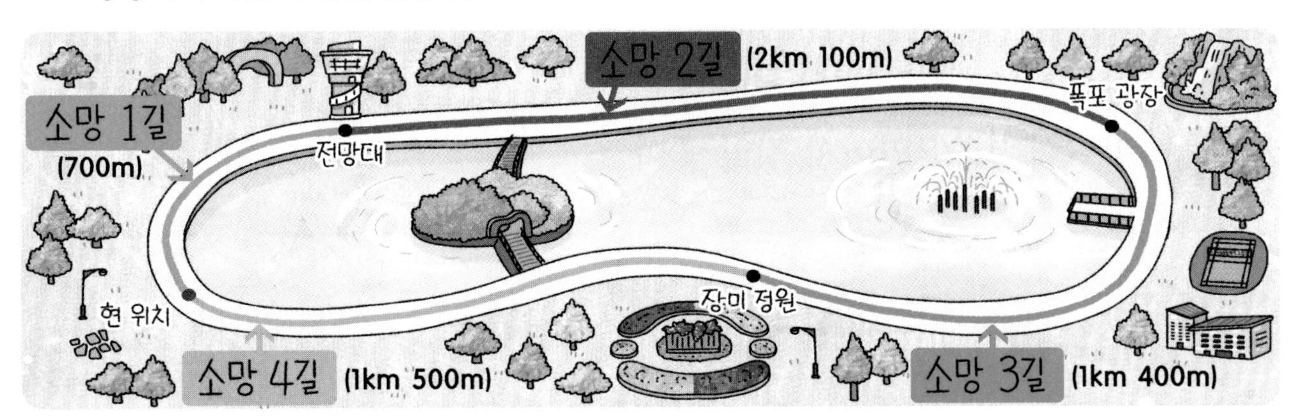

❶ 현 위치에서 폭포 광장까지 가는 두 가지 산책길의 거리를 각각 구해 보시오.

(1) 소망 1길과 소망 2길을 지나는 거리

		700 m
+	2 km	100 m
	□ km	□ m

(2) 소망 4길과 소망 3길을 지나는 거리

	1 km	500 m
+	1 km	400 m
	□ km	□ m

❷ 현 위치에서 폭포 광장까지 가는 두 가지 산책길 중에서 어느 길로 가는 것이 얼마나 더 짧은지 알아보려고 합니다. □ 안에 알맞은 수를 써넣고 알맞은 말에 ○표 하시오.

두 산책길의 거리의 차를 구하면

□ km □ m − □ km □ m = □ m이므로

(소망 1길과 소망 2길 , 소망 4길과 소망 3길)로 가는 길이

(소망 1길과 소망 2길, 소망 4길과 소망 3길)로 가는 길보다 □ m 더 짧습니다.

5 길이와 시간

6 분수와 소수

제6화 팔랑아, 네가 있어서 정말 좋아~

이미 배운 내용		이번에 배울 내용		앞으로 배울 내용
[2-1 길이 재기] • cm 알아보기 • 자를 사용하여 길이 재기 [3-1 길이와 시간] • mm 알아보기	▶	**• 똑같이 나누기, 분수 알아보기** **• 분수의 크기 비교하기** **• 소수 알아보기** **• 소수의 크기 비교하기**	▶	[3-2 분수] • 분수로 나타내기 • 진분수, 가분수 알아보기 • 분수의 합과 차 알아보기 • 대분수 알아보기

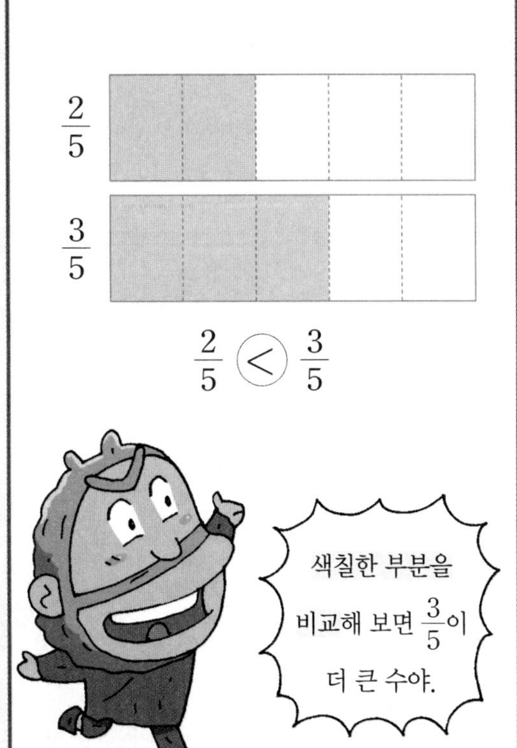

개념 1 똑같이 나누어 볼까요

• 똑같이 둘로 나누기

 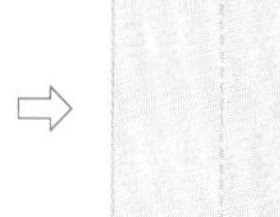 

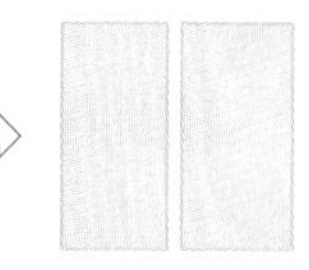

• 똑같이 셋으로 나누기

 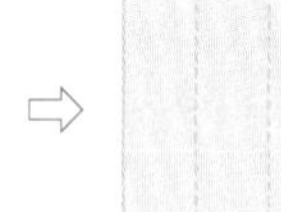

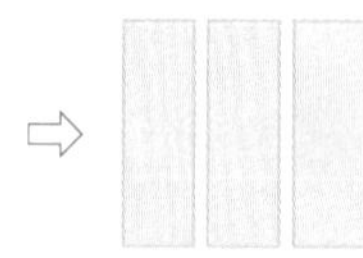

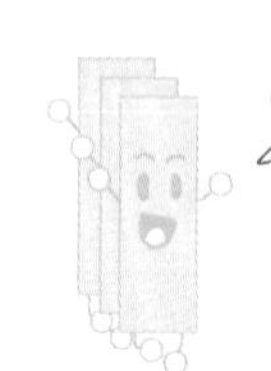

• 똑같이 넷으로 나누기

 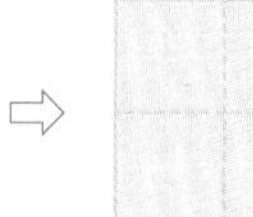

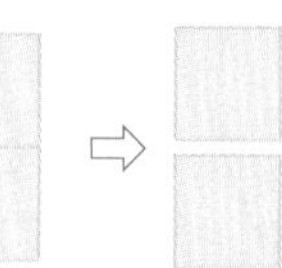

① 똑같이 나누어진 것은 크기와 모양이 모두 같습니다.
② 똑같이 나눈 도형을 서로 겹쳐 보았을 때 완전히 포개어집니다.

개념 체크

❶ 똑같이 나눈 도형은 나누어진 부분들의 크기가 (같습니다 , 다릅니다).

❷ 똑같이 나눈 도형은 나누어진 부분들의 모양이 (같습니다 , 다릅니다).

❸ 똑같이 나눈 도형을 서로 겹쳐 보았을 때 완전히 포개어집니다. (○ , ×)

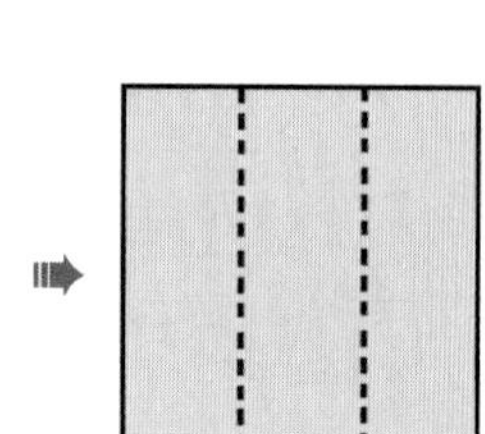

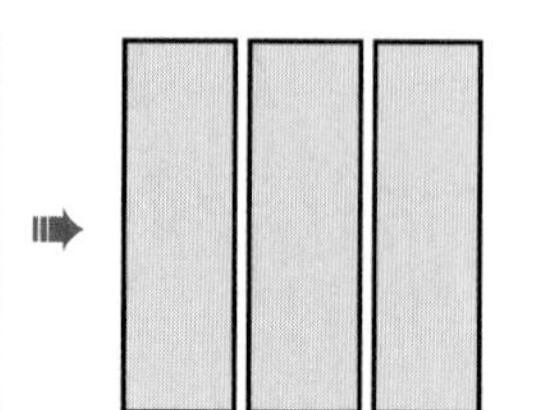

개념 체크 정답 ❶ 같습니다에 ○표 ❷ 같습니다에 ○표 ❸ ○에 ○표

교과서 유형

1-1 똑같이 나누어진 도형을 모두 찾아 기호를 쓰시오.

가 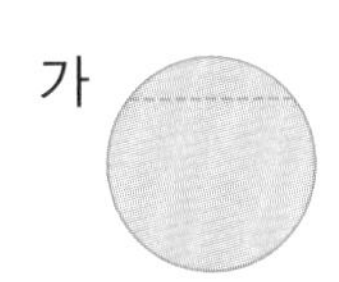 나 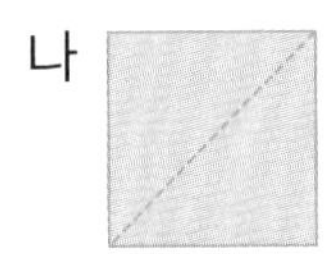 다 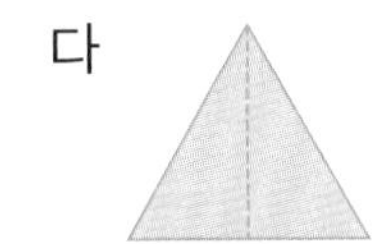

라  마 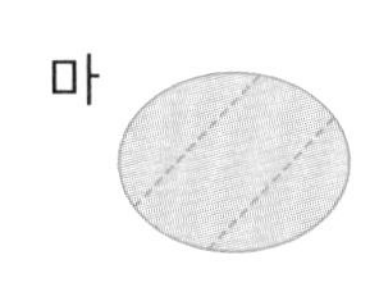 바 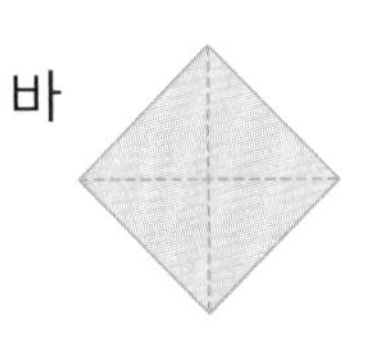

( )

힌트 나누어진 부분의 크기와 모양이 모두 같은지 알아봅니다.

1-2 똑같이 나누어지지 않은 도형을 모두 찾아 기호를 쓰시오.

가 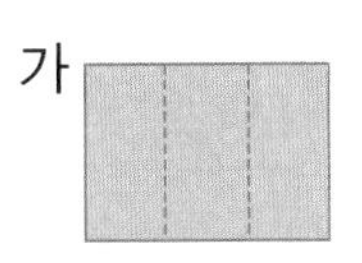 나 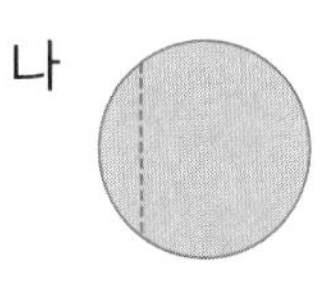 다 

라 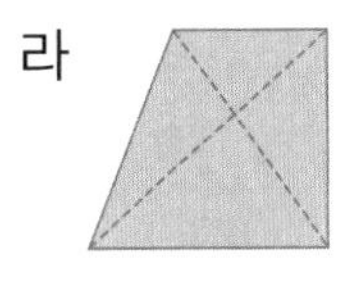 마 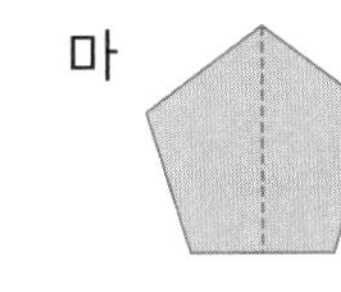 바 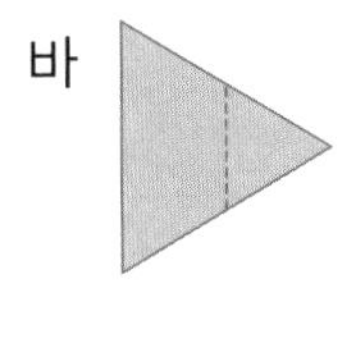

( )

2-1 똑같이 넷으로 나누어진 도형을 찾아 기호를 쓰시오.

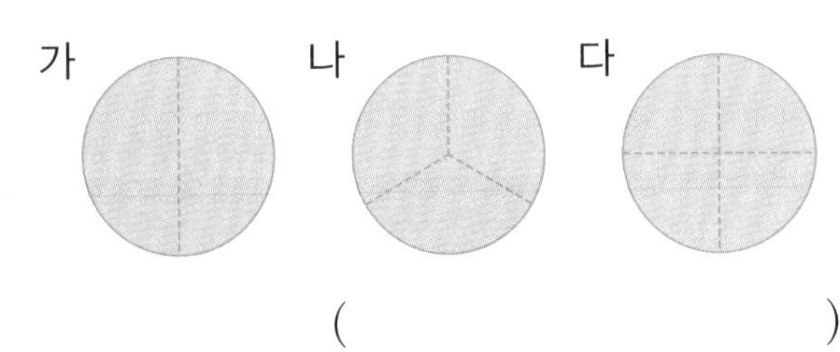

( )

힌트 똑같이 나누어진 부분의 수를 세어 봅니다.

2-2 똑같이 셋으로 나누어진 도형은 어느 것인지 기호를 쓰시오.

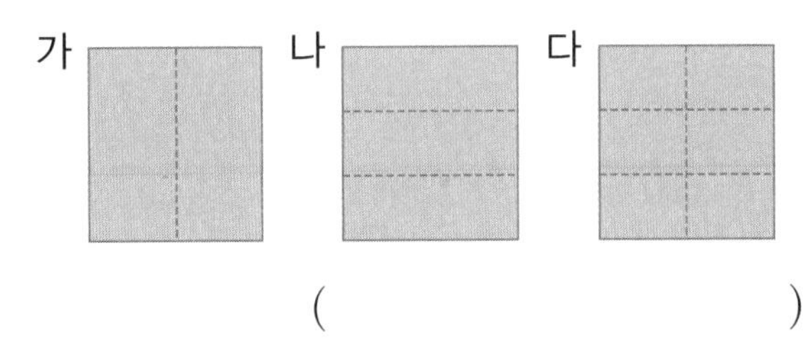

( )

익힘책 유형

3-1 점을 이용하여 도형을 똑같이 나누어 보시오.

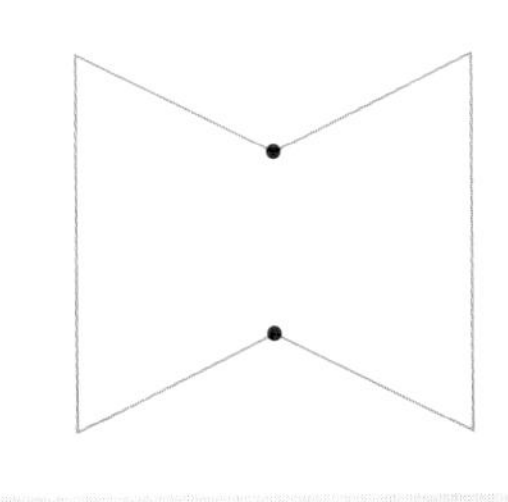

똑같이 둘로

힌트 크기와 모양이 같도록 둘로 나눕니다.

3-2 점을 이용하여 도형을 똑같이 나누어 보시오.

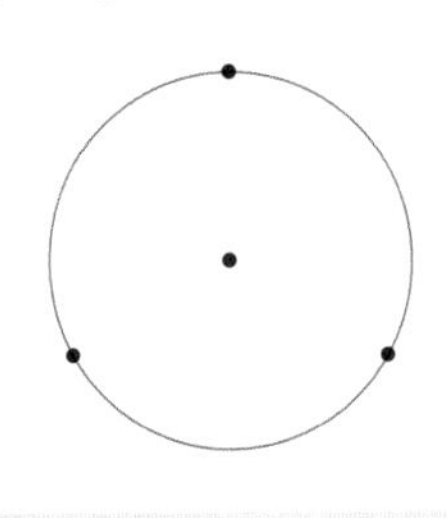

똑같이 셋으로

6 분수와 소수

개념 파헤치기

개념 2 분수를 알아볼까요(1)

개념 동영상

- 색칠한 부분이 얼마인지 알아보기

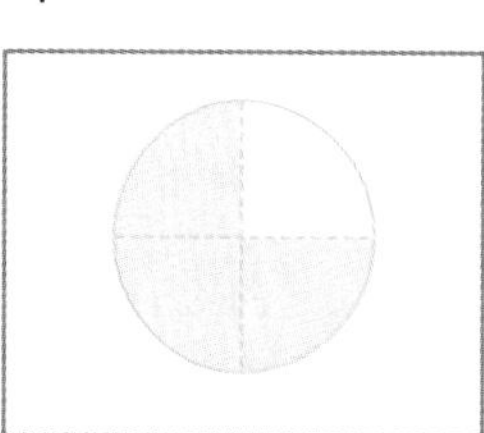

부분 은 전체 를 똑같이 4로 나눈 것 중의 3입니다.

전체를 똑같이 4로 나눈 것 중의 3 ⇨ **쓰기** $\frac{3}{4}$ **읽기** 4분의 3

- 분수 알아보기

$\frac{1}{2}$, $\frac{2}{3}$, $\frac{3}{4}$과 같은 수를 **분수**라고 합니다.
분수에서 아래쪽에 있는 수를 **분모**,
위쪽에 있는 수를 **분자**라고 합니다.

3 ← 분자
4 ← 분모

개념 체크

❶ 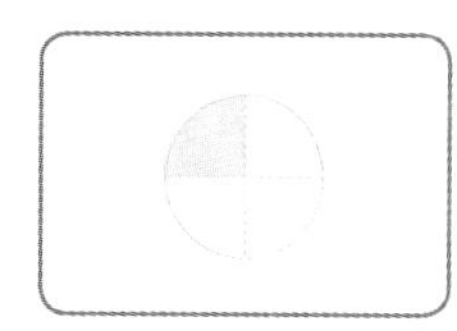

부분 은 전체 를 똑같이 4로 나눈 것 중의 (1 , 2) 입니다.

❷ $\frac{2}{5}$, $\frac{1}{4}$, $\frac{5}{8}$, $\frac{4}{7}$는 모두 (분수 , 소수)입니다.

❸ 분수 $\frac{5}{9}$에서
분모는 (5 , 9)이고
분자는 (5 , 9)입니다.

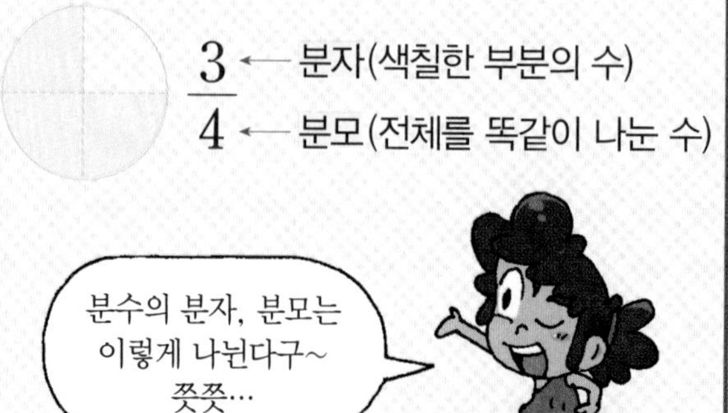

개념 체크 정답 ❶ 1에 ○표 ❷ 분수에 ○표 ❸ 9에 ○표, 5에 ○표

기본 문제

교과서 유형

1-1 □ 안에 알맞은 수를 써넣으시오.

부분 은 전체 를 똑같이 4로

나눈 것 중의 □ 입니다.

힌트 부분과 전체의 크기를 비교해 봅니다.

2-1 국기를 보고 □ 안에 알맞은 수를 써넣으시오.

폴란드 국기에서 빨간색 부분은 전체의 $\frac{□}{□}$

입니다.

힌트 빨간색 부분은 전체 2칸 중에서 1칸에 색칠되어 있습니다.

3-1 그림을 보고 □ 안에 알맞은 수를 써넣으시오.

색칠한 부분은 전체를 똑같이 □ (으)로 나

눈 것 중의 □ 이므로 $\frac{□}{□}$ 입니다.

힌트 ▲ ← 색칠한 부분의 수
■ ← 전체를 똑같이 나눈 수

쌍둥이 문제

1-2 □ 안에 알맞은 수를 써넣으시오.

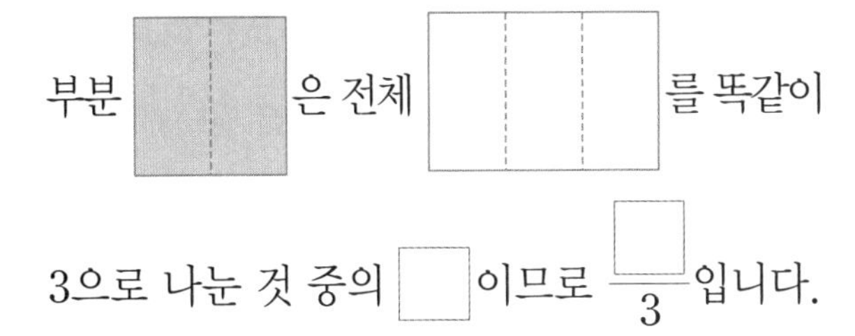

부분 은 전체 를 똑같이

3으로 나눈 것 중의 □ 이므로 $\frac{□}{3}$ 입니다.

2-2 국기를 보고 □ 안에 알맞은 수를 써넣으시오.

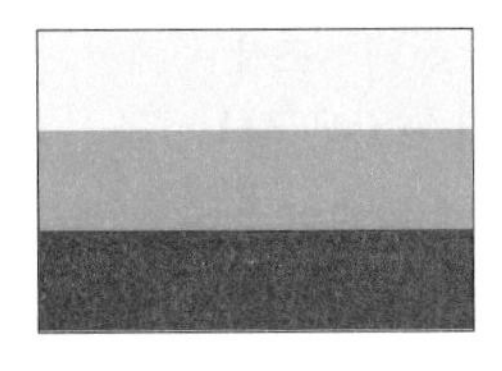

리투아니아 국기에서 노란색 부분은 전체의

$\frac{□}{□}$ 입니다.

3-2 색칠한 부분을 분수로 쓰고 읽어 보시오.

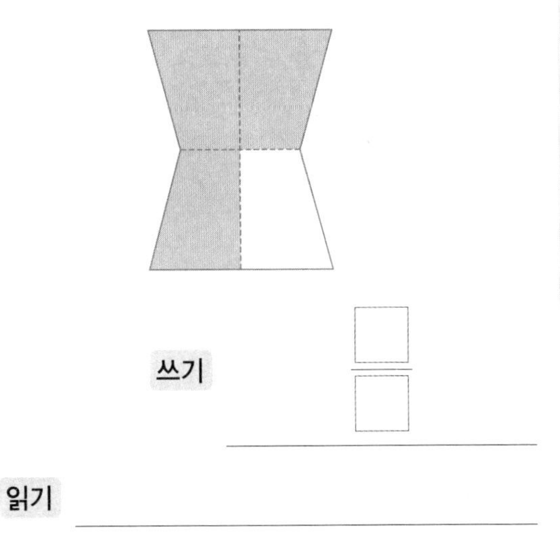

쓰기 $\frac{□}{□}$

읽기 ______________________

개념 3 분수를 알아볼까요(2)

- 남은 부분과 먹은 부분을 분수로 나타내기

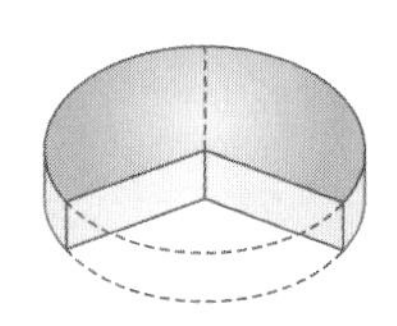

케이크는 전체 3조각 중에서 2조각이 남았고 1조각은 먹었습니다.

⇨ 남은 부분은 전체의 $\frac{2}{3}$입니다.

먹은 부분은 전체의 $\frac{1}{3}$입니다.

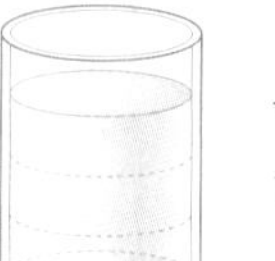

음료수는 전체 4칸 중에서 3칸이 남았고 1칸은 마셨습니다.

⇨ 남은 부분은 전체의 $\frac{3}{4}$입니다.

먹은 부분은 전체의 $\frac{1}{4}$입니다.

케이크는 전체 3조각 중에서 2조각이 남았으므로 남은 부분은 전체의 $\frac{2}{3}$야.

케이크는 전체 3조각 중에서 1조각을 먹었으므로 먹은 부분은 전체의 $\frac{1}{3}$이야.

개념 체크

❶ 초콜릿케이크는 6조각 중에서 (2 , 4)조각이 남았으므로 남은 부분은 전체의 ($\frac{2}{6}$, $\frac{4}{6}$)입니다.

❷ 초콜릿케이크는 6조각 중에서 (2 , 4)조각을 먹었으므로 먹은 부분은 전체의 ($\frac{2}{6}$, $\frac{4}{6}$)입니다.

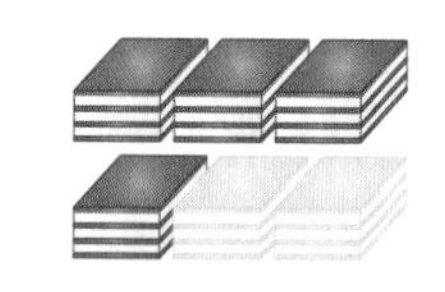

개념 체크 정답 ❶ 4에 ○표, $\frac{4}{6}$에 ○표 ❷ 2에 ○표, $\frac{2}{6}$에 ○표

교과서 유형

1-1 부분을 보고 전체를 그려 보시오.

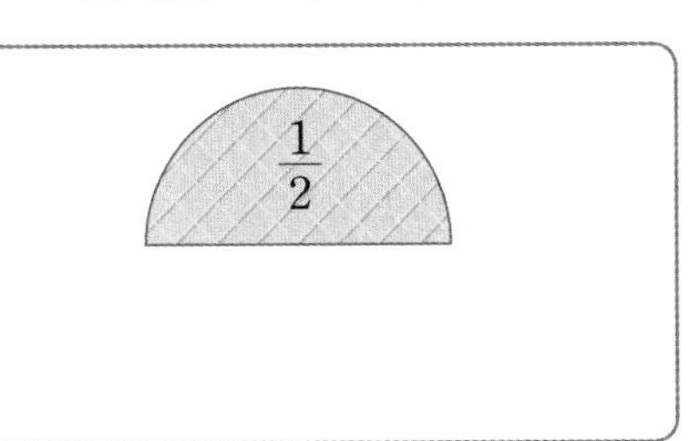

힌트 와플은 $\frac{1}{2}$이 남았으므로 똑같이 반쪽을 그리면 됩니다.

1-2 부분을 보고 전체를 그리려고 합니다. 물음에 답하시오.

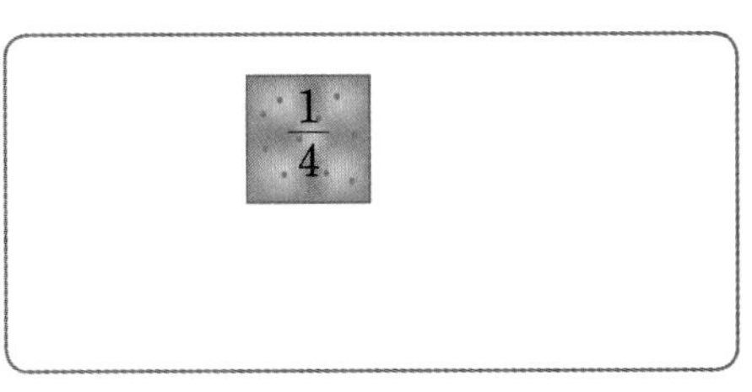

(1) 시루떡은 $\frac{1}{4}$만큼 남아 있으므로 몇 분의 몇을 더 그려 주어야 합니까?

(　　　　　　　　)

(2) 전체를 그려 보시오.

2-1 그림에서 색칠한 부분과 색칠하지 않은 부분을 각각 분수로 나타내려고 합니다. □ 안에 알맞은 수를 써넣으시오.

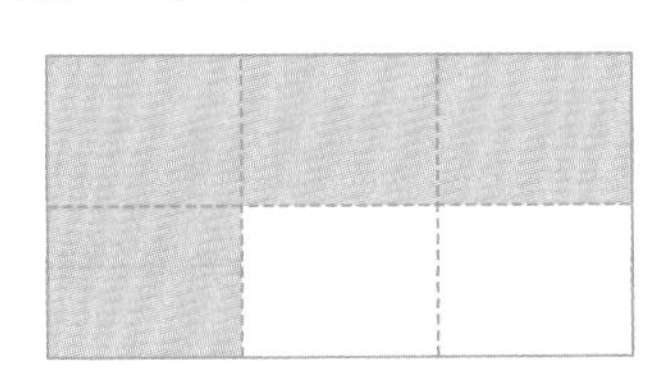

색칠한 부분 $\frac{\square}{\square}$, 색칠하지 않은 부분 $\frac{\square}{\square}$

힌트 전체 6칸 중에서 색칠한 부분과 색칠하지 않은 부분이 각각 몇 칸인지 세어 봅니다.

2-2 그림에서 색칠한 부분과 색칠하지 않은 부분을 각각 분수로 나타내어 보시오.

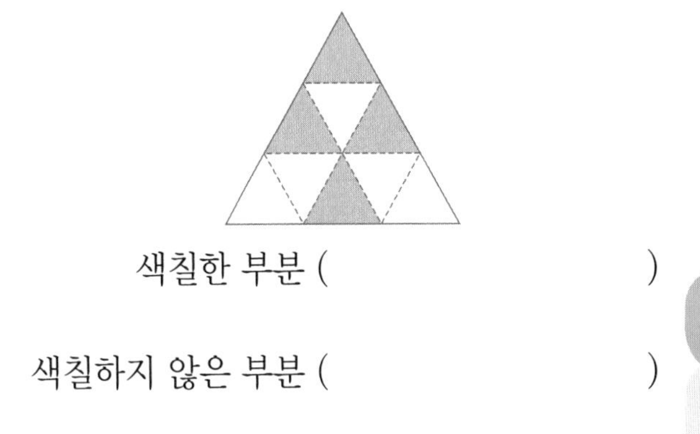

색칠한 부분 (　　　　　　　　)

색칠하지 않은 부분 (　　　　　　　　)

익힘책 유형

3-1 주어진 분수만큼 색칠해 보시오.

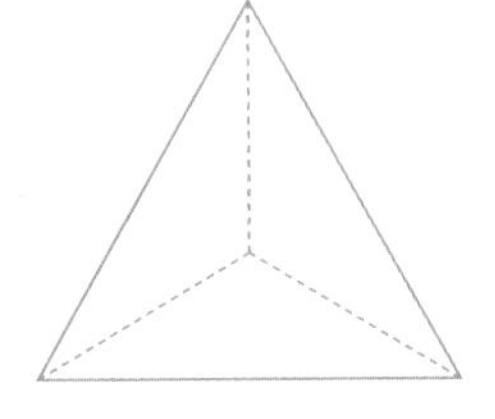

힌트 전체를 분모만큼 나누었는지 살펴보고 분자만큼 색칠합니다.

3-2 주어진 분수만큼 색칠해 보시오.

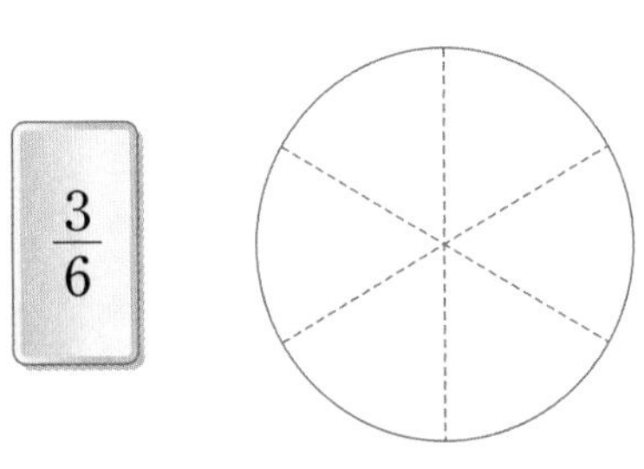

개념1 똑같이 나누어 볼까요

똑같이 나누기 ⇒ ① 나누어진 부분들의 크기와 모양이 같음.
② 겹쳤을 때 완전히 포개어짐.

01 똑같이 나누어진 도형을 찾아 ○표 하시오.

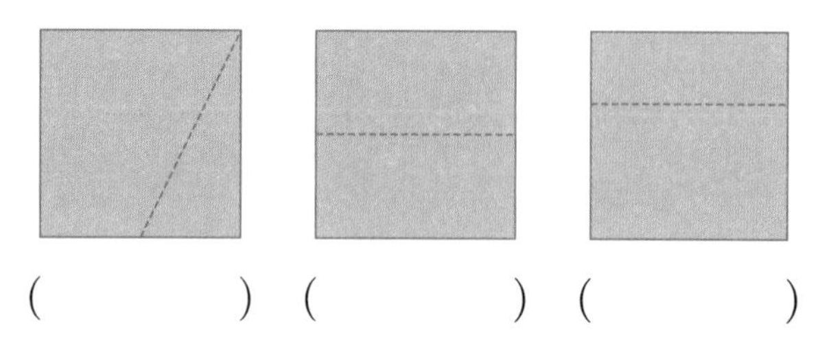

( ) ( ) ( )

교과서 유형

02 똑같이 넷으로 나누어진 국기를 찾아 ○표 하시오.

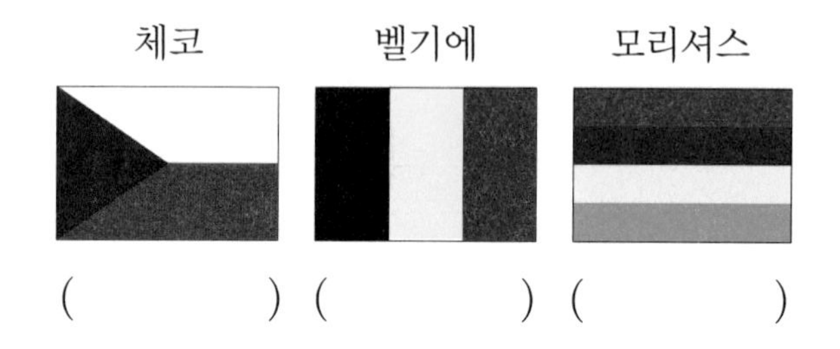

( ) ( ) ( )

03 협동화를 그리기 위해 다음과 같이 스케치하였습니다. 점을 이용하여 똑같이 넷으로 나누어 보시오.

04 주어진 도형을 서로 다른 방법으로 똑같이 넷으로 나누어 보시오.

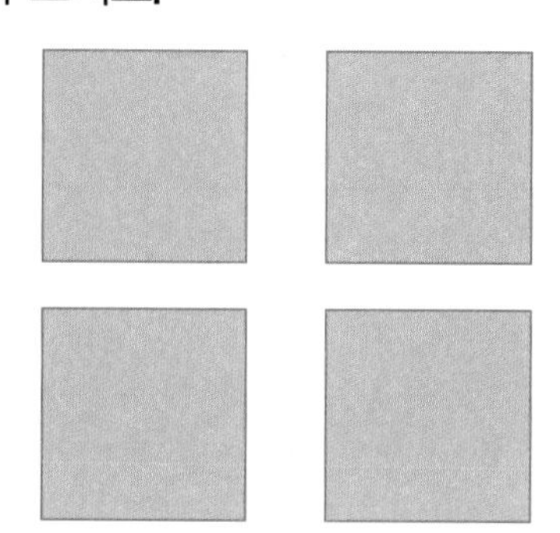

개념2 분수를 알아볼까요(1)

전체를 똑같이 4로 나눈 것 중의 3

⇨ **쓰기** $\frac{3}{4}$ $\frac{3}{4}$ ← 3: 분자, 4: 분모

읽기 4분의 3

05 전체를 5로 나눈 것 중의 2를 색칠한 것을 찾아 ○표 하시오.

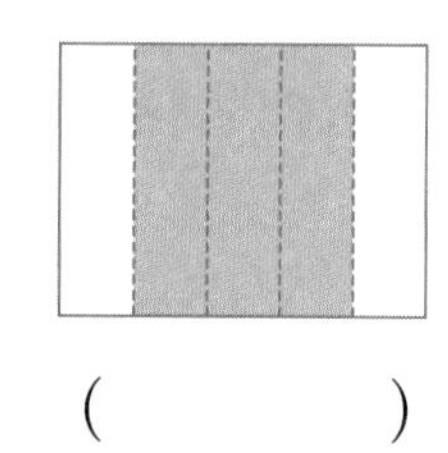 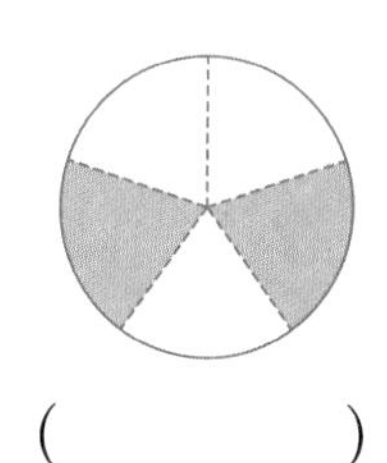

( ) ( )

익힘책 유형

06 국기를 보고 □ 안에 알맞은 수를 써넣으시오.

오스트리아 국기에서 빨간색 부분은 전체의 $\frac{\square}{\square}$입니다.

07 분수에 맞게 색칠한 것을 찾아 ○표 하시오.

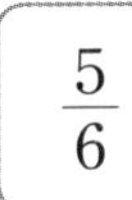

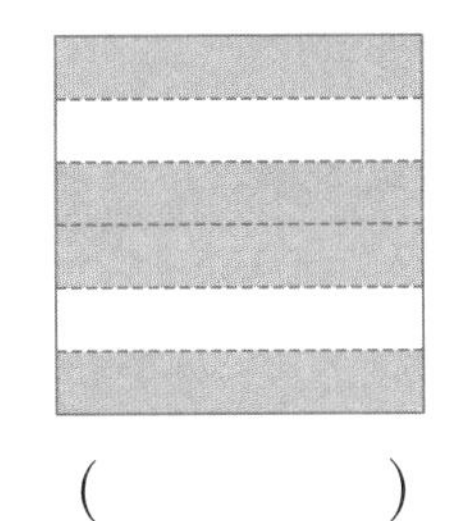

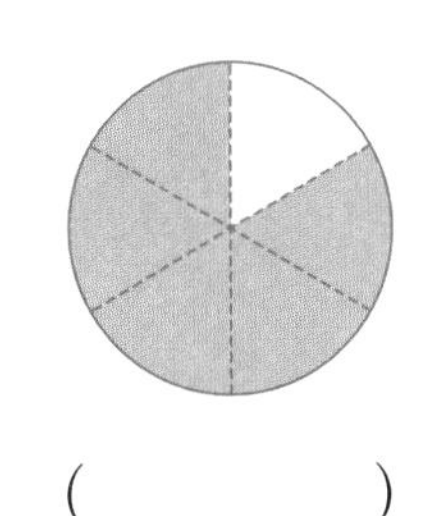

( ) ( )

09 주어진 분수만큼 바르게 색칠해 보시오.

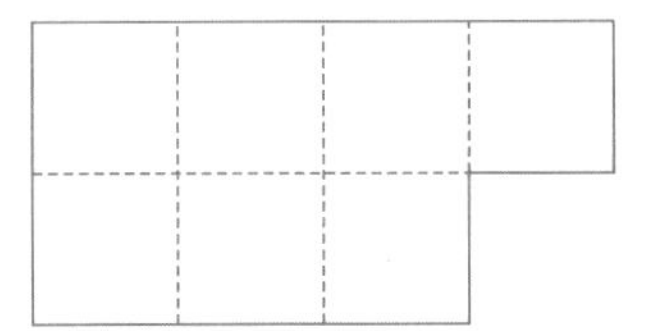

10 부분을 보고 전체를 그려 보시오.

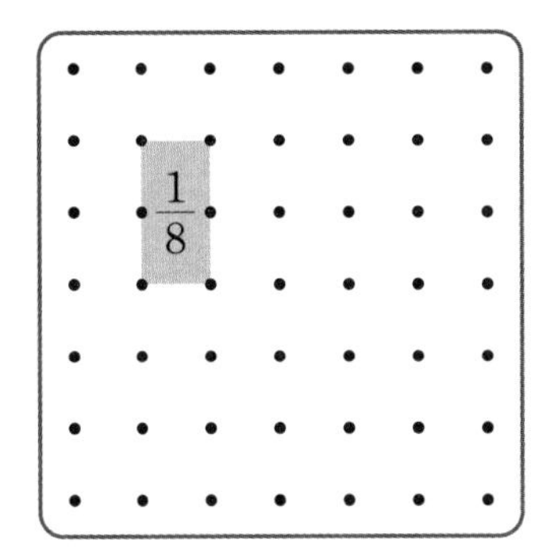

개념3 분수를 알아볼까요(2)

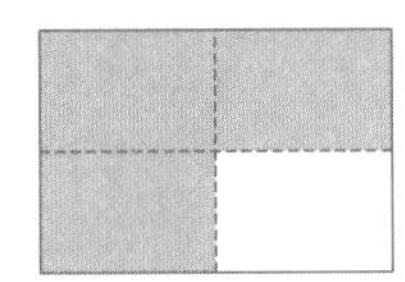

색칠한 부분은 전체의 $\frac{3}{4}$이고 색칠하지 않은 부분은 전체의 $\frac{1}{4}$입니다.

교과서 유형

08 그림에서 색칠한 부분과 색칠하지 않은 부분을 각각 분수로 나타내어 보시오.

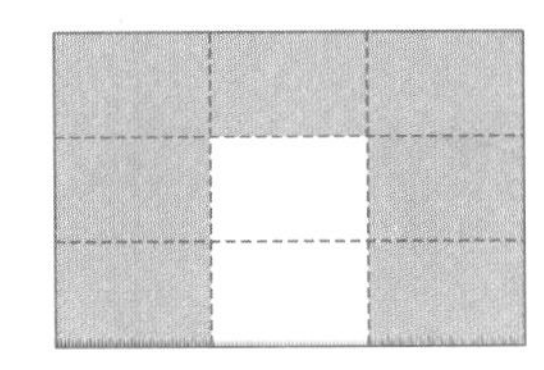

색칠한 부분 ( )

색칠하지 않은 부분 ( )

11 피자를 똑같이 나눈 뒤 전체의 $\frac{3}{8}$만큼 먹었습니다. 남은 부분은 전체의 얼마인지 분수로 나타내어 보시오.

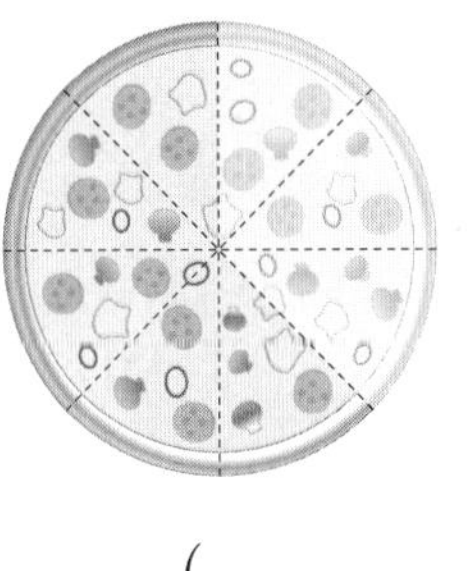

( )

6 분수와 소수

분수 $\frac{4}{7}$를 보고 알 수 있는 내용

① 전체를 똑같이 7로 나눈 것 중의 4만큼 색칠한 것을 말합니다.

② 분모는 7, 분자는 4입니다.

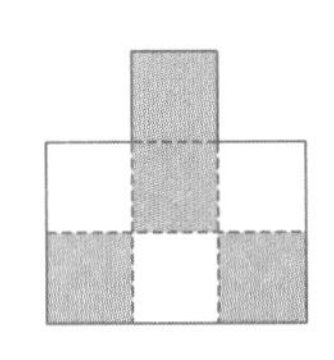

$\frac{4}{7}$ ← 분자 / ← 분모

개념 파헤치기

개념 4 분모가 같은 분수의 크기를 비교해 볼까요

- $\frac{4}{6}$와 $\frac{2}{6}$의 크기 비교하기

① 그림을 그려서 비교하기

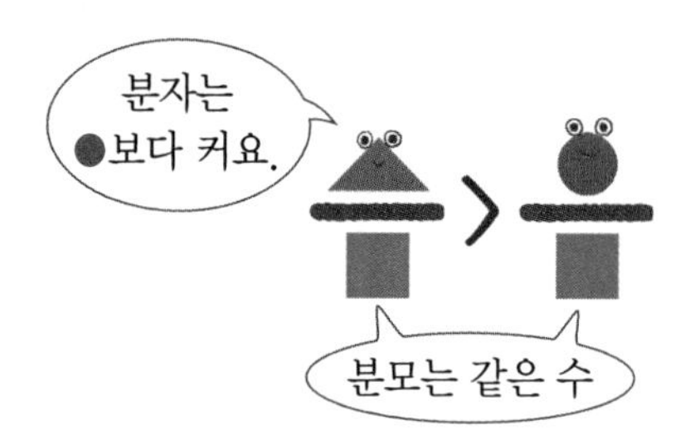

색칠한 부분을 비교해 보면

$\frac{4}{6}$가 $\frac{2}{6}$보다 더 큽니다.

② $\frac{1}{6}$이 몇 개인지 알고 비교하기

$\frac{4}{6}$는 $\frac{1}{6}$이 4개입니다.

$\frac{2}{6}$는 $\frac{1}{6}$이 2개입니다.

$4>2$

⇨ $\frac{4}{6}$는 $\frac{2}{6}$보다 더 큽니다.

분모가 같은 분수는 분자가 클수록 더 큰 수입니다.

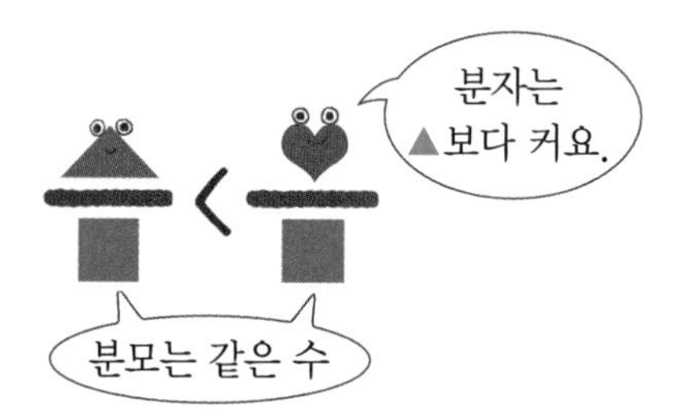

개념 체크

❶ 분모가 같은 분수는 분자가 클수록 더 (큰 , 작은) 수입니다.

❷ 분모가 같은 분수는 분자가 작을수록 더 (큰 , 작은) 수입니다.

❸ 분모가 같은 분수의 크기를 비교할 때는 (분자 , 분모)의 크기를 비교합니다.

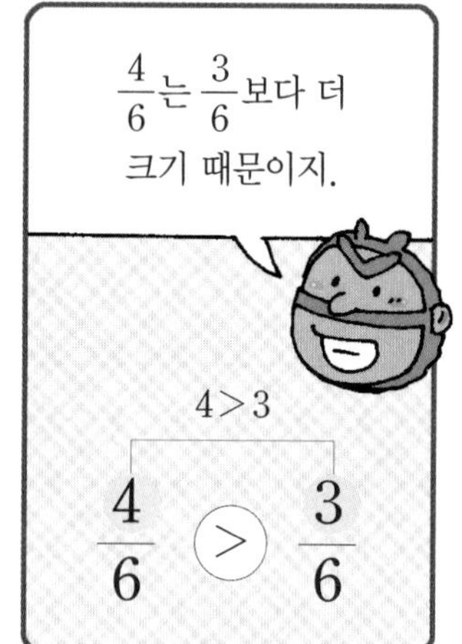

개념 체크 정답 ❶ 큰에 ○표 ❷ 작은에 ○표 ❸ 분자에 ○표

1-1 그림을 보고 ◯ 안에 >, =, <를 알맞게 써넣으시오.

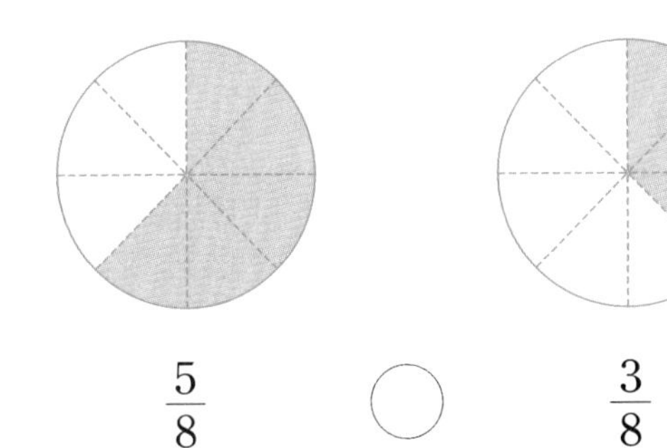

$\frac{5}{8}$ ◯ $\frac{3}{8}$

힌트 색칠한 부분이 몇 칸인지 비교해 봅니다.

1-2 주어진 분수만큼 색칠하고 ◯ 안에 >, =, <를 알맞게 써넣으시오.

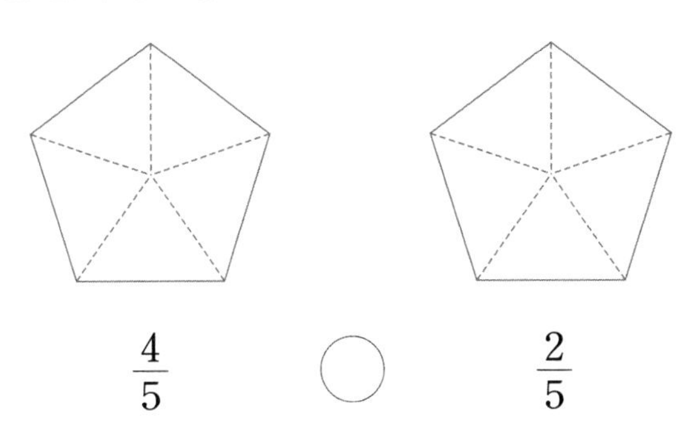

$\frac{4}{5}$ ◯ $\frac{2}{5}$

교과서 유형

2-1 $\frac{3}{4}$은 $\frac{1}{4}$이 3개이고 $\frac{2}{4}$는 $\frac{1}{4}$이 2개입니다. $\frac{3}{4}$과 $\frac{2}{4}$ 중에서 어느 분수가 더 큽니까?

( )

힌트 $\frac{1}{4}$이 많을수록 더 큰 수입니다.

2-2 $\frac{3}{6}$과 $\frac{5}{6}$ 중에서 어느 분수가 더 큰지 알아보려고 합니다. □ 안에 알맞은 수를 써넣고 알맞은 수에 ○표 하시오.

$\frac{3}{6}$은 $\frac{1}{6}$이 □개, $\frac{5}{6}$는 $\frac{1}{6}$이 □개이므로

더 큰 분수는 ($\frac{3}{6}$, $\frac{5}{6}$)입니다.

익힘책 유형

3-1 두 분수의 크기를 비교하여 ◯ 안에 >, =, <를 알맞게 써넣으시오.

(1) $\frac{1}{5}$ ◯ $\frac{3}{5}$ (2) $\frac{5}{7}$ ◯ $\frac{3}{7}$

힌트 분모가 같은 분수는 분자가 클수록 더 큰 수입니다.

3-2 두 분수의 크기를 비교하여 ◯ 안에 >, =, <를 알맞게 써넣으시오.

(1) $\frac{6}{8}$ ◯ $\frac{2}{8}$ (2) $\frac{3}{20}$ ◯ $\frac{8}{20}$

개념 파헤치기

개념 5 단위분수의 크기를 비교해 볼까요

• $\frac{1}{3}$과 $\frac{1}{7}$의 크기 비교하기

$\frac{1}{3}$ [막대를 3칸으로 나누어 1칸 색칠]

$\frac{1}{7}$ [막대를 7칸으로 나누어 1칸 색칠]

⇨ 색칠한 부분을 비교해 보면 $\frac{1}{3}$이 $\frac{1}{7}$보다 더 큽니다.

단위분수는 **분모가 작을수록** 더 큰 수입니다. 예 $3<7$ ⇨ $\frac{1}{3}>\frac{1}{7}$

분수 막대

1							
$\frac{1}{2}$	$\frac{1}{2}$						
$\frac{1}{3}$	$\frac{1}{3}$	$\frac{1}{3}$					
$\frac{1}{4}$	$\frac{1}{4}$	$\frac{1}{4}$	$\frac{1}{4}$				
$\frac{1}{5}$	$\frac{1}{5}$	$\frac{1}{5}$	$\frac{1}{5}$	$\frac{1}{5}$			
$\frac{1}{6}$	$\frac{1}{6}$	$\frac{1}{6}$	$\frac{1}{6}$	$\frac{1}{6}$	$\frac{1}{6}$		
$\frac{1}{7}$	$\frac{1}{7}$	$\frac{1}{7}$	$\frac{1}{7}$	$\frac{1}{7}$	$\frac{1}{7}$	$\frac{1}{7}$	
$\frac{1}{8}$	$\frac{1}{8}$	$\frac{1}{8}$	$\frac{1}{8}$	$\frac{1}{8}$	$\frac{1}{8}$	$\frac{1}{8}$	$\frac{1}{8}$

개념 체크

❶ $\frac{1}{2}$, $\frac{1}{3}$, $\frac{1}{4}$……과 같이 분자가 1인 분수를 (단위분수 , 진분수)라고 합니다.

❷ 단위분수는 분모가 작을수록 더 (큰 , 작은) 수입니다.

❸ 단위분수는 분모가 클수록 더 (큰 , 작은) 수입니다.

$\frac{1}{4}$ [막대를 4칸으로 나누어 1칸 색칠]

$\frac{1}{6}$ [막대를 6칸으로 나누어 1칸 색칠]

$\frac{1}{4} > \frac{1}{6}$

개념 체크 정답 ❶ 단위분수에 ○표 ❷ 큰에 ○표 ❸ 작은에 ○표

기본 문제

1-1 그림을 보고 ◯ 안에 >, =, <를 알맞게 써넣으시오.

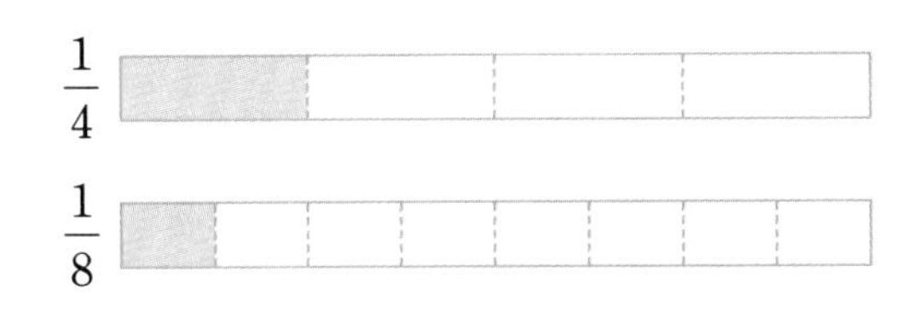

$\frac{1}{4}$ ◯ $\frac{1}{8}$

(힌트) 색칠한 부분을 비교해 봅니다.

교과서 유형

2-1 두 분수의 크기를 비교하여 ◯ 안에 >, =, <를 알맞게 써넣으시오.

(1) $\frac{1}{5}$ ◯ $\frac{1}{3}$　　(2) $\frac{1}{8}$ ◯ $\frac{1}{10}$

(힌트) 단위분수는 분모가 작을수록 더 큰 수입니다.

익힘책 유형

3-1 가장 큰 분수에 ○표 하시오.

$\frac{1}{12}$	$\frac{1}{4}$	$\frac{1}{9}$

(힌트) 단위분수는 분모가 작을수록 더 큰 수이므로 분모가 가장 작은 수를 찾습니다.

쌍둥이 문제

정답은 35쪽

1-2 분수만큼 색칠하고 ◯ 안에 >, =, <를 알맞게 써넣으시오.

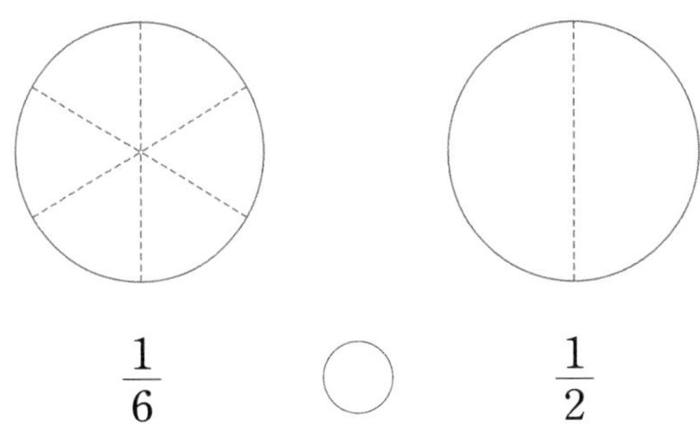

$\frac{1}{6}$ ◯ $\frac{1}{2}$

2-2 두 분수의 크기를 비교하여 ◯ 안에 >, =, <를 알맞게 써넣으시오.

(1) $\frac{1}{7}$ ◯ $\frac{1}{2}$　　(2) $\frac{1}{4}$ ◯ $\frac{1}{14}$

3-2 분수의 크기를 비교하여 큰 수부터 차례로 쓰시오.

$\frac{1}{2}$	$\frac{1}{8}$	$\frac{1}{3}$

(　　　　　　　　　　)

6 분수와 소수

개념 확인하기

개념4 분모가 같은 분수의 크기를 비교해 볼까요

분모가 같은 분수는 **분자가 클수록** 큰 수입니다.

$2<4$

$\frac{2}{7} < \frac{4}{7}$

분자의 크기 비교와 같은 방향

01 주어진 분수만큼 색칠한 뒤 □ 안에 알맞은 수를 써넣고 알맞은 말에 ○표 하시오.

$\frac{3}{5}$ [| | | |]

$\frac{4}{5}$ [| | | |]

$\frac{3}{5}$은 $\frac{1}{5}$이 □개, $\frac{4}{5}$는 $\frac{1}{5}$이 □개이므로

$\frac{3}{5}$은 $\frac{4}{5}$보다 더 (큽니다 , 작습니다).

02 주어진 분수만큼 색칠한 뒤 ○ 안에 >, =, <를 알맞게 써넣으시오.

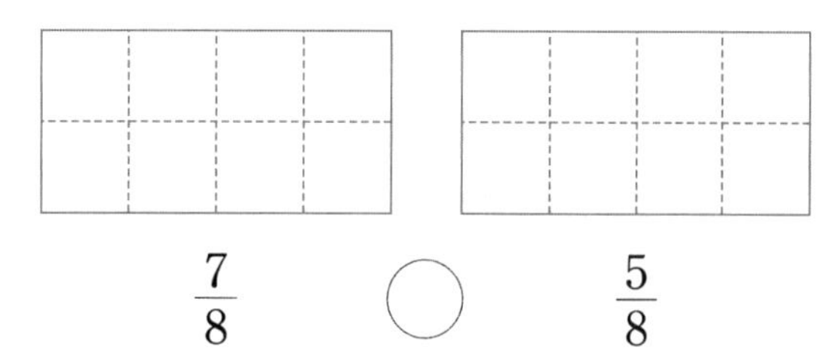

$\frac{7}{8}$ ○ $\frac{5}{8}$

교과서 유형

03 두 분수의 크기를 비교하여 ○ 안에 >, =, <를 알맞게 써넣으시오.

(1) $\frac{8}{9}$ ○ $\frac{7}{9}$ (2) $\frac{10}{14}$ ○ $\frac{11}{14}$

04 더 큰 분수에 ○표 하시오.

(1) $\frac{4}{8}$ $\frac{7}{8}$ (2) $\frac{8}{12}$ $\frac{5}{12}$

05 연아는 리본을 $\frac{9}{11}$ m 가지고 있고 연재는 리본을 $\frac{6}{11}$ m 가지고 있습니다. 누가 가진 리본이 더 깁니까?

( )

06 □ 안에 들어갈 수 있는 자연수를 모두 쓰시오.

$\frac{5}{13} < \frac{\square}{13} < \frac{10}{13}$

( )

익힘책 유형

07 분수의 크기를 비교하여 큰 수부터 차례로 쓰시오.

$\frac{1}{20}$ $\frac{8}{20}$ $\frac{17}{20}$ $\frac{4}{20}$ $\frac{13}{20}$

( )

개념 5 단위분수의 크기를 비교해 볼까요

단위분수는 분모가 작을수록 큰 수입니다.

$\frac{1}{2} > \frac{1}{12}$ ← 분모의 크기 비교와 반대 방향

$2 < 12$

08 □ 안에 알맞은 말을 써넣으시오.

$\frac{1}{2}, \frac{1}{3}, \frac{1}{4}, \frac{1}{5}$……과 같이 분자가 1인 분수를 □(이)라고 합니다.

교과서 유형

09 두 분수의 크기를 비교하여 ○ 안에 >, =, < 를 알맞게 써넣으시오.

(1) $\frac{1}{5}$ ○ $\frac{1}{8}$　　(2) $\frac{1}{9}$ ○ $\frac{1}{12}$

10 두 분수의 크기를 바르게 비교한 것에 ○표 하시오.

$\frac{1}{8} < \frac{1}{5}$　　$\frac{1}{10} > \frac{1}{4}$

(　　　)　　(　　　)

11 분수의 크기를 비교하여 작은 수부터 차례로 쓰시오.

$\frac{1}{3}$　$\frac{1}{5}$　$\frac{1}{7}$

(　　　　　　　　)

12 이집트 사람들은 호루스 신의 눈에 다음과 같이 분수를 적었습니다. 가장 큰 분수와 가장 작은 분수를 각각 찾아 쓰시오.

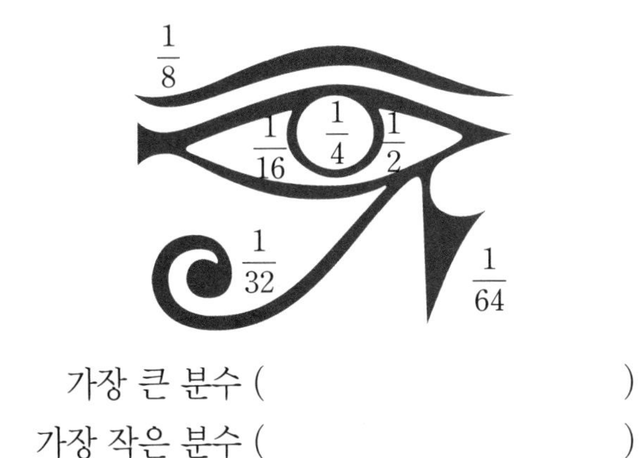

가장 큰 분수 (　　　　　　)

가장 작은 분수 (　　　　　　)

13 □ 안에 들어갈 수 있는 자연수를 모두 쓰시오.

$\frac{1}{8} < \frac{1}{\square} < \frac{1}{4}$

(　　　　　　　　)

해결의 창 두 분수의 크기 비교하는 방법

① 두 분수의 분모가 같을 때 분자가 클수록 더 큰 수입니다. 예 $\frac{9}{11} > \frac{7}{11}$, $\frac{5}{9} < \frac{8}{9}$……

② 두 분수의 분자가 1로 같을 때 분모가 작을수록 더 큰 수입니다. 예 $\frac{1}{13} < \frac{1}{5}$, $\frac{1}{4} > \frac{1}{7}$……

└ 단위분수

6 분수와 소수

개념 파헤치기

개념 6 소수를 알아볼까요 (1)

분수	$\frac{1}{10}$	$\frac{2}{10}$	$\frac{3}{10}$	$\frac{4}{10}$	$\frac{5}{10}$	$\frac{6}{10}$	······
소수로 쓰기	0.1	0.2	0.3	0.4	0.5	0.6	······
소수 읽기	영 점 일	영 점 이	영 점 삼	영 점 사	영 점 오	영 점 육	······

0.1, 0.2, 0.3과 같은 수를 **소수**라 하고, '.'을 **소수점**이라고 합니다.

0	$\frac{1}{10}$	$\frac{2}{10}$	$\frac{3}{10}$	$\frac{4}{10}$	$\frac{5}{10}$	$\frac{6}{10}$	$\frac{7}{10}$	$\frac{8}{10}$	$\frac{9}{10}$	1
0	0.1	0.2	0.3	0.4	0.5	0.6	0.7	0.8	0.9	1

$\frac{1}{10}=0.1$ $\frac{2}{10}=0.2$ $\frac{3}{10}=0.3$

나는 $\frac{3}{10}$과 같은 수예요.

개념 체크

❶ 0.1, 0.2, 0.3과 같은 수를 (분수 , 소수)라고 합니다.

❷ 소수 0.5에서 '.'을 (마침표 , 소수점)(이)라고 합니다.

❸ 분수 $\frac{1}{10}$을 소수로 나타내면 (0.1 , 1.0)입니다.

개념 체크 정답 ❶ 소수에 ○표 ❷ 소수점에 ○표 ❸ 0.1에 ○표

익힘책 유형

1-1 그림을 보고 □ 안에 알맞은 수를 써넣으시오.

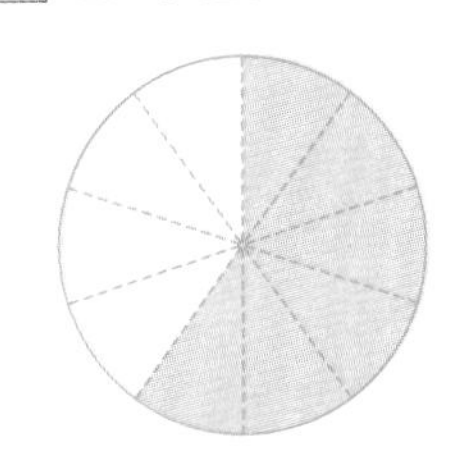

색칠한 부분을 분수로 나타내면 □, 소수로 나타내면 □입니다.

힌트 분수 $\frac{■}{10}$는 소수로 0.■입니다.

1-2 그림을 보고 물음에 답하시오.

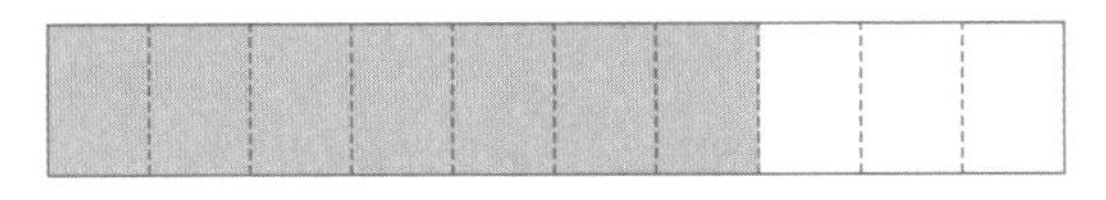

(1) 색칠한 부분을 분수로 나타내시오.

( )

(2) 색칠한 부분을 소수로 나타내시오.

( )

2-1 같은 것끼리 선으로 이어 보시오.

0.4 •	• 영 점 사
0.6 •	• 영 점 육

힌트 0.1은 영 점 일, 0.2는 영 점 이, 0.3은 영 점 삼……이라고 읽습니다.

2-2 □ 안에 알맞은 수나 말을 써넣으시오.

분수 $\frac{8}{10}$을 소수로 □(이)라 쓰고 □(이)라고 읽습니다.

익힘책 유형

3-1 □ 안에 알맞은 소수를 써넣으시오.

(1) 0.7은 □이 7개입니다.

(2) 0.1이 5개이면 □입니다.

힌트 0.■는 0.1이 ■개입니다.

3-2 □ 안에 알맞은 수를 써넣으시오.

(1) $\frac{1}{10}$이 □개이면 0.3입니다.

(2) $\frac{□}{□}$이 4개이면 0.4입니다.

교과서 유형

4-1 분수를 소수로 나타내시오.

(1) $\frac{4}{10}$=□ (2) $\frac{9}{10}$=□

힌트 분수 $\frac{■}{10}$를 소수로 0.■라 씁니다.

4-2 소수를 분수로 나타내시오.

(1) 0.8=□ (2) 0.5=□

개념 7 소수를 알아볼까요(2)

- 색연필의 길이를 소수로 나타내기

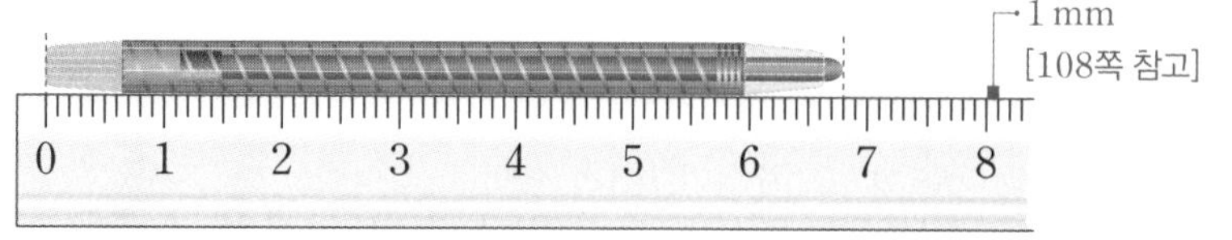

색연필은 6 cm보다 8 mm 더 깁니다. ⇨ 6.8 cm
(8 mm → 0.8 cm)

6과 0.8만큼 **쓰기** 6.8 **읽기** 육 점 팔

- 0.1의 개수로 소수 알아보기

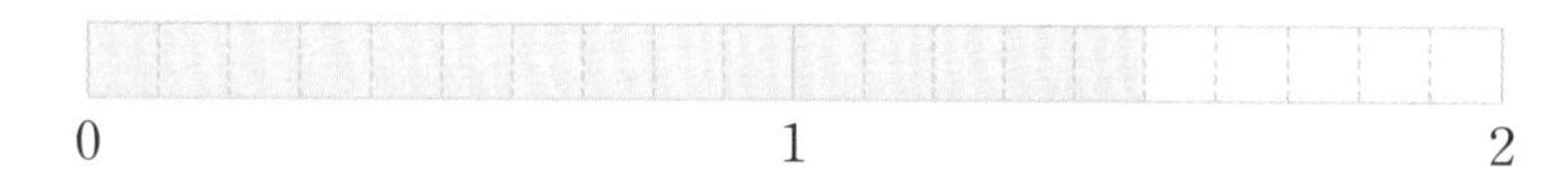

⇨ 0.1이 15개입니다. 0.1이 10개이면 1이고 0.1이 5개이면 0.5이므로 1과 0.5만큼은 1.5입니다.

개념 체크

❶ 2와 0.4만큼을 (2.4 , 4.2)라고 씁니다.

❷ 3과 0.8만큼을 (8.3 , 3.8)이라고 씁니다.

❸ 5.2는 5와 (0.1 , 0.2)만큼입니다.

❹ 7.6은 7과 (0.6 , 0.7)만큼입니다.

개념 체크 정답 ❶ 2.4에 ○표 ❷ 3.8에 ○표 ❸ 0.2에 ○표 ❹ 0.6에 ○표

1-1 다음을 소수로 나타내시오.

3과 0.4만큼

(   )

힌트 ■와 0.▲만큼 ⇨ ■.▲

1-2 □ 안에 알맞은 수나 말을 써넣으시오.

5와 0.7만큼을 □(이)라 쓰고

□(이)라고 읽습니다.

2-1 □ 안에 알맞은 소수를 써넣으시오.

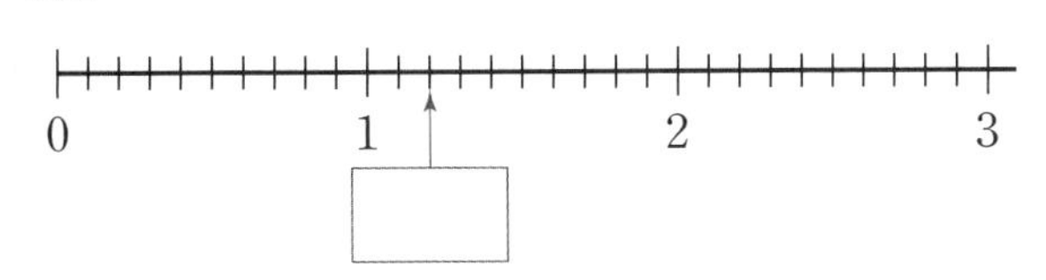

힌트 1과 0.2만큼입니다.

2-2 소수만큼 색칠해 보시오.

2.6

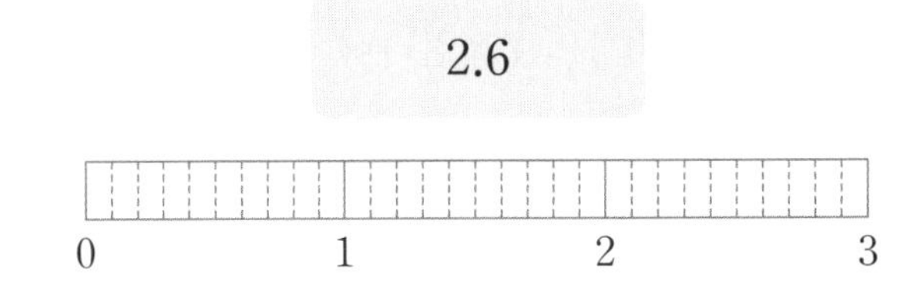

교과서 유형

3-1 □ 안에 알맞은 소수를 써넣으시오.

(1) 0.1이 16개이면 □입니다.

(2) 0.1이 81개이면 □입니다.

힌트 0.1이 ■▲개이면 ■.▲입니다.

3-2 □ 안에 알맞은 수를 써넣으시오.

(1) 4.8은 0.1이 □개입니다.

(2) 6.2는 0.1이 □개입니다.

교과서 유형

4-1 □ 안에 알맞은 소수를 써넣으시오.

(1) 2 cm 7 mm = □ cm

(2) 1 cm 5 mm = □ cm

힌트 ■ cm ▲ mm = ■.▲ cm

4-2 □ 안에 알맞은 소수를 써넣으시오.

(1) 53 mm = □ cm

(2) 39 mm = □ cm

개념 파헤치기

개념 8 소수의 크기를 비교해 볼까요(1)

- 0.5와 0.2의 크기 비교하기

① 수 막대를 이용하여 비교하기

0.5 (0 ~ 1 수 막대, 5칸 색칠)

0.2 (0 ~ 1 수 막대, 2칸 색칠)

⇨ 색칠한 부분을 비교해 보면 0.5가 0.2보다 더 큽니다.

② 0.1이 몇 개인지 알고 비교하기

0.5는 0.1이 5개입니다.
0.2는 0.1이 2개입니다.
5 > 2이므로 0.5는 0.2보다 더 큽니다.

소수점 오른쪽의 수를 비교해요.

$0.5 > 0.2$

$5 > 2$

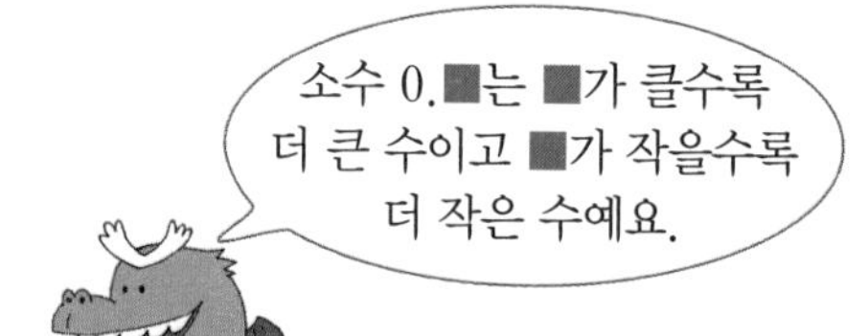

개념 체크

❶ 소수 0.■의 크기를 비교할 때는 소수점 (왼쪽 , 오른쪽)의 수를 비교합니다.

❷ 소수 0.■는 ■가 클수록 더 (큰 , 작은) 수입니다.

❸ 소수 0.■는 ■가 작을수록 더 (큰 , 작은) 수입니다.

0.5 (0 ~ 1)
0.7 (0 ~ 1)
0.5 < 0.7

수 막대에서 색칠한
부분을 비교해 보면
0.7이 0.5보다 더 크단다.
뿌치가 더 컸네.

이렇게 하면
전체 키는
내가 더 커~

헉!

개념 체크 정답 ❶ 오른쪽에 ○표 ❷ 큰에 ○표 ❸ 작은에 ○표

1-1
0.3과 0.7 중에서 어느 소수가 더 큰지 알아보려고 합니다. 물음에 답하시오.

(1) 0.3과 0.7만큼 각각 색칠하시오.

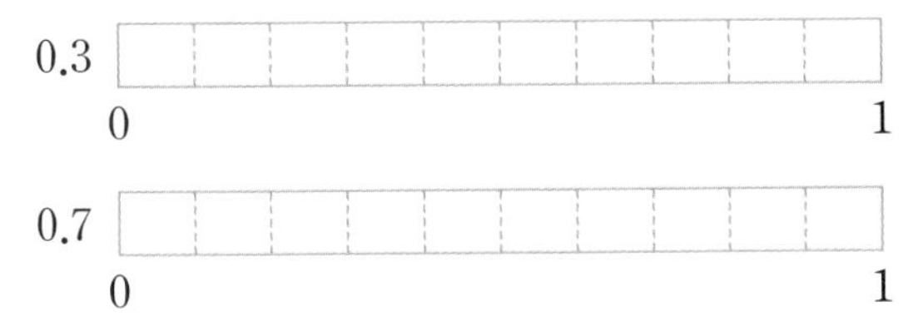

(2) 0.3과 0.7 중에서 어느 소수가 더 큽니까?

(　　　　　　　　)

힌트 수 막대에서 색칠한 부분의 길이를 비교합니다.

1-2
0.6과 0.2 중에서 어느 소수가 더 큰지 알아보려고 합니다. 물음에 답하시오.

(1) 0.6은 0.1이 몇 개입니까?

(　　　　　　　　)

(2) 0.2는 0.1이 몇 개입니까?

(　　　　　　　　)

(3) 0.6과 0.2 중에서 어느 소수가 더 큽니까?

(　　　　　　　　)

익힘책 유형

2-1
소수만큼 색칠하고 ◯ 안에 >, =, <를 알맞게 써넣으시오.

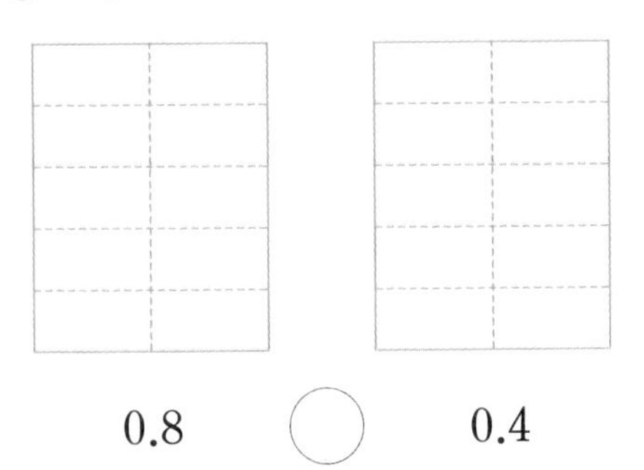

0.8 ◯ 0.4

힌트 색칠한 부분을 비교해 봅니다.

2-2
소수만큼 색칠하고 ◯ 안에 >, =, <를 알맞게 써넣으시오.

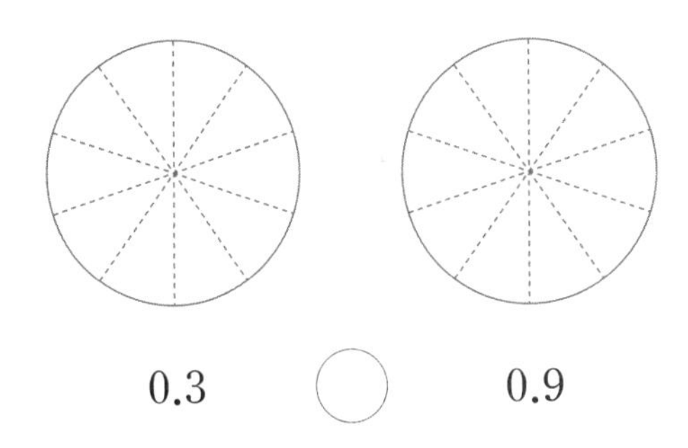

0.3 ◯ 0.9

교과서 유형

3-1
두 수의 크기를 비교하여 ◯ 안에 >, =, <를 알맞게 써넣으시오.

(1) 0.6 ◯ 0.5

(2) 0.2 ◯ 0.8

힌트 소수점 오른쪽의 수가 큰 쪽이 더 큽니다.

3-2
두 수의 크기를 비교하여 ◯ 안에 >, =, <를 알맞게 써넣으시오.

(1) 0.9 ◯ 0.1이 7개인 수

(2) 0.8 ◯ 0.1이 3개인 수

개념 파헤치기

개념 9 소수의 크기를 비교해 볼까요(2)

개념 동영상

• 2.2와 2.8의 크기 비교하기

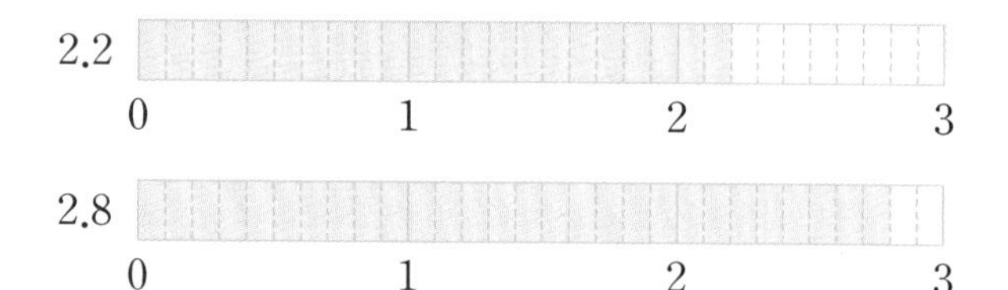

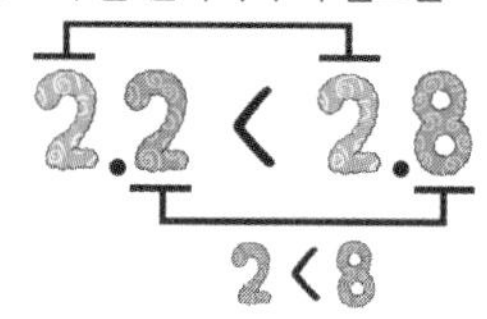

소수점 왼쪽의 수가 같으면
소수점 **오른쪽의 수**가 큰 쪽이 더 큽니다.

• 2.5와 1.7의 크기 비교하기

2.5는 0.1이 25개입니다.
1.7은 0.1이 17개입니다.
25 > 17이므로 2.5는 1.7보다 더 큽니다.

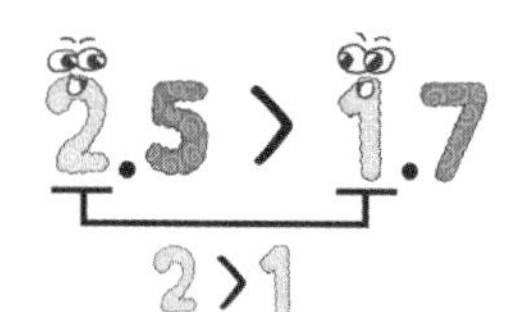

소수점 왼쪽의 수가 다르면
소수점 **왼쪽의 수**가 큰 쪽이 더 큽니다.

개념 체크

❶ 소수점 왼쪽의 수가 같은 소수의 크기를 비교할 때는 소수점 (왼쪽 , 오른쪽)의 수를 비교합니다.

❷ 소수점 왼쪽의 수가 같으면 소수점 오른쪽의 수가 큰 쪽이 더 (큽니다 , 작습니다).

❸ 소수점 왼쪽의 수가 다르면 소수점 왼쪽의 수가 큰 쪽이 더 (큽니다 , 작습니다).

개념 체크 정답 ❶ 오른쪽에 ○표 ❷ 큽니다에 ○표 ❸ 큽니다에 ○표

교과서 유형

1-1 그림을 보고 두 소수의 크기를 비교하여 ◯ 안에 >, =, <를 알맞게 써넣으시오.

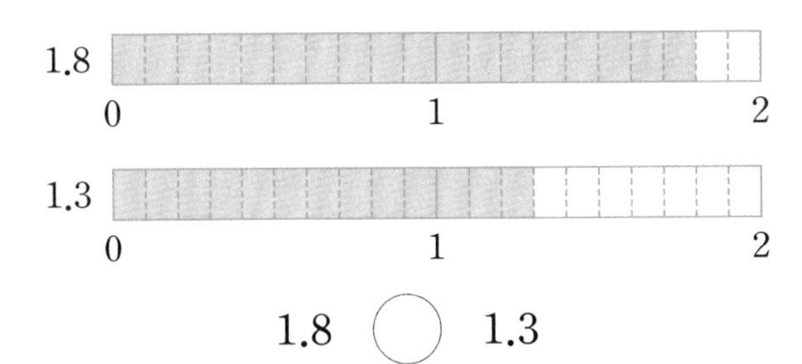

1.8 ◯ 1.3

힌트 색칠한 부분을 비교해 봅니다.

1-2 그림을 보고 두 소수의 크기를 비교하여 ◯ 안에 >, =, <를 알맞게 써넣으시오.

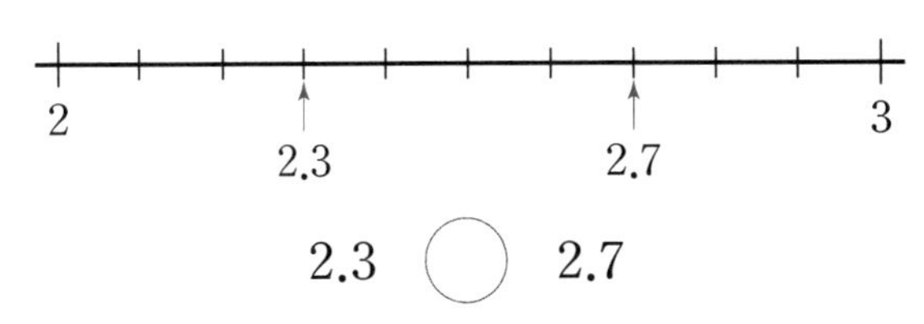

2.3 ◯ 2.7

익힘책 유형

2-1 두 수의 크기를 비교하여 ◯ 안에 >, =, <를 알맞게 써넣으시오.

(1) 1.9 ◯ 4.3

(2) 4.8 ◯ 2.7

힌트 소수점 왼쪽의 수가 큰 쪽이 더 큽니다.

2-2 두 수의 크기를 비교하여 ◯ 안에 >, =, <를 알맞게 써넣으시오.

(1) 7.5 ◯ 7.2

(2) 6.4 ◯ 6.6

3-1 더 큰 수를 찾아 기호를 쓰시오.

> ㉠ 2.4
> ㉡ 0.1이 26개인 수

( )

힌트 0.1이 26개인 수를 소수로 나타내어 봅니다.

3-2 더 작은 수를 찾아 기호를 쓰시오.

> ㉠ $\frac{1}{10}$이 38개인 수
> ㉡ 0.1이 19개인 수

( )

개념6 소수를 알아볼까요(1)

$\frac{5}{10}$ —소수로 나타내기→ 쓰기 0.5 / 읽기 영 점 오

01 □ 안에 알맞은 소수를 써넣으시오.

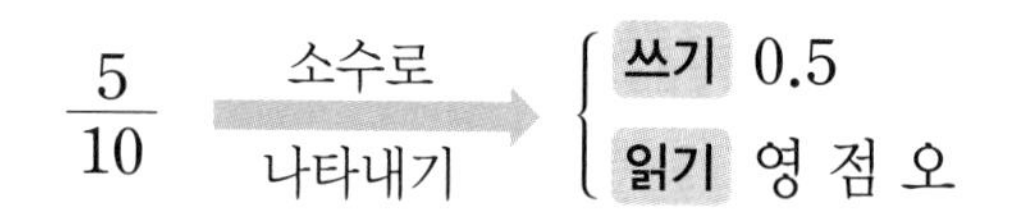

익힘책 유형

02 □ 안에 알맞은 수를 써넣으시오.

(1) 0.2는 0.1이 □개입니다.

(2) 0.1이 5개이면 □입니다.

교과서 유형

03 □ 안에 알맞은 소수를 써넣으시오.

(1) 3 mm=□cm

(2) 9 mm=□cm

04 피자를 똑같이 10조각으로 나누어 그중 4조각을 먹었습니다. 남은 피자를 소수로 나타내면 얼마입니까?

(　　　　　　　　)

개념7 소수를 알아볼까요(2)

2와 0.3만큼 —소수로 나타내기→ 쓰기 2.3 / 읽기 이 점 삼

05 1과 0.5만큼을 소수로 나타내시오.

(　　　　　　　　)

06 길이가 같은 것끼리 선으로 이어 보시오.

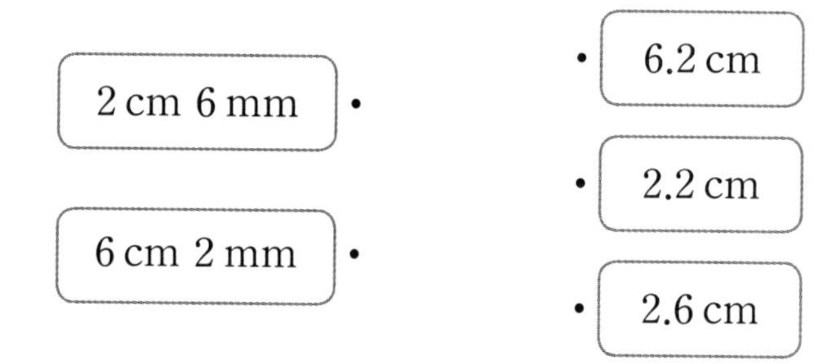

교과서 유형

07 그림을 보고 □ 안에 알맞은 소수를 써넣으시오.

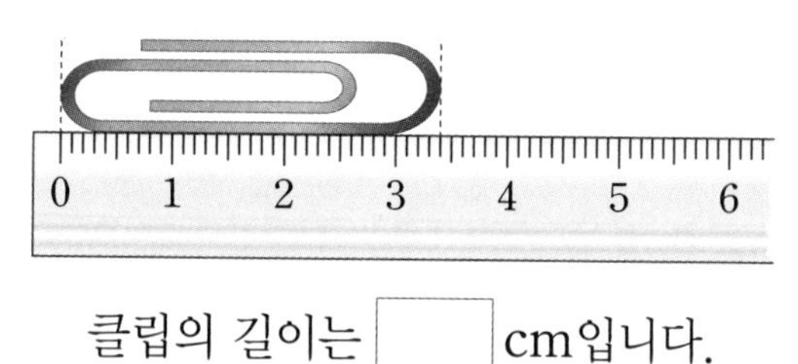

클립의 길이는 □cm입니다.

08 그림을 보고 소수로 나타내시오.

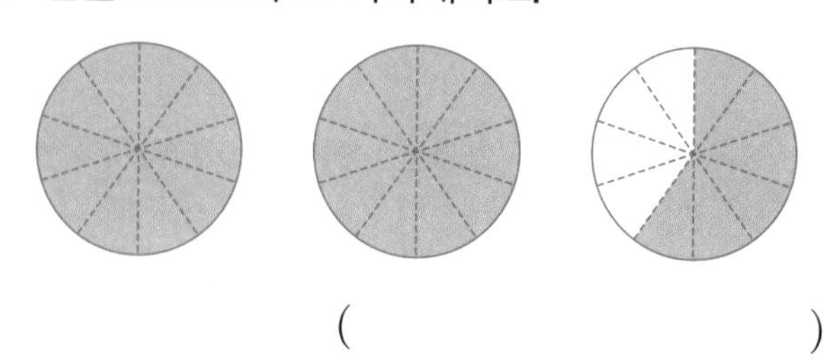

(　　　　　　　　)

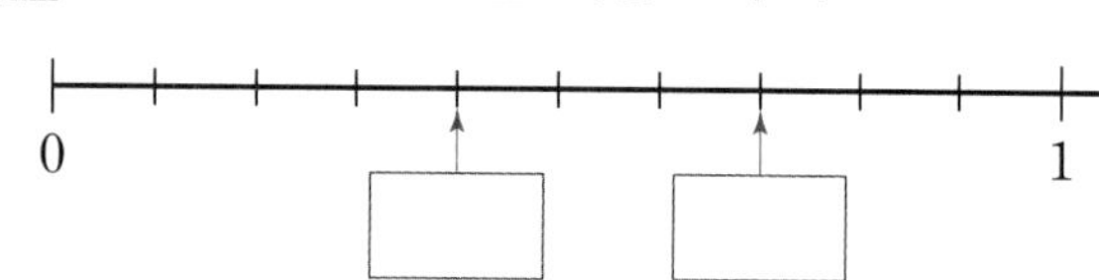

개념8 소수의 크기를 비교해 볼까요(1)

0.1이 몇 개인지 알고 비교합니다.

$0.2 < 0.7$

0.1이 2개　0.1이 7개

$2<7$

익힘책 유형

09 그림을 보고 ◯ 안에 $>$, $=$, $<$를 알맞게 써넣으시오.

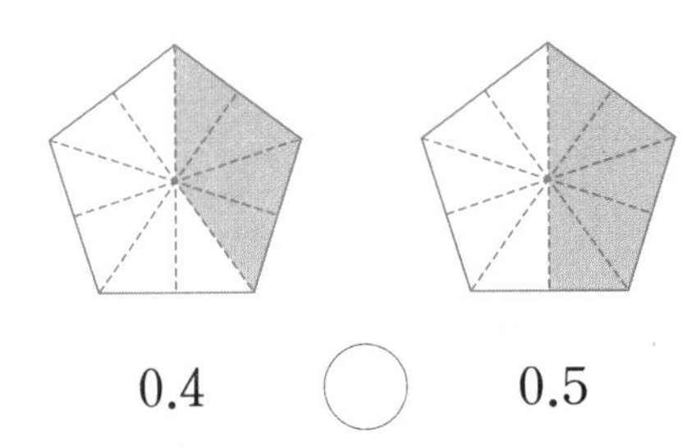

0.4 ◯ 0.5

10 소수의 크기 비교가 맞으면 ◯표, 틀리면 ×표 하시오.

$0.8>0.5$　　$0.6<0.3$　　$0.2<0.5$

(　　)　　(　　)　　(　　)

11 윤우네 집에서 학교, 병원, 도서관까지의 거리입니다. 윤우네 집에서 가장 먼 곳은 어디입니까?

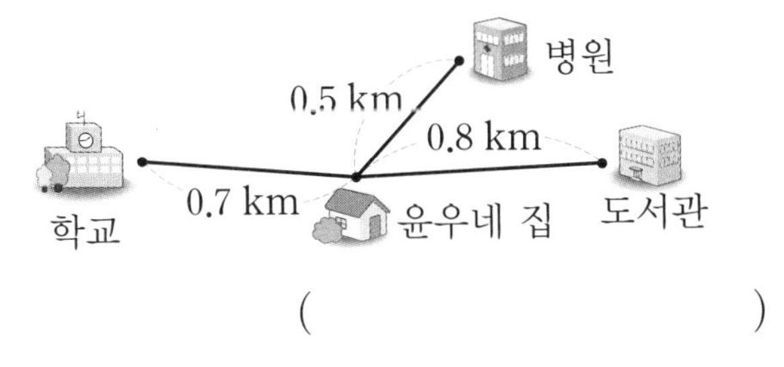

(　　　　　　　)

개념9 소수의 크기를 비교해 볼까요(2)

① 소수점 왼쪽의 수가 큰 쪽이 더 큽니다.

② 소수점 왼쪽의 수가 같으면 소수점 오른쪽의 수가 큰 쪽이 더 큽니다.

교과서 유형

12 □ 안에 알맞은 수를 써넣으시오.

3.2는 0.1이 □개, 3.7은 0.1이 □개이므로 3.2와 3.7 중에서 더 큰 소수는 □입니다.

13 나뭇잎에 물감을 묻혀서 찍었습니다. 지웅이가 찍은 나뭇잎의 길이는 6.8 cm이고 현우가 찍은 나뭇잎의 길이는 7.2 cm입니다. 누가 찍은 나뭇잎이 더 깁니까?

(　　　　　　　)

14 □ 안에 들어갈 수 있는 수를 모두 찾아 ◯표 하시오.

$3.\square > 3.5$

(1 , 2 , 3 , 4 , 5 , 6 , 7 , 8 , 9)

두 소수의 크기 비교할 때 주의하기

수 뒤에 단위가 있을 때는 단위를 똑같이 만든 뒤 크기를 비교합니다.

$7\text{ mm} < 0.3\text{ cm}$ ⇨ $0.7\text{ cm} > 0.3\text{ cm}$

(×)　　(◯)

[01~02] 그림을 보고 물음에 답하시오.

가 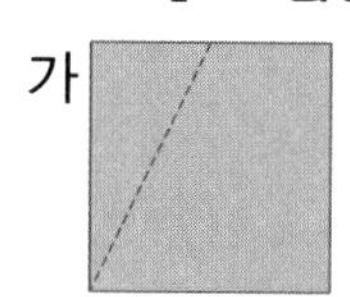 나 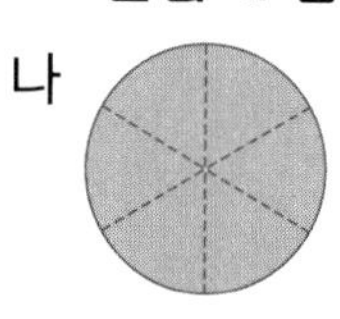 다 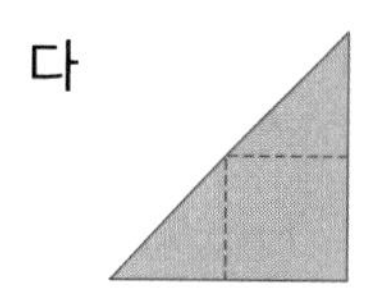

라 마 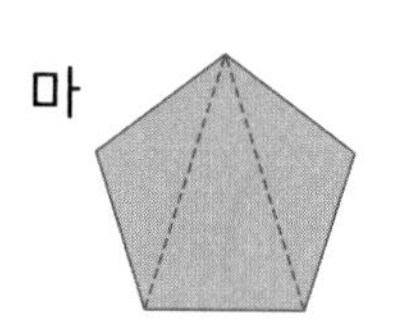 바 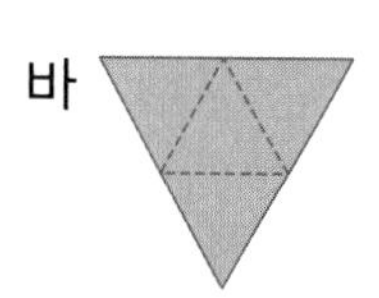

01 똑같이 나누어진 도형을 모두 찾아 기호를 쓰시오.

( )

02 똑같이 여섯으로 나누어진 도형을 찾아 기호를 쓰시오.

( )

03 그림을 보고 □ 안에 알맞은 수를 써넣으시오.

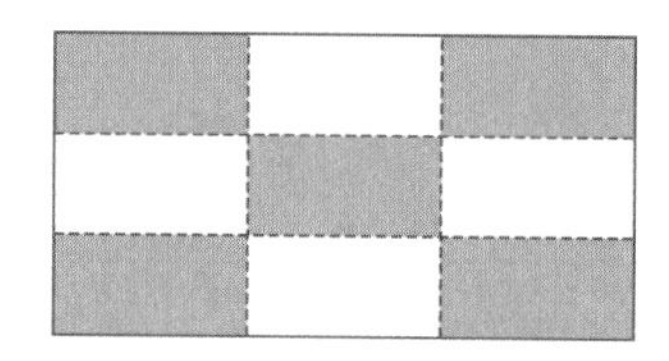

색칠한 부분은 전체를 똑같이 □로 나눈 것 중의 □입니다.

04 보기와 같은 분수는 어느 것입니까? ( )

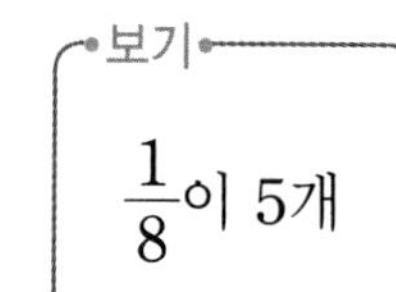

① $\frac{1}{8}$ ② $\frac{1}{5}$ ③ $\frac{8}{5}$ ④ $\frac{5}{8}$ ⑤ $\frac{3}{8}$

05 성훈이와 동현이는 $\frac{1}{4}$을 다음과 같이 나타내었습니다. 바르게 나타낸 사람은 누구입니까?

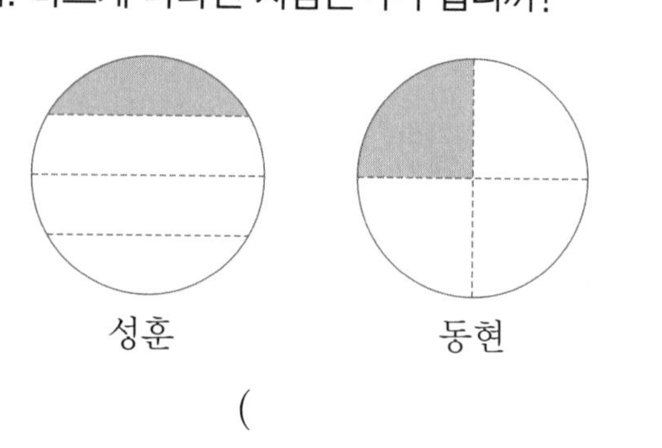

( )

06 민호는 어느 나라 국기를 그리려고 합니까?

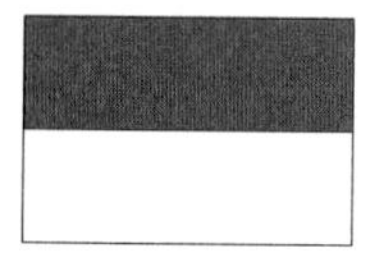
인도네시아

프랑스

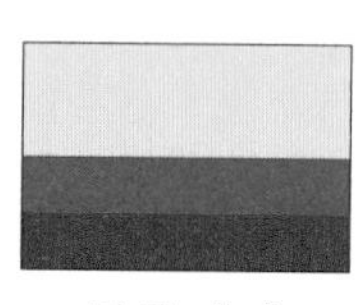
콜롬비아

( )

07 길이가 같은 것끼리 선으로 이어 보시오.

4 mm •	• 0.7 cm
7 mm •	• 0.2 cm
2 mm •	• 0.4 cm

08 분수만큼 색칠하시오.

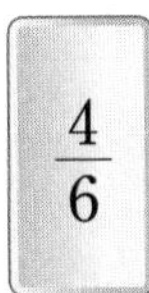

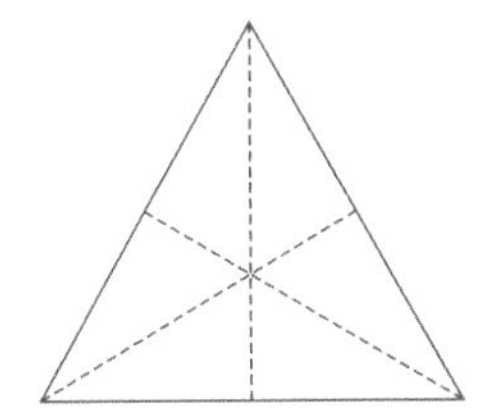

[09~10] 두 수의 크기를 비교하여 ○ 안에 >, =, <를 알맞게 써넣으시오.

09 (1) $\frac{5}{7}$ ○ $\frac{6}{7}$ (2) $\frac{1}{5}$ ○ $\frac{1}{15}$

10 (1) 2.7 ○ 4.3 (2) 0.6 ○ $\frac{2}{10}$

11 더 큰 수를 찾아 기호를 쓰려고 합니다. 풀이 과정을 완성하고 답을 구하시오.

㉠ 0.7 ㉡ 0.1이 5개인 수

풀이 ㉡ 0.1이 5개이면 □입니다.

따라서 ㉠과 ㉡ 중 더 큰 수는 □입니다.

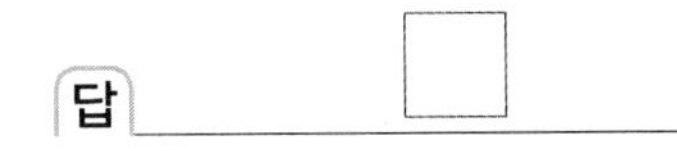

[12~13] 그림을 보고 물음에 답하시오.

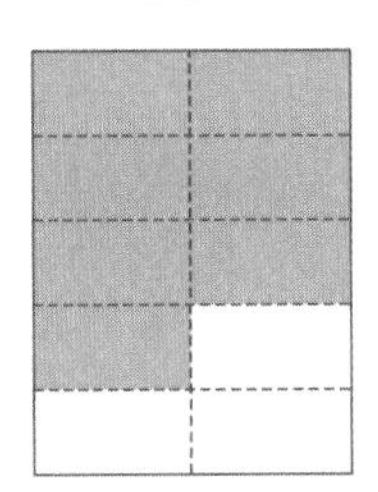

12 전체에 대하여 색칠한 부분을 분수와 소수로 각각 나타내시오.

분수 (　　　　　　　　)

소수 (　　　　　　　　)

13 전체에 대하여 색칠하지 않은 부분을 분수와 소수로 각각 나타내시오.

분수 (　　　　　　　　)

소수 (　　　　　　　　)

14 가로가 0.3 m이고 세로가 0.4 m인 직사각형이 있습니다. 이 직사각형의 가로와 세로 중 어느 것이 더 짧습니까?

(　　　　　　　　)

15 고대 이집트인들이 나타낸 분수입니다. 이 중 단위분수는 모두 몇 개입니까?

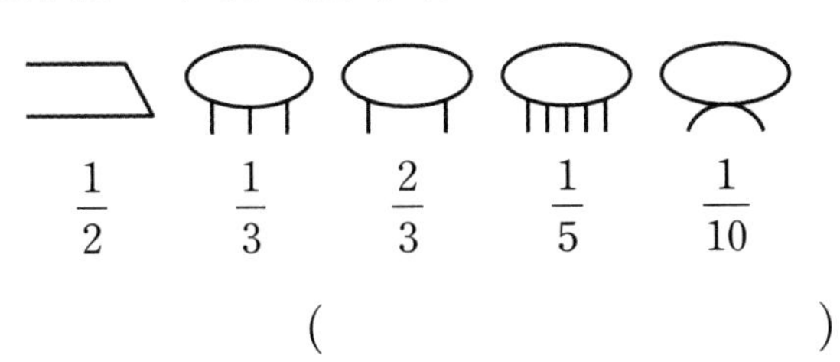

(　　　　　　　　)

6 분수와 소수

정답은 39쪽

16 전체에 알맞은 도형을 모두 찾아 기호를 쓰시오.

전체를 똑같이 6으로 나눈 것 중의 3입니다.

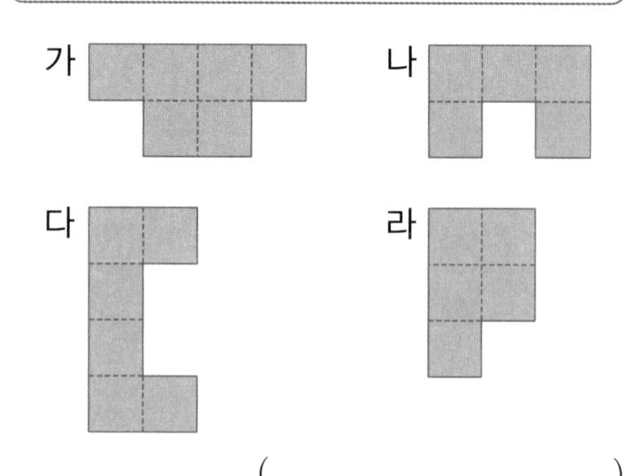

( )

유사 문제

17 □ 안에 들어갈 수 있는 수를 모두 찾아 ○표 하시오.

0.□ < 0.5

(1 , 2 , 3 , 4 , 5 , 6 , 7 , 8 , 9)

18 가장 큰 수를 찾아 기호를 쓰시오.

㉠ 4.6　　㉡ 4와 $\frac{3}{10}$

㉢ 0.1이 48개인 수

( )

19 일기예보에서 (2)오늘 내린다고 한 비의 양은 몇 cm인지 소수로 / 나타내시오.

( )

해결의 법칙

(1) 1 mm는 분수로 $\frac{1}{10}$ cm, 소수로 0.1 cm입니다.

(2) 35 mm는 소수로 몇 cm인지 알아봅니다.

20 (1)분모가 10인 분수 / 중에서 (2)$\frac{4}{10}$보다 크고 $\frac{8}{10}$보다 작은 분수/는 모두 몇 개입니까?

( )

(1) 분모가 10인 분수는 $\frac{■}{10}$입니다.

(2) $\frac{4}{10}$와 $\frac{8}{10}$은 포함되지 않습니다.

QR 코드를 찍어 게임을 해 보고
이번 단원을 확실히 익혀 보세요!

정답은 39쪽

1 도화지의 크기를 나타내는 말로 전지, 2절지, 4절지, 8절지, 16절지 등이 있습니다. 전지를 똑같이 2로 나누면 2절지, 전지를 똑같이 4로 나누면 4절지, 전지를 똑같이 8로 나누면 8절지, 전지를 똑같이 16으로 나누면 16절지입니다. □ 안에 알맞은 도화지의 크기를 써넣으시오.

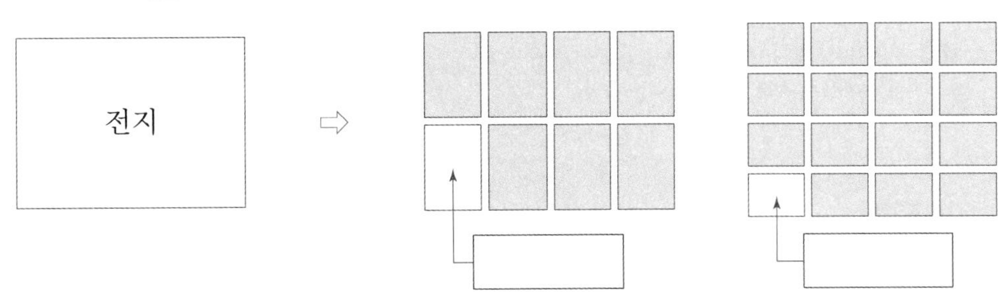

2 두 사람의 대화를 읽고 빈 곳에 알맞은 문장을 써넣으시오.

3 도연이와 현주의 키를 소수로 나타내고, 누가 더 큰지 알아보시오.

도연이의 키: □ cm　　현주의 키: □ cm

키가 더 큰 사람 (　　　　　　)

6 분수와 소수

밀고, 돌리고

테트리스는 정사각형 4개를 붙여 만든 블록들을 밀거나 돌려서 쌓는 게임입니다. 게임 방법은 다음과 같습니다.

게임 방법

첫째, 블록을 밀거나 돌려서 쌓습니다.

둘째, 줄이 채워지면 그 줄에 있는 블록들이 사라집니다.

주의

비어 있는 칸이 있으면 그 줄의 블록들은 사라지지 않고 계속 위로 쌓이고 블록이 천장에 닿으면 게임은 끝납니다.

또 테트리스에서는 밀기와 돌리기는 할 수 있지만 뒤집기는 할 수 없습니다.

4학년 1학기 "평면도형의 이동"에서 자세히 배웁니다.

다음 테트리스 조각을 여러 번 사용하여 맨 아래 세 줄이 사라지게 해 보세요.

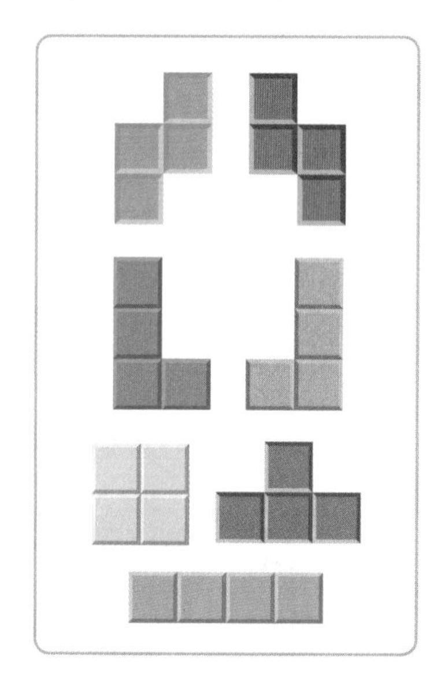

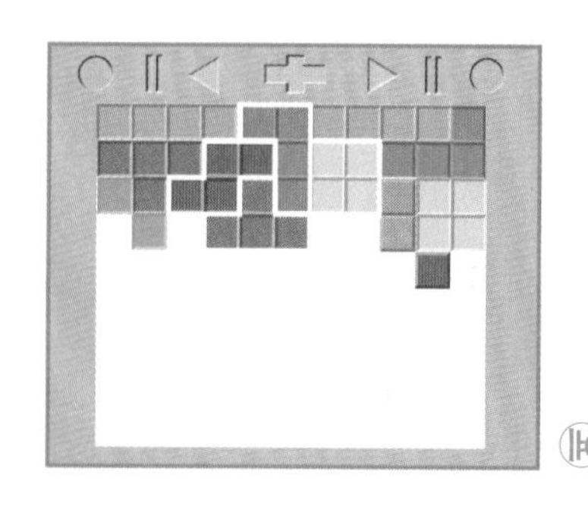

정답

힘이 되는
좋은 말

나는 그 누구보다도 실수를 많이 한다. 그리고 그 실수들 대부분에서 특허를 받아낸다.

I make more mistakes than anybody
and get a patent from those mistakes.

토마스 에디슨

실수는 '이제 난 안돼, 끝났어'라는 의미가 아니에요.
성공에 한 발자국 가까이 다가갔으니, 더 도전해보면 성공할 수 있다는
메시지랍니다. 그러니 실수를 두려워하지 마세요.

모든 개념을
다 보는
해결의 법칙

개념 해결의 법칙

꼼꼼 풀이집

수학

3·1

천재교육

개념 해결의 법칙

꼼꼼 풀이집

3-1

3~4학년군 수학①

꼼꼼 풀이집

1 덧셈과 뺄셈

1 STEP 개념 파헤치기 10~17쪽

11쪽

1-1 예) 350, 예) 590
2-1 500, 80, 8, 588 ; 88, 500, 588
3-1 예) 2

1-2 예) 520, 예) 670
2-2 600, 60, 9, 669 ; 69, 600, 669
3-2 예) 1

13쪽

1-1 358
2-1 8, 6, 6
3-1 (1) 489 (2) 864

1-2 536
2-2 (1) 688 (2) 818 (3) 499 (4) 869
3-2 698

15쪽

1-1 451
2-1 (위부터) 1, 9, 7, 2
3-1 (1) 865 (2) 491

1-2 792
2-2 (1) 892 (2) 675 (3) 493 (4) 886
3-2 670

17쪽

1-1 633
2-1 (1) (위부터) 1, 1, 4, 4, 3
(2) (위부터) 1, 1, 6, 6, 0
3-1 763

1-2 1304
2-2 (1) (위부터) 1, 1, 1, 3, 5, 2
(2) (위부터) 1, 1, 1, 4, 5, 2
3-2 (1) 1463
(2) 1311

11쪽

1-1 생각 열기 몇백 또는 몇백 몇십으로 어림하여 계산합니다.
352는 350, 400으로 어림할 수 있습니다.

주의
어림 전략을 세워서 어림해 보는 것은 의사 결정 능력을 키울 수 있습니다. 어림을 하는 방법도 학생들마다 각각 다르고 상황에 따라 기준도 달라지기 때문에 어림을 할 때에는 정답을 요구하기보다는 다양한 가능성을 열어 두어야 합니다.

1-2 523을 520, 500, 550 등 다양한 수로 어림할 수 있습니다.

2-1 일의 자리부터 더하는 방법으로도 계산할 수 있습니다.
예) [일의 자리부터 더해 계산하기]
6+2=8, 30+50=80, 200+300=500이므로
236+352=588입니다.

2-2 일의 자리부터 더하는 방법으로도 계산할 수 있습니다.
예) [일의 자리부터 더해 계산하기]
6+3=9, 40+20=60, 100+500=600이므로
146+523=669입니다.

3-1~3-2 어림한 값과 실제 계산한 값을 비교해 봅니다.

13쪽

1-1 일 모형끼리 더하면 8개, 십 모형끼리 더하면 5개, 백 모형끼리 더하면 3개입니다.

1-2 일 모형끼리 더하면 6개, 십 모형끼리 더하면 3개, 백 모형끼리 더하면 5개입니다.

2-1 $\begin{array}{r} 654 \\ +\,212 \\ \hline 866 \end{array}$

일의 자리: 4+2=6
십의 자리: 5+1=6
백의 자리: 6+2=8

2-2 (1) $\begin{array}{r} 425 \\ +\,263 \\ \hline 688 \end{array}$ (2) $\begin{array}{r} 207 \\ +\,611 \\ \hline 818 \end{array}$

(3) $\begin{array}{r} 387 \\ +\,112 \\ \hline 499 \end{array}$ (4) $\begin{array}{r} 546 \\ +\,323 \\ \hline 869 \end{array}$

3-1 (1) $\begin{array}{r} 167 \\ +\,322 \\ \hline 489 \end{array}$ (2) $\begin{array}{r} 741 \\ +\,123 \\ \hline 864 \end{array}$

3-2 $\begin{array}{r} 578 \\ +\,120 \\ \hline 698 \end{array}$

15쪽

1-1 일 모형끼리 더하면 11개이므로 일 모형 10개를 십 모형 1개로 바꾸면 일 모형은 1개가 남습니다.
십 모형끼리 더하면 5개, 백 모형끼리 더하면 4개입니다.

2-1
$$\begin{array}{r} 1 \\ 827 \\ +\,145 \\ \hline 2 \end{array} \Rightarrow \begin{array}{r} 1 \\ 827 \\ +\,145 \\ \hline 72 \end{array} \Rightarrow \begin{array}{r} 1 \\ 827 \\ +\,145 \\ \hline 972 \end{array}$$

2-2 (1)
$$\begin{array}{r} 1 \\ 469 \\ +\,423 \\ \hline 892 \end{array}$$
(2)
$$\begin{array}{r} 1 \\ 147 \\ +\,528 \\ \hline 675 \end{array}$$
(3)
$$\begin{array}{r} 1 \\ 384 \\ +\,109 \\ \hline 493 \end{array}$$
(4)
$$\begin{array}{r} 1 \\ 728 \\ +\,158 \\ \hline 886 \end{array}$$

3-1 (1)
$$\begin{array}{r} 1 \\ 627 \\ +\,238 \\ \hline 865 \end{array}$$
(2)
$$\begin{array}{r} 1 \\ 234 \\ +\,257 \\ \hline 491 \end{array}$$

3-2
$$\begin{array}{r} 1 \\ 547 \\ +\,123 \\ \hline 670 \end{array}$$

17쪽

1-1 일 모형끼리 더하면 13개이므로 일 모형 10개를 십 모형 1개로 바꾸면 일 모형은 3개가 남습니다.
십 모형끼리 더하면 13개이므로 십 모형 10개를 백 모형 1개로 바꾸면 십 모형은 3개가 남습니다.
백 모형끼리 더하면 6개입니다.

1-2 일 모형끼리 더하면 14개이므로 일 모형 10개를 십 모형 1개로 바꾸면 일 모형은 4개가 남습니다.
십 모형끼리 더하면 10개이므로 십 모형 10개를 백 모형 1개로 바꿉니다.
백 모형끼리 더하면 13개이므로 백 모형 10개를 천 모형 1개로 바꿉니다.

2-1 (1)
$$\begin{array}{r} 11 \\ 164 \\ +\,279 \\ \hline 443 \end{array}$$
(2)
$$\begin{array}{r} 11 \\ 376 \\ +\,284 \\ \hline 660 \end{array}$$

2-2 (1)
$$\begin{array}{r} 11 \\ 387 \\ +\,965 \\ \hline 1352 \end{array}$$
(2)
$$\begin{array}{r} 11 \\ 583 \\ +\,869 \\ \hline 1452 \end{array}$$

3-1
$$\begin{array}{r} 11 \\ 167 \\ +\,596 \\ \hline 763 \end{array}$$

3-2 (1)
$$\begin{array}{r} 11 \\ 485 \\ +\,978 \\ \hline 1463 \end{array}$$
(2)
$$\begin{array}{r} 11 \\ 426 \\ +\,885 \\ \hline 1311 \end{array}$$

2 STEP 개념 확인하기 18~19쪽

01 8, 60, 500, 568
02 68, 500, 568
03 팔랑이
04 (1) 686 (2) 639
05 709
06 <
07 658 m
08 (1) 692 (2) 991
09 894
10
$$\begin{array}{r} 1 \\ 329 \\ +\,561 \\ \hline 890 \end{array}$$
11 (1) 640 (2) 1424
12 633
13 1614 m

03 34와 24를 더하고 300과 100을 더한 후 두 수의 합을 구해야 합니다. 따라서 **팔랑이**가 잘못 설명했습니다.

04 (1)
$$\begin{array}{r} 314 \\ +\,372 \\ \hline 686 \end{array}$$
(2)
$$\begin{array}{r} 226 \\ +\,413 \\ \hline 639 \end{array}$$

05
$$\begin{array}{r} 608 \\ +\,101 \\ \hline 709 \end{array}$$

06 $546+233=779$ ⇨ 779 ⓘ(<) 797

07 **생각 열기** 재석이네 집에서 병원까지의 거리와 병원에서 도서관까지의 거리를 더합니다.
(재석이네 집~병원~도서관)
=(재석이네 집~병원)+(병원~도서관)
$=435+223=658$ (m)

08 **생각 열기** 일의 자리에서 받아올림이 있으면 십의 자리에 받아올려 계산합니다.
(1)
$$\begin{array}{r} 1 \\ 486 \\ +\,206 \\ \hline 692 \end{array}$$
(2)
$$\begin{array}{r} 1 \\ 434 \\ +\,557 \\ \hline 991 \end{array}$$

09
$$\begin{array}{r} 1 \\ 748 \\ +\,146 \\ \hline 894 \end{array}$$

10 십의 자리에 받아올려 계산하지 않았습니다.

11 (1)
$$\begin{array}{r} {}^{1\,1} \\ 386 \\ +\,254 \\ \hline 640 \end{array}$$
(2)
$$\begin{array}{r} {}^{1\,1} \\ 739 \\ +\,685 \\ \hline 1424 \end{array}$$

12
$$\begin{array}{r} {}^{1\,1} \\ 278 \\ +\,355 \\ \hline 633 \end{array}$$

13 (덕유산의 높이)=(북한산의 높이)+777
=837+777=1614 (m)
따라서 덕유산의 높이는 **1614 m**입니다.

STEP 1 개념 파헤치기 　20~27쪽

21쪽

1-1 예 420, 예 270	**1-2** 예 630, 예 320
2-1 200, 60, 2, 262 ; 62, 200, 262	**2-2** 300, 20, 1, 321 ; 21, 300, 321
3-1 예 8	**3-2** 예 1

23쪽

1-1 222	**1-2** 215
2-1 4, 2 ,2	**2-2** (1) 163 (2) 181 (3) 122 (4) 472
3-1 (1) 244 (2) 324	**3-2** 415

25쪽

1-1 334	**1-2** 319
2-1 (1) (위부터) 3, 10, 5, 2, 5 (2) (위부터) 8, 10, 2, 3, 3	**2-2** (1) 313 (2) 538 (3) 447 (4) 417
3-1 335	**3-2** 124

27쪽

1-1 248	**1-2** 266
2-1 (위부터) 4, 13, 10, 1, 7, 4	**2-2** (1) 177 (2) 266 (3) 679 (4) 88
3-1 (1) 156 (2) 178	**3-2**

21쪽

1-1 423을 420으로 어림하여 계산하면
690−420=270입니다.

1-2 626을 630으로 어림하여 계산하면
950−630=320입니다.

2-1 일의 자리부터 빼는 방법으로도 계산할 수 있습니다.
예 [일의 자리부터 빼 계산하기]
5−3=2, 80−20=60, 600−400=200이므로
685−423=262입니다.

2-2 일의 자리부터 빼는 방법으로도 계산할 수 있습니다.
예 [일의 자리부터 빼 계산하기]
7−6=1, 40−20=20, 900−600=300이므로
947−626=321입니다.

3-1~3-2 어림한 값과 실제 계산한 값을 비교해 봅니다.

23쪽

1-1 일 모형 5개를 빼면 2개, 십 모형 3개를 빼면 2개, 백 모형 2개를 빼면 2개가 남습니다.

1-2 수 모형이 나타내는 수가 548이므로
548−333=**215**입니다.

2-1
$$\begin{array}{r} 736 \\ -\,314 \\ \hline 422 \end{array}$$
일의 자리: 6−4=2
십의 자리: 3−1=2
백의 자리: 7−3=4

2-2 (1)
$$\begin{array}{r} 586 \\ -\,423 \\ \hline 163 \end{array}$$
(2)
$$\begin{array}{r} 293 \\ -\,112 \\ \hline 181 \end{array}$$
(3)
$$\begin{array}{r} 462 \\ -\,340 \\ \hline 122 \end{array}$$
(4)
$$\begin{array}{r} 786 \\ -\,314 \\ \hline 472 \end{array}$$

3-1 (1)
$$\begin{array}{r} 768 \\ -\,524 \\ \hline 244 \end{array}$$
(2)
$$\begin{array}{r} 625 \\ -\,301 \\ \hline 324 \end{array}$$

3-2 큰 수에서 작은 수를 뺍니다.
$$\begin{array}{r} 667 \\ -\,252 \\ \hline 415 \end{array}$$

25쪽

1-1 일 모형 8개를 뺄 수 없으므로 십 모형 1개를 일 모형 10개로 바꿔 8개를 빼면 4개가 남습니다.
십 모형 2개를 빼면 3개, 백 모형 5개를 빼면 3개가 남습니다.

1-2 일 모형 2개를 뺄 수 없으므로 십 모형 1개를 일 모형 10개로 바꿔 2개를 빼면 9개가 남습니다.
십 모형 4개를 빼면 1개, 백 모형 1개를 빼면 3개가 남습니다.

2-1 (1) $\begin{array}{rrrr} & & 3 & 10 \\ & 7 & \cancel{4} & 3 \\ - & 2 & 1 & 8 \\ \hline & 5 & 2 & 5 \end{array}$ (2) $\begin{array}{rrrr} & & 8 & 10 \\ & 6 & \cancel{9} & 2 \\ - & 4 & 5 & 9 \\ \hline & 2 & 3 & 3 \end{array}$

2-2 (1) $\begin{array}{rrrr} & & 2 & 10 \\ & 5 & \cancel{3} & 2 \\ - & 2 & 1 & 9 \\ \hline & 3 & 1 & 3 \end{array}$ (2) $\begin{array}{rrrr} & & 7 & 10 \\ & 7 & \cancel{8} & 3 \\ - & 2 & 4 & 5 \\ \hline & 5 & 3 & 8 \end{array}$

(3) $\begin{array}{rrrr} & & 5 & 10 \\ & 8 & \cancel{6} & 4 \\ - & 4 & 1 & 7 \\ \hline & 4 & 4 & 7 \end{array}$ (4) $\begin{array}{rrrr} & & 4 & 10 \\ & 5 & \cancel{5} & 6 \\ - & 1 & 3 & 9 \\ \hline & 4 & 1 & 7 \end{array}$

3-1 $\begin{array}{rrrr} & & 6 & 10 \\ & 5 & \cancel{7} & 4 \\ - & 2 & 3 & 9 \\ \hline & 3 & 3 & 5 \end{array}$ **3-2** $\begin{array}{rrrr} & & 4 & 10 \\ & 7 & \cancel{5} & 3 \\ - & 6 & 2 & 9 \\ \hline & 1 & 2 & 4 \end{array}$

27쪽

1-1 일 모형 9개를 뺄 수 없으므로 십 모형 1개를 일 모형 10개로 바꿔 9개를 빼면 8개가 남습니다.
십 모형 8개를 뺄 수 없으므로 백 모형 1개를 십 모형 10개로 바꿔 8개를 빼면 4개가 남습니다.
백 모형 2개를 빼면 2개가 남습니다.

1-2 일 모형 6개를 뺄 수 없으므로 십 모형 1개를 일 모형 10개로 바꿔 6개를 빼면 6개가 남습니다.
십 모형 8개를 뺄 수 없으므로 백 모형 1개를 십 모형 10개로 바꿔 8개를 빼면 6개가 남습니다.
백 모형 4개를 빼면 2개가 남습니다.

2-1 $\begin{array}{rrrr} & & 3 & 10 \\ & 5 & \cancel{4} & 3 \\ - & 3 & 6 & 9 \\ \hline & & & 4 \end{array}$ ⇨ $\begin{array}{rrrr} & 4 & 13 & 10 \\ & \cancel{5} & \cancel{4} & 3 \\ - & 3 & 6 & 9 \\ \hline & & 7 & 4 \end{array}$ ⇨ $\begin{array}{rrrr} & 4 & 13 & 10 \\ & \cancel{5} & \cancel{4} & 3 \\ - & 3 & 6 & 9 \\ \hline & 1 & 7 & 4 \end{array}$

2-2 (1) $\begin{array}{rrrr} & 5 & 12 & 10 \\ & \cancel{6} & \cancel{3} & 4 \\ - & 4 & 5 & 7 \\ \hline & 1 & 7 & 7 \end{array}$ (2) $\begin{array}{rrrr} & 7 & 15 & 10 \\ & \cancel{8} & \cancel{6} & 2 \\ - & 5 & 9 & 6 \\ \hline & 2 & 6 & 6 \end{array}$

(3) $\begin{array}{rrrr} & 8 & 14 & 10 \\ & \cancel{9} & \cancel{5} & 1 \\ - & 2 & 7 & 2 \\ \hline & 6 & 7 & 9 \end{array}$ (4) $\begin{array}{rrrr} & 1 & 17 & 10 \\ & \cancel{2} & \cancel{8} & 4 \\ - & 1 & 9 & 6 \\ \hline & & 8 & 8 \end{array}$

3-1 (1) $\begin{array}{rrrr} & 2 & 14 & 10 \\ & \cancel{3} & \cancel{5} & 4 \\ - & 1 & 9 & 8 \\ \hline & 1 & 5 & 6 \end{array}$ (2) $\begin{array}{rrrr} & 7 & 13 & 10 \\ & \cancel{8} & \cancel{4} & 5 \\ - & 6 & 6 & 7 \\ \hline & 1 & 7 & 8 \end{array}$

3-2 $\begin{array}{rrrr} & 8 & 9 & 10 \\ & \cancel{9} & 0 & 0 \\ - & 4 & 5 & 7 \\ \hline & & & 3 \end{array}$ ⇨ $\begin{array}{rrrr} & 8 & 9 & 10 \\ & \cancel{9} & 0 & 0 \\ - & 4 & 5 & 7 \\ \hline & & 4 & 3 \end{array}$ ⇨ $\begin{array}{rrrr} & 8 & 9 & 10 \\ & \cancel{9} & 0 & 0 \\ - & 4 & 5 & 7 \\ \hline & 4 & 4 & 3 \end{array}$

2 STEP 개념 확인하기 28~29쪽

01 5, 40, 300, 345 **02** 45, 300, 345

03 예 $9-1=8$, $70-50=20$, $600-200=400$ / 428

04 (1) 222 (2) 113 **05** 346

06 < **07** 214

08 (1) 215 (2) 409 **09** 219

10 339마리 **11**

12 176 **13** 377

04 (1) $\begin{array}{rrrr} & 3 & 7 & 4 \\ - & 1 & 5 & 2 \\ \hline & 2 & 2 & 2 \end{array}$ (2) $\begin{array}{rrrr} & 9 & 6 & 7 \\ - & 8 & 5 & 4 \\ \hline & 1 & 1 & 3 \end{array}$

05 $\begin{array}{rrrr} & 5 & 9 & 7 \\ - & 2 & 5 & 1 \\ \hline & 3 & 4 & 6 \end{array}$

06 $794-612=182$ ⇨ 182 ⃝< 190

07 $386-172=214$

08 (1) $$\begin{array}{r} {\scriptstyle 7\ 10\ \ } \\ 3\,\cancel{8}\,4 \\ -\,1\,6\,9 \\ \hline 2\,1\,5 \end{array}$$ (2) $$\begin{array}{r} {\scriptstyle 1\ 10\ \ } \\ 7\,\cancel{2}\,6 \\ -\,3\,1\,7 \\ \hline 4\,0\,9 \end{array}$$

09 생각 열기 큰 수에서 작은 수를 뺍니다.
547－328＝219

10 (장수풍뎅이의 수)＝(사슴벌레의 수)－146
＝485－146＝339(마리)

11 $$\begin{array}{r} {\scriptstyle 5\ 10\ 10} \\ \cancel{6}\,\cancel{1}\,3 \\ -\,2\,8\,7 \\ \hline 3\,2\,6 \end{array}$$, $$\begin{array}{r} {\scriptstyle 7\ 16\ 10} \\ \cancel{8}\,\cancel{7}\,4 \\ -\,4\,7\,8 \\ \hline 3\,9\,6 \end{array}$$

12 944－768＝176

13 삼각형 안에 있는 수: 742, 365
⇨ 742－365＝377

12 예 십의 자리에서 받아내림한 수를 빼지 않았습니다.
; $$\begin{array}{r} {\scriptstyle 5\ 10\ \ } \\ 6\,\cancel{6}\,5 \\ -\,1\,4\,7 \\ \hline 5\,1\,8 \end{array}$$

13 746－388＝358 ; 358
14 (위부터) 9, 7
15 374명, 401명
16 27명
17 373명, 402명
18 29명
19 186
20 1442

창의·융합 문제

❶ 로봇, 인형
❷ 예 5에 색칠, 예 4
❸

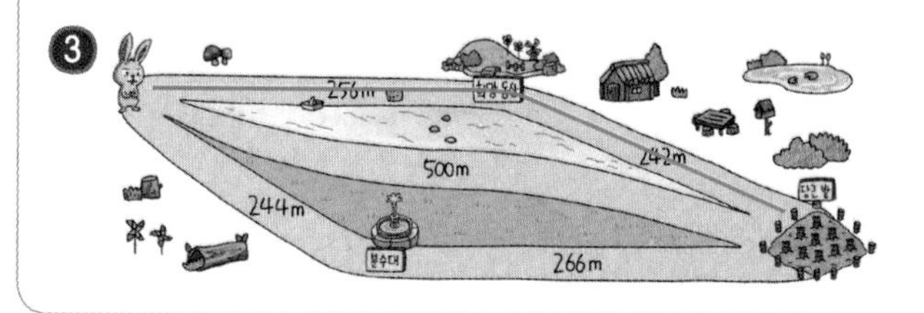

3 STEP 단원 마무리 평가 30~33쪽

01 (1) 224 (2) 227 (3) 589 (4) 646
02 472
03 예 250, 예 130, 예 380
04 88, 300, 388, 예 8
05

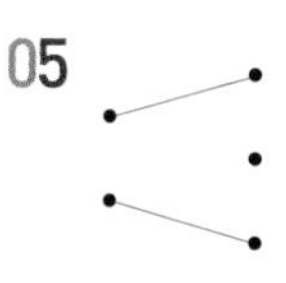

06 (위부터) 692, 423
07 ②
08 309석
09 ＞
10 364 cm
11 방법 1 예 4－1＝3,
90－80＝10,
700－100＝600
⇨ 794－181＝613

방법 2 예 94－81＝13,
700－100＝600
⇨ 794－181＝613

01 (1) $$\begin{array}{r} 7\,3\,8 \\ -\,5\,1\,4 \\ \hline 2\,2\,4 \end{array}$$ (2) $$\begin{array}{r} {\scriptstyle 4\ 10} \\ 6\,\cancel{5}\,0 \\ -\,4\,2\,3 \\ \hline 2\,2\,7 \end{array}$$

(3) $$\begin{array}{r} 3\,6\,4 \\ +\,2\,2\,5 \\ \hline 5\,8\,9 \end{array}$$ (4) $$\begin{array}{r} {\scriptstyle 1\ 1\ \ } \\ 1\,8\,7 \\ +\,4\,5\,9 \\ \hline 6\,4\,6 \end{array}$$

02 수 모형이 나타내는 수: 315

⇨ $$\begin{array}{r} {\scriptstyle 1\ \ } \\ 3\,1\,5 \\ +\,1\,5\,7 \\ \hline 4\,7\,2 \end{array}$$

05 $$\begin{array}{r} {\scriptstyle 6\ 10} \\ 4\,\cancel{7}\,2 \\ -\,1\,5\,7 \\ \hline 3\,1\,5 \end{array}$$, $$\begin{array}{r} {\scriptstyle 1\ \ } \\ 1\,2\,8 \\ +\,2\,3\,6 \\ \hline 3\,6\,4 \end{array}$$

06 $$\begin{array}{r} {\scriptstyle 1\ \ } \\ 2\,5\,4 \\ +\,4\,3\,8 \\ \hline 6\,9\,2 \end{array}$$, $$\begin{array}{r} {\scriptstyle 1\ 1\ \ } \\ 2\,5\,4 \\ +\,1\,6\,9 \\ \hline 4\,2\,3 \end{array}$$

07 10이 13개 있다는 뜻이므로 실제로 나타내는 수는 130입니다.

08 (선택할 수 없는 좌석 수)
=(총 좌석 수)−(선택할 수 있는 좌석 수)
=417−108=**309(석)**

09 253+216=469, 678−245=433
⇨ 469>433

10 6 m=600 cm
⇨ 600−236=**364 (cm)**

11 백의 자리부터 빼는 방법으로도 계산할 수 있습니다.
예 [백의 자리부터 빼 계산하기]
700−100=600, 90−80=10, 4−1=3이므로
794−181=613입니다.

12 서술형 가이드 십의 자리에서 받아내림이 있는 계산을 할 수 있는지 확인합니다.

채점 기준		
	이유를 쓰고 바르게 고쳐 계산함.	상
	이유를 썼으나 바르게 고쳐 계산하지 못함.	중
	이유를 몰라 바르게 고쳐 계산하지 못함.	하

참고
십의 자리에서 받아내림한 수를 빼지 않았다는 의미의 설명이면 모두 정답으로 인정합니다.

13 가장 큰 수: 746
가장 작은 수: 388
서술형 가이드 세 자리 수의 뺄셈을 할 수 있는지 확인합니다.

채점 기준		
	식 746−388=358을 쓰고 답을 바르게 구함.	상
	식 746−388만 썼음.	중
	식을 쓰지 못함.	하

14 일의 자리: 3+□=12, □=**9**
십의 자리: 1+4+2=□, □=**7**

15 3학년: (3학년 여학생 수)+(3학년 남학생 수)
=176+198=**374(명)**
4학년: (4학년 여학생 수)+(4학년 남학생 수)
=197+204=**401(명)**

16 생각 열기 위의 15에서 구한 4학년 학생 수에서 3학년 학생 수를 뺍니다.
401−374=**27(명)**

17 (여학생 수)=(3학년 여학생 수)+(4학년 여학생 수)
=176+197=**373(명)**
(남학생 수)=(3학년 남학생 수)+(4학년 남학생 수)
=198+204=**402(명)**

18 생각 열기 위의 17에서 구한 전체 남학생 수에서 전체 여생 수를 뺍니다.
402−373=**29(명)**

19 ㉠이 나타내는 수를 세 자리 수로 써 보면 364이고
㉡이 나타내는 수를 세 자리 수로 써 보면 178입니다.
⇨ 364−178=**186**

참고
- 100이 ■개, 10이 ▲개, 1이 ●개이면 세 자리 수 ■▲●입니다.
- 세 자리 수 ■▲●는 100이 ■개, 10이 ▲개, 1이 ●개인 수입니다.

20 어떤 수를 ■라 하면 잘못 계산한 식은
■−558=326이므로 어떤 수는 ■=326+558,
■=884입니다.
따라서 바르게 계산하면 884+558=**1442**입니다.

창의·융합 문제

❶ 두 물건값의 합의 십의 자리 숫자가 2인 경우를 찾아 봅니다.
(로봇)+(인형)=740+680=1420(원)
(옷)+(신발)=950+870=1820(원)
이 중에서 물건값의 합이 1420원인 경우는 **로봇**과 **인형**을 샀을 때입니다.

❷ 792−348=444이므로 5를 4로 바꿔야 합니다.
또는 792−358=434이므로 4를 3으로 바꿀 수도 있습니다.

❸ 토끼 → 희망 동산 → 당근 밭: 256+242=498 (m)
토끼 → 당근 밭: 500 m
토끼 → 분수대 → 당근 밭: 244+266=510 (m)
⇨ 498<500<510
따라서 가장 짧은 거리는 희망 동산을 거쳐서 가는 길입니다.

2 평면도형

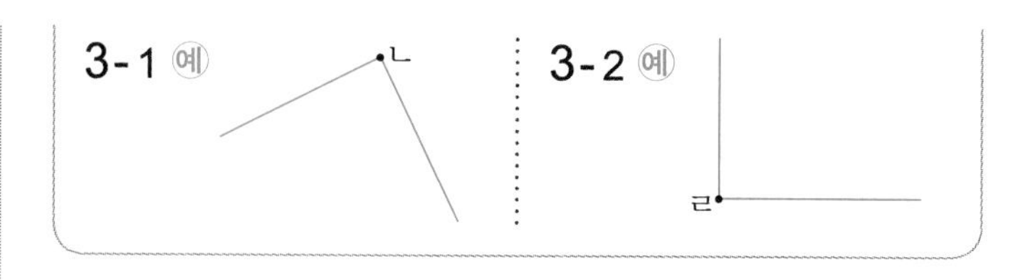

1 STEP 개념 파헤치기 36~41쪽

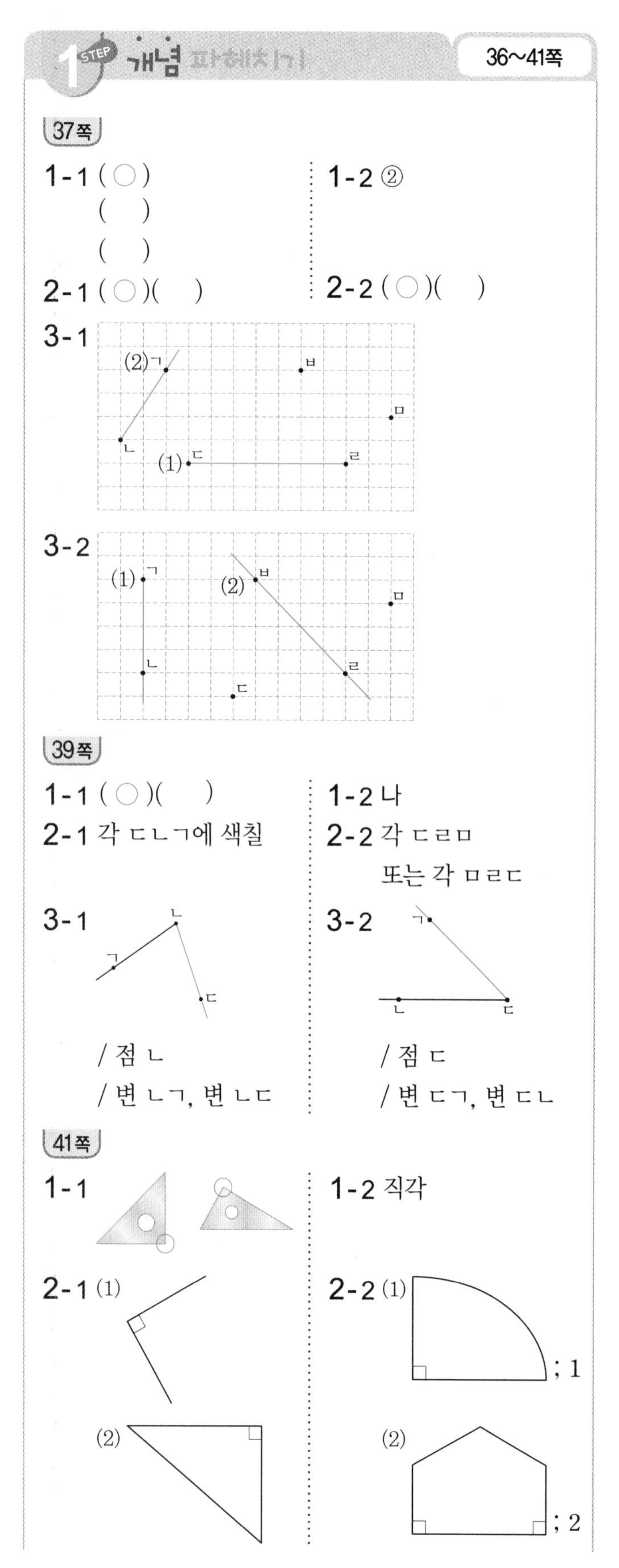

37쪽

1-1 선분을 양쪽으로 끝없이 늘인 곧은 선을 찾습니다.

⇨ 시작점이 있으므로 직선이 아닙니다.

⇨ 양쪽으로 끝이 있으므로 직선이 아닙니다.

1-2 한 점에서 시작하여 한쪽으로 끝없이 늘인 곧은 선을 찾으면 ②입니다.

2-1 점 ㄱ과 점 ㄴ을 곧게 이은 선을 선분 ㄱㄴ 또는 선분 ㄴㄱ이라고 합니다.

참고

선분은

- 두 점을 곧게 이은 선이므로 두 점 사이의 가장 짧은 길이입니다.
- 직선의 일부분으로 선분의 양쪽에는 끝점이 있습니다.
- 선분으로 둘러싸인 도형에서의 선분을 변이라고 합니다.

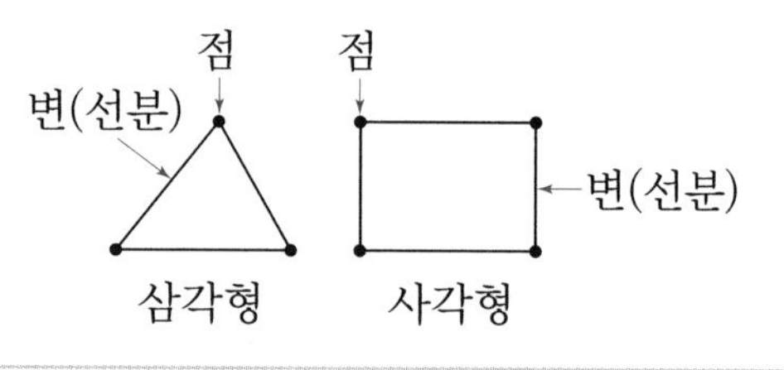

2-2 점 ㄱ에서 시작하여 점 ㄴ을 지나는 반직선을 반직선 ㄱㄴ이라고 합니다.

3-1 (1) 점 ㄷ과 점 ㄹ을 곧게 이은 선을 그립니다.
(2) 점 ㄴ에서 시작하여 점 ㄱ을 지나는 반직선을 그립니다.

3-2 (1) 점 ㄱ에서 시작하여 점 ㄴ을 지나는 반직선을 그립니다.
(2) 점 ㄹ과 점 ㅂ을 지나는 양쪽으로 끝없이 늘인 곧은 선을 그립니다.

39쪽

1-1 각은 한 점에서 그은 두 반직선으로 이루어진 도형입니다.

1-2 한 점에서 그은 두 반직선으로 이루어진 도형을 찾으면 **나**입니다.
가: 두 직선이 한 점에서 만나지 않으므로 각이 아닙니다.
다: 굽은 선이 있으므로 각이 아닙니다.

2-1 생각 열기 각의 꼭짓점은 반직선이 시작되는 점입니다.
꼭짓점이 점 ㄴ이므로 각 ㄱㄴㄷ 또는 각 ㄷㄴㄱ이라고 읽습니다.

2-2 꼭짓점이 점 ㄹ이므로 **각 ㄷㄹㅁ** 또는 **각 ㅁㄹㄷ**이라고 읽습니다.

3-1 각 ㄱㄴㄷ은 점 ㄴ에서 반직선 ㄴㄱ과 반직선 ㄴㄷ을 그은 각입니다.
따라서 각의 꼭짓점은 **점 ㄴ**, 각의 변은 **변 ㄴㄱ**, **변 ㄴㄷ**입니다.

3-2 각 ㄴㄷㄱ은 점 ㄷ에서 반직선 ㄷㄴ과 반직선 ㄷㄱ을 그은 각입니다.
따라서 각의 꼭짓점은 **점 ㄷ**, 각의 변은 **변 ㄷㄱ**, **변 ㄷㄴ**입니다.

41쪽

1-1 참고
각이 없는 종이를 이용하여 직각 만들기
앞에서 접은 부분에 맞닿도록 반듯하게 다시 접어 줍니다.

1-2 삼각자 한 곳에는 직각이 있습니다.

2-1 각에 직각 삼각자를 대었을 때 직각 삼각자의 직각인 부분과 꼭 맞게 겹쳐지는 각을 찾아 표시합니다.

2-2

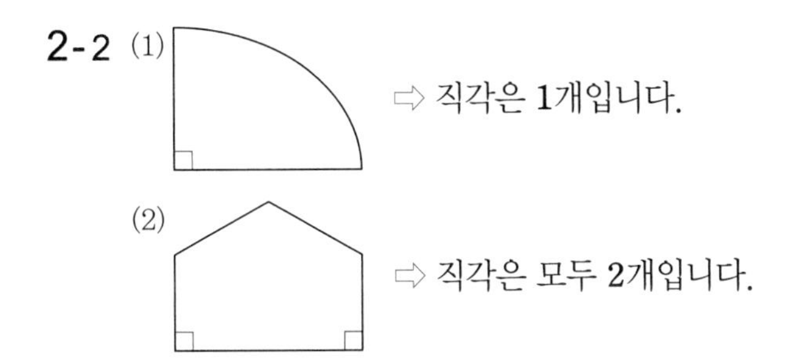

(1) ⇨ 직각은 1개입니다.
(2) ⇨ 직각은 모두 2개입니다.

2 STEP 개념 확인하기 42~43쪽

01 선분 ㄱㄴ 또는 선분 ㄴㄱ, 선분 ㅅㅇ 또는 선분 ㅇㅅ
02 반직선 ㅁㅂ, 반직선 ㅈㅊ
03 직선 ㄷㄹ 또는 직선 ㄹㄷ
04

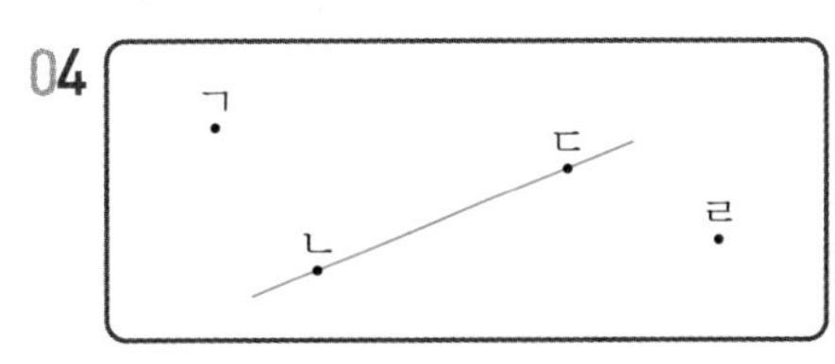

05 한 점에서 시작하여 한쪽으로 끝없이 늘인 곧은 선
06

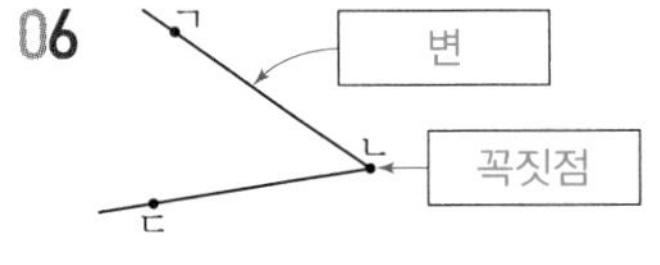

07

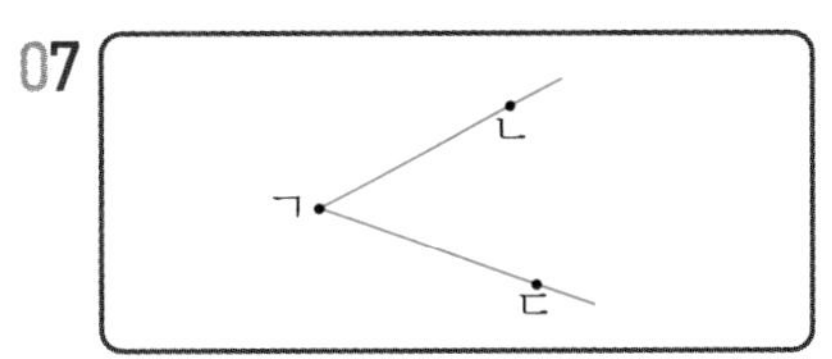

08 다, 나, 가

09 예 반직선 2개로 이루어져 있어야 하는데 굽은 선이 있습니다.

10

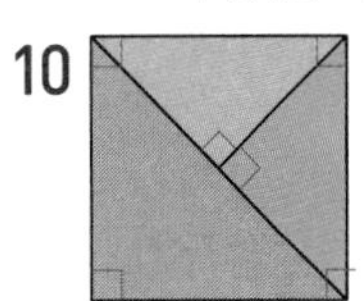

11

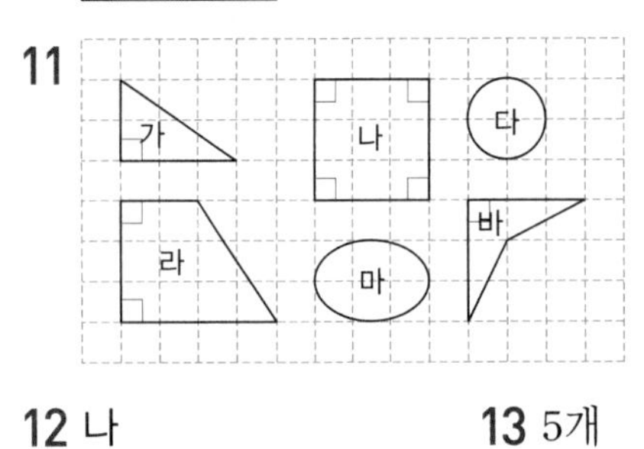

12 나　　**13** 5개

01 두 점을 곧게 이은 선을 모두 찾으면 **선분 ㄱㄴ** 또는 **선분 ㄴㄱ**, **선분 ㅅㅇ** 또는 **선분 ㅇㅅ**입니다.

02 한 점에서 시작하여 한쪽으로 끝없이 늘인 곧은 선을 모두 찾으면 **반직선 ㅁㅂ**, **반직선 ㅈㅊ**입니다.

주의
반직선 ㅂㅁ, 반직선 ㅊㅈ이라고 쓰지 않도록 주의합니다.

03 선분을 양쪽으로 끝없이 늘인 곧은 선을 찾으면 **직선 ㄷㄹ** 또는 **직선 ㄹㄷ**입니다.

04 점 ㄴ과 점 ㄷ을 지나는 양쪽으로 끝없이 늘인 곧은 선을 그립니다.

05 • 두 점을 곧게 이은 선으로 직선의 일부분 ⇨ 선분
• 선분을 양쪽으로 끝없이 늘인 곧은 선 ⇨ 직선

06 반직선이 시작되는 점을 각의 **꼭짓점**이라 하고 두 반직선을 각의 **변**이라고 합니다.

07 점 ㄱ이 꼭짓점이 되도록 그립니다.

08
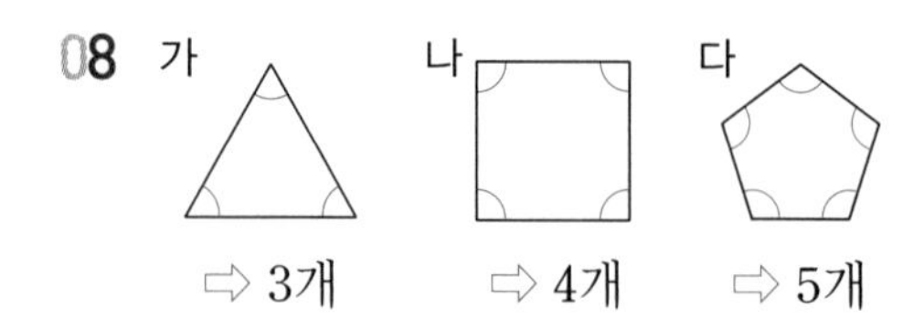

⇨ 3개 ⇨ 4개 ⇨ 5개

09 서술형 가이드 각이 한 점에서 그은 두 반직선으로 이루어진 도형임을 알고 있어야 합니다.

채점 기준		
	이유를 바르게 썼음.	상
	이유를 썼으나 미흡함.	중
	이유를 잘못 씀.	하

10 각에 직각 삼각자를 대었을 때 직각 삼각자의 직각인 부분과 꼭 맞게 겹쳐지는 각을 찾습니다.

11 각에 직각 삼각자를 대었을 때 직각 삼각자의 직각인 부분과 꼭 맞게 겹쳐지는 각을 찾습니다.

참고

모눈종이의 사각형들을 이용하면 직각 삼각자를 이용하지 않아도 직각을 그리거나 확인할 수 있습니다.

12 가, 바: 1개 라: 2개 나: 4개 다, 마: 없음
⇨ 직각의 수가 가장 많은 도형은 **나**입니다.

13 직각 삼각자의 직각인 부분을 이용하여 직각을 찾아보면 모두 5개입니다.

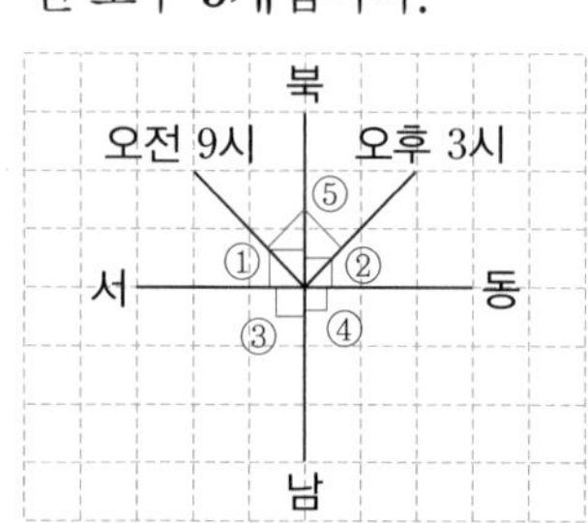

1 STEP 개념 파헤치기 44~49쪽

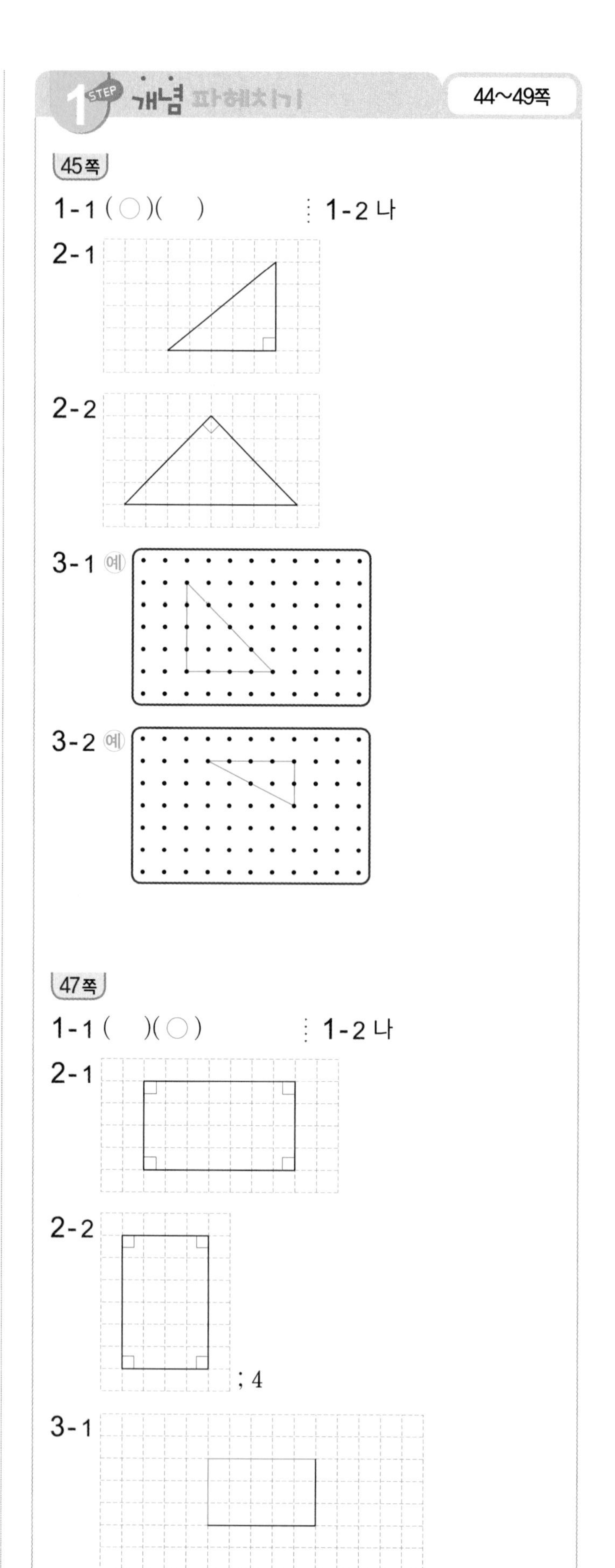

3-2 예

49쪽

1-1 (○)(　)　　1-2 가

2-1 같습니다에 ○표　　2-2 7

3-1

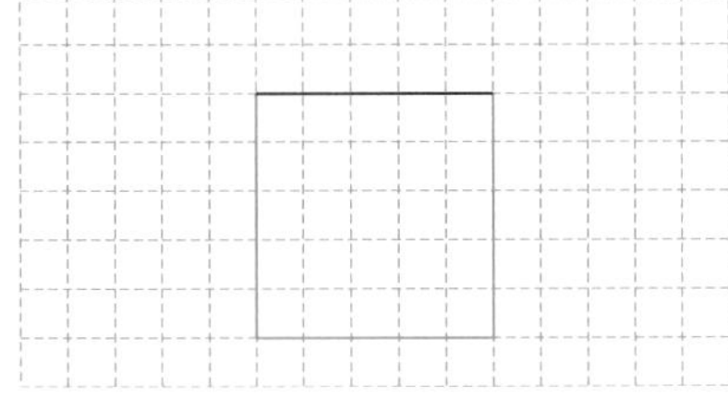

3-2 예

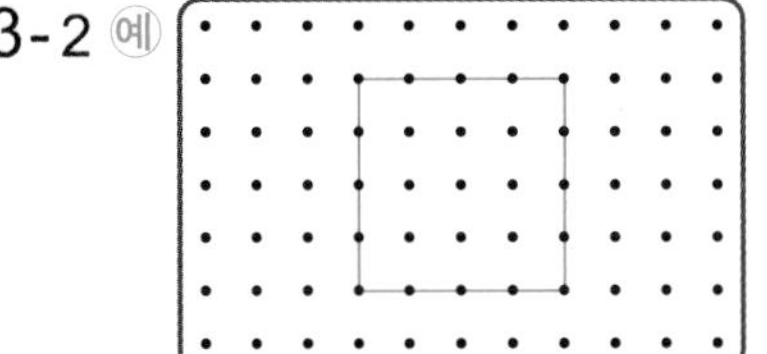

45쪽

1-1 한 각이 직각인 삼각형을 찾습니다.

1-2 한 각이 직각인 삼각형을 찾으면 **나**입니다.

2-1~2-2 직각삼각형은 직각이 1개입니다.

3-1~3-2 한 각이 직각인 삼각형을 그려 봅니다.

47쪽

1-1 네 각이 모두 직각인 사각형을 찾습니다.

1-2 네 각이 모두 직각인 사각형을 찾으면 **나**입니다.

2-1~2-2 직사각형은 직각이 4개입니다.

3-1 그어진 선분을 두 변으로 하는 네 각이 모두 직각인 사각형을 그려 봅니다.

3-2 네 각이 모두 직각인 사각형을 그려 봅니다.

49쪽

1-1 네 각이 모두 직각이고 네 변의 길이가 모두 같은 사각형을 찾습니다.

1-2 네 각이 모두 직각이고 네 변의 길이가 모두 같은 사각형을 찾으면 **가**입니다.

2-1~2-2 정사각형은 네 변의 길이가 모두 같습니다.

3-1 그어진 선분을 한 변으로 하는 네 각이 모두 직각이고 네 변의 길이가 모두 같은 사각형을 그려 봅니다.

3-2 네 각이 모두 직각이고 네 변의 길이가 모두 같은 사각형을 그려 봅니다.

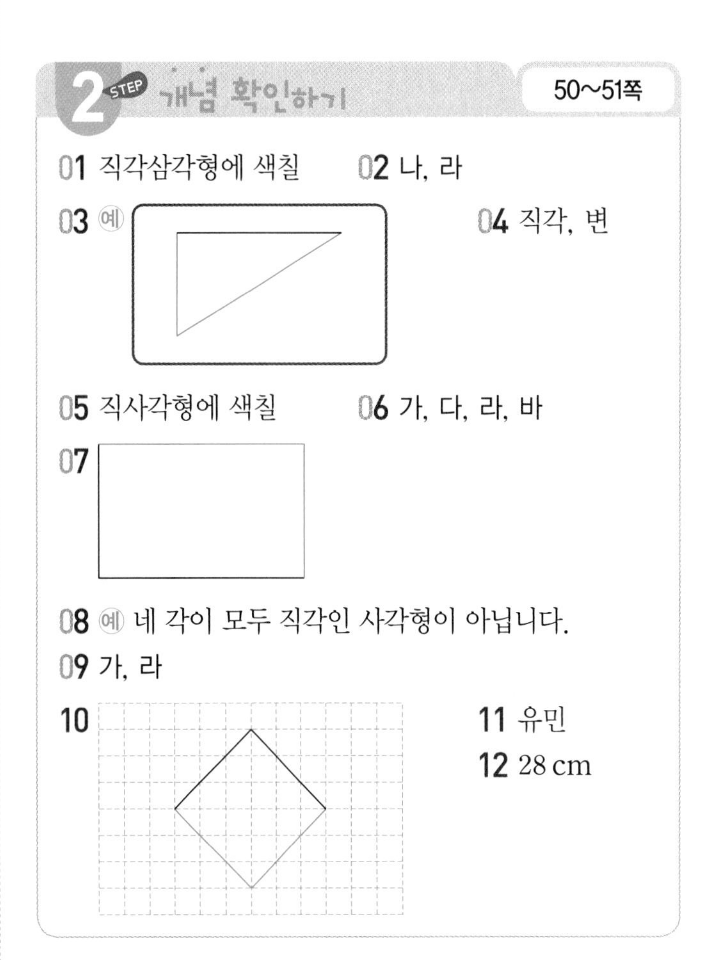

2 STEP 개념 확인하기　50~51쪽

01 직각삼각형에 색칠　　02 나, 라

03 예　　04 직각, 변

05 직사각형에 색칠　　06 가, 다, 라, 바

07

08 예 네 각이 모두 직각인 사각형이 아닙니다.

09 가, 라

10　　11 유민

12 28 cm

01 한 각이 직각인 삼각형을 직각삼각형이라 합니다.

02 한 각이 직각인 삼각형을 찾으면 **나**, **라**입니다.

03 여러 가지 방법으로 직각삼각형을 그려 봅니다.

예

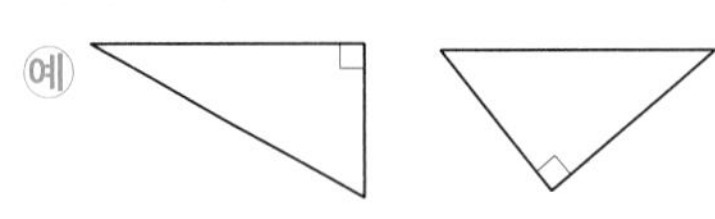

04 같은 점: 두 직각삼각형은 한 각이 **직각**입니다.
다른 점: 두 직각삼각형은 **변**의 길이가 다릅니다.

05 네 각이 모두 직각인 사각형을 직사각형이라 합니다.

06 네 각이 모두 직각인 사각형을 찾으면 가, 다, 라, 바입니다.

참고
다와 라도 직각 삼각자의 직각 부분을 대어서 확인해 보면 네 각이 모두 직각인 직사각형입니다.

07 네 각이 모두 직각이 되도록 그립니다.

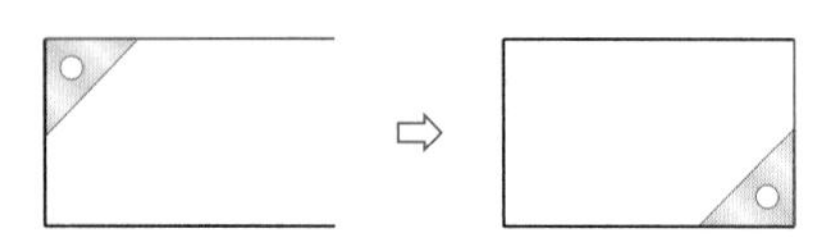

08 서술형 가이드 직사각형을 바르게 이해하고 있는지 확인합니다.

채점 기준		
	이유를 바르게 씀.	상
	이유를 썼으나 미흡함.	중
	이유를 잘못 씀.	하

09 네 각이 모두 직각이고 네 변의 길이가 모두 같은 사각형을 찾으면 **가**, **라**입니다.

10 네 각이 모두 직각이고 네 변의 길이가 모두 같은 사각형을 그립니다.

11 정사각형은 네 각이 모두 직각이므로 잘못 설명한 사람은 **유민**입니다.

참고
직각이 3개만 있는 사각형은 어떠한 경우에도 존재하지 않습니다.

12 생각 열기 정사각형의 네 변의 길이는 모두 같습니다.
한 변의 길이가 7 cm이므로 네 변의 길이의 합은 $7+7+7+7=28$ (cm)입니다.

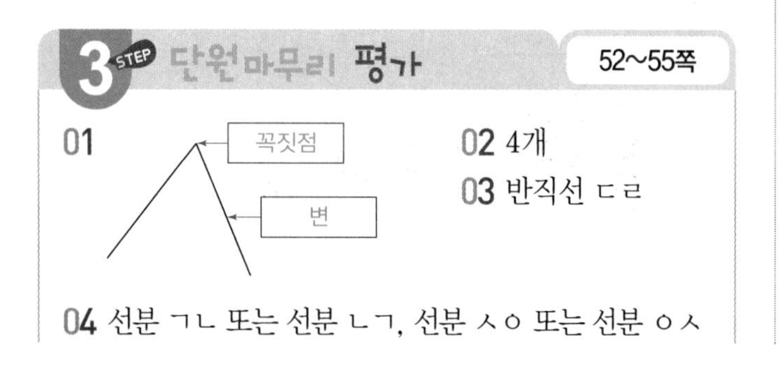

3 STEP 단원 마무리 평가 52~55쪽

01 꼭짓점, 변

02 4개
03 반직선 ㄷㄹ

04 선분 ㄱㄴ 또는 선분 ㄴㄱ, 선분 ㅅㅇ 또는 선분 ㅇㅅ

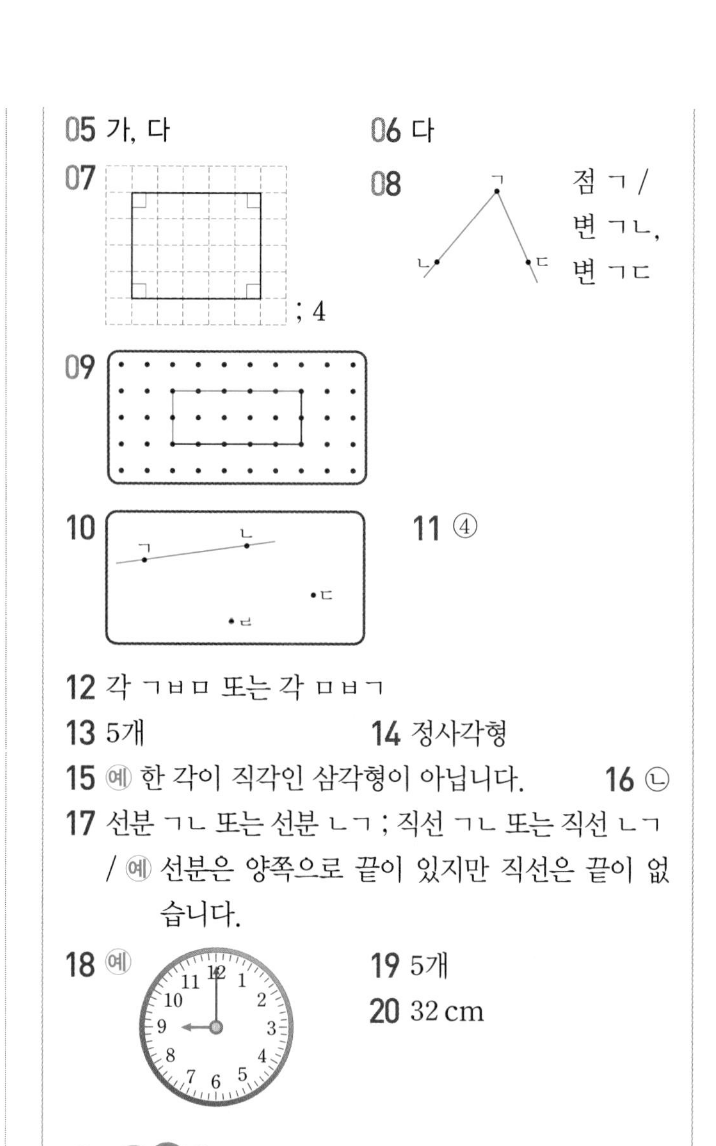

05 가, 다 06 다

07 ; 4 08 점 ㄱ / 변 ㄱㄴ, 변 ㄱㄷ

09

10 11 ④

12 각 ㄱㅂㅁ 또는 각 ㅁㅂㄱ

13 5개 14 정사각형

15 예 한 각이 직각인 삼각형이 아닙니다. 16 ㉡

17 선분 ㄱㄴ 또는 선분 ㄴㄱ ; 직선 ㄱㄴ 또는 직선 ㄴㄱ / 예 선분은 양쪽으로 끝이 있지만 직선은 끝이 없습니다.

18 예 19 5개
20 32 cm

창의·융합문제

❶ 맞습니다에 ○표 ❷ 3개

❸ 예 직각, 예 선분, 예 직사각형

02 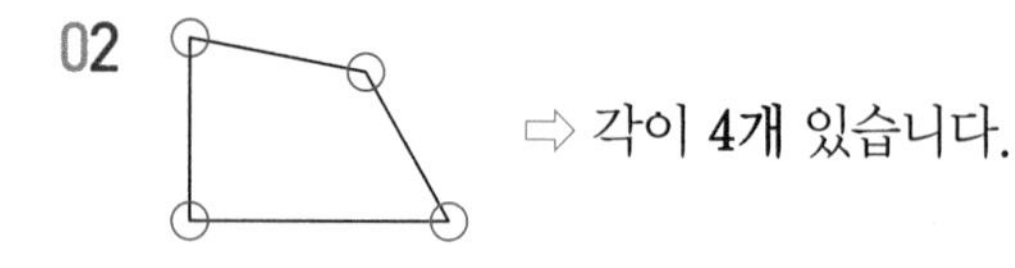
⇨ 각이 4개 있습니다.

03 한 점에서 시작하여 한쪽으로 끝없이 늘인 곧은 선을 찾으면 **반직선 ㄷㄹ**입니다.

주의
반직선 ㄹㄷ이라고 읽지 않도록 주의합니다.

04 두 점을 곧게 이은 선을 모두 찾으면 **선분 ㄱㄴ 또는 선분 ㄴㄱ**, **선분 ㅅㅇ 또는 선분 ㅇㅅ**입니다.

05 네 각이 모두 직각인 사각형을 모두 찾으면 **가**, **다**입니다.

06 네 각이 모두 직각이고 네 변의 길이가 모두 같은 사각형을 찾으면 **다**입니다.

07 직사각형은 네 각이 모두 직각입니다.

08 각 ㄴㄱㄷ은 점 ㄱ이 꼭짓점이 되도록 그립니다.

09 네 각이 모두 직각이 되도록 사각형을 그립니다.

10 점 ㄱ과 점 ㄴ을 지나는 양쪽으로 끝없이 늘인 곧은 선을 긋습니다.

11 점 ㄱ을 점 ④로 옮기면 각 ㄱㄷㄴ이 직각인 직각삼각형이 됩니다.

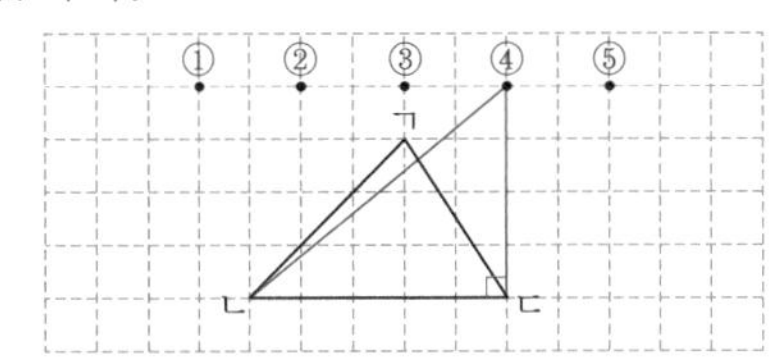

12 각에 직각 삼각자를 대었을 때 직각 삼각자의 직각인 부분과 꼭 맞게 겹쳐지는 각을 찾으면 **각 ㄱㅂㅁ 또는 각 ㅁㅂㄱ**입니다.

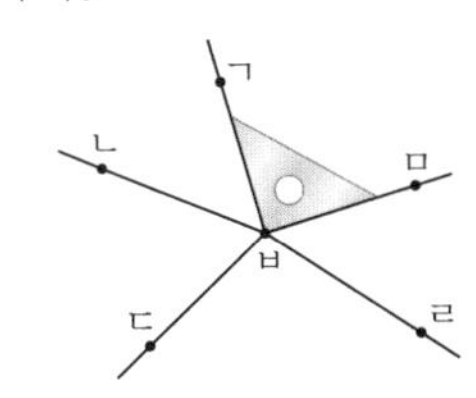

13 생각 열기 칠교판에 들어 있는 삼각형들은 모두 직각삼각형입니다.

⇨ 5개

14 네 각이 모두 직각이고 네 변의 길이가 모두 같은 사각형은 **정사각형**입니다.

15 서술형 가이드 직각삼각형을 바르게 이해하고 있는지 확인합니다.

채점 기준		
	이유를 바르게 씀.	상
	이유를 썼으나 미흡함.	중
	이유를 잘못 씀.	하

16 ㉡ 꼭짓점은 점 ㄹ입니다.

17 서술형 가이드 선분과 직선을 알고 다른 점을 비교하여 쓸 수 있는지 확인합니다.

채점 기준		
	다른 점을 바르게 씀.	상
	다른 점을 썼으나 미흡함.	중
	다른 점을 잘못 씀.	하

18 긴바늘이 12를 가리킬 때 직각이 되는 경우는 짧은바늘이 3을 가리키는 3시 또는 9를 가리키는 9시입니다.

주의

왼쪽 시계에서 긴바늘과 짧은바늘이 직각을 이루지만 실제로 이러한 시각은 없습니다. 시곗바늘을 그릴 때 시각을 생각하면서 그릴 수 있도록 주의합니다.

19 왼쪽에서 찾을 수 있는 크고 작은 직사각형은 ①, ②, ③, ①②, ①②③으로 모두 5개입니다.

20 생각 열기 정사각형은 네 변의 길이가 모두 같습니다.
정사각형은 네 변의 길이가 모두 같은 사각형이므로 네 변의 길이의 합은 $8+8+8+8=32$ (cm)입니다.

창의·융합문제

1

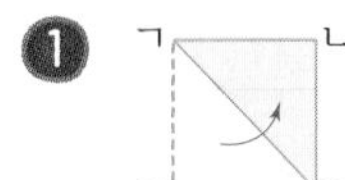

(변 ㄱㄴ)=(변 ㄱㄹ),
(변 ㄴㄷ)=(변 ㄹㄷ)

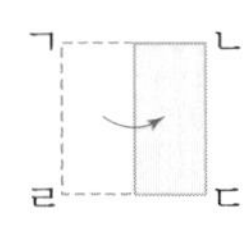

(변 ㄱㄹ)=(변 ㄴㄷ)

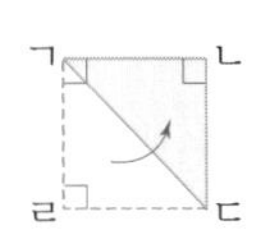

세 각이 직각이므로 나머지 한 각도 직각입니다.

⇨ 네 변의 길이가 모두 같고 네 각이 모두 직각이므로 정사각형입니다.

2

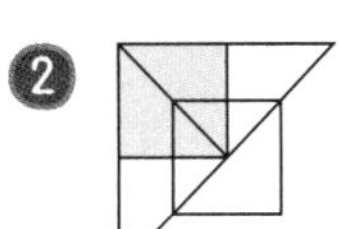
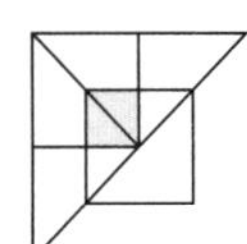
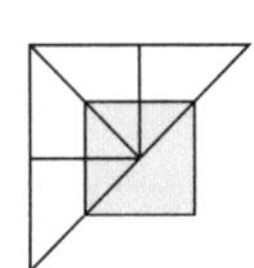

⇨ 3개

3 예

3 나눗셈

1 STEP 개념 파헤치기 58~61쪽

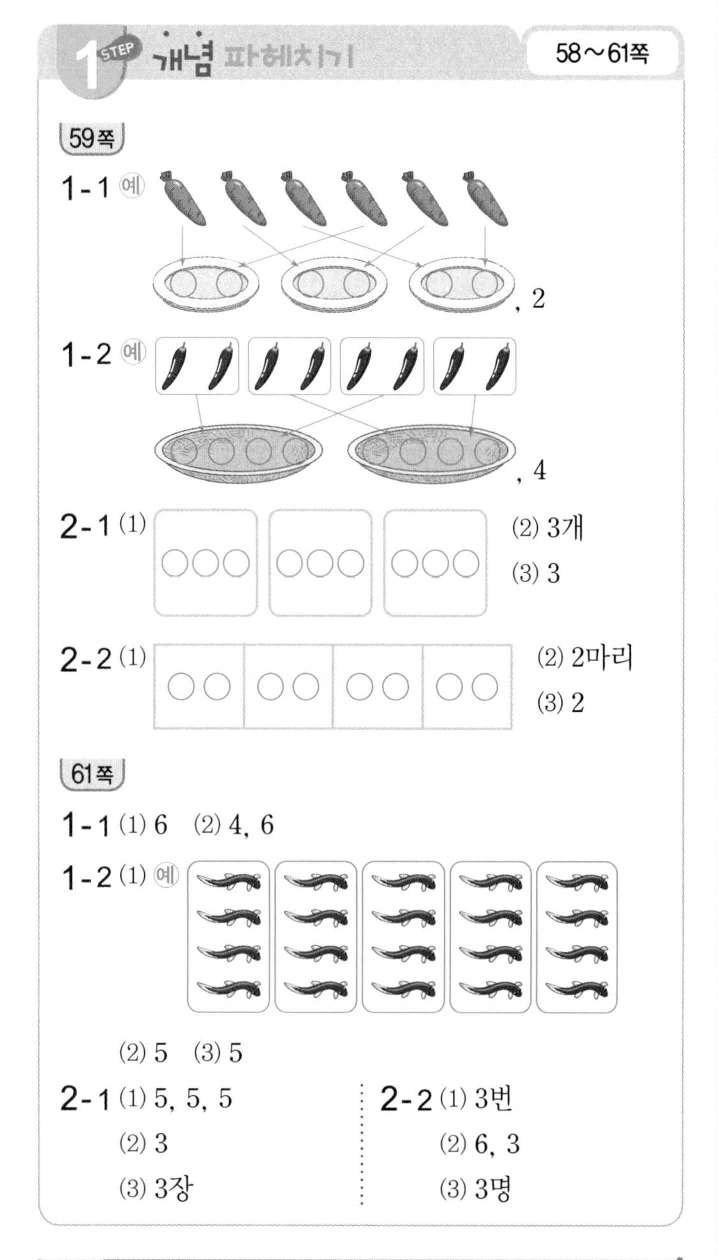

59쪽

1-1 예 , 2

1-2 예 , 4

2-1 (1) (2) 3개 (3) 3

2-2 (1) (2) 2마리 (3) 2

61쪽

1-1 (1) 6 (2) 4, 6

1-2 (1) 예 (2) 5 (3) 5

2-1 (1) 5, 5, 5 (2) 3 (3) 3장

2-2 (1) 3번 (2) 6, 3 (3) 3명

59쪽

1-1 당근을 1개씩 번갈아 가며 놓으면 한 접시에 당근이 2개씩 놓입니다.

1-2 고추를 2개씩 번갈아 가며 놓으면 한 접시에 고추가 4개씩 놓입니다.

2-1 (당근 수)÷(토끼 수)
=(토끼 한 마리가 먹을 수 있는 당근 수)

2-2 (생선 수)÷(고양이 수)
=(고양이 한 마리가 먹을 수 있는 생선 수)

61쪽

1-1 (2) 꽃게 24마리를 한 명에게 4마리씩 주면 6명에게 나누어 줄 수 있습니다.
⇨ 24÷**4**=**6**

1-2 (3) 장어 20마리를 한 상자에 4마리씩 나누어 담으면 5상자에 담을 수 있습니다.
⇨ 20÷4=**5**

2-1 (2), (3) 새우 15마리를 한 봉지에 5마리씩 나누어 담으려면 봉지는 3장 필요합니다.
⇨ 15÷5=**3**

2-2 (1) 18−6−6−6=0
3번
⇨ 18에서 6을 **3번** 빼면 0이 됩니다.
(2), (3) 문어 18마리를 한 명에게 6마리씩 주면 3명에게 나누어 줄 수 있습니다.
⇨ 18÷**6**=**3**

2 STEP 개념 확인하기 62~63쪽

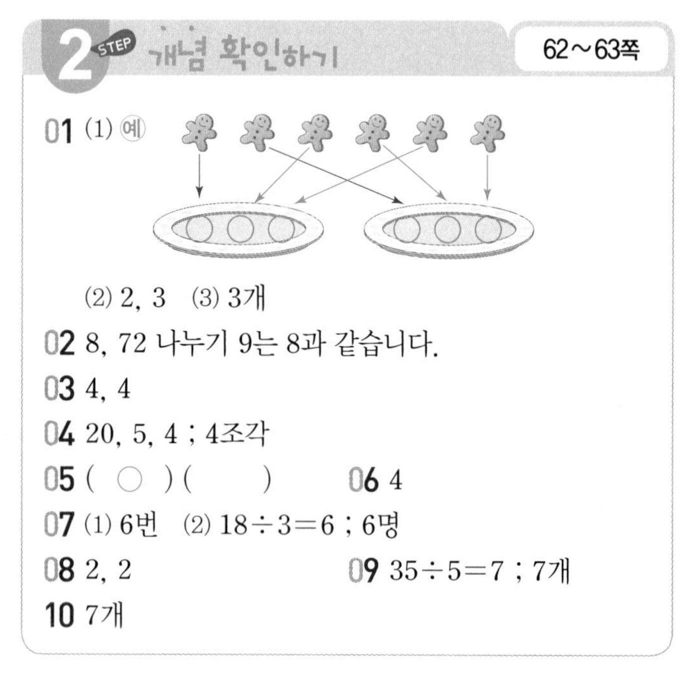

01 (1) 예 (2) 2, 3 (3) 3개

02 8, 72 나누기 9는 8과 같습니다.

03 4, 4

04 20, 5, 4 ; 4조각

05 (○) (   )

06 4

07 (1) 6번 (2) 18÷3=6 ; 6명

08 2, 2

09 35÷5=7 ; 7개

10 7개

01 (쿠키 수)÷(접시 수)
=(접시 1개에 놓을 수 있는 쿠키 수)

02 72÷9=8 ⇨ **8**은 72를 9로 나눈 몫입니다.
몫

03 음료수 **24**개를 봉지 **6**장에 똑같이 나누어 담으려면 한 봉지에 **4**개씩 담아야 합니다.
⇨ $24 \div 6 = \mathbf{4}$

04 **서술형 가이드** 나눗셈식을 쓰고 답을 바르게 구했는지 확인합니다.

채점 기준		
	식 $20 \div 5 = 4$를 쓰고 답을 바르게 구했음.	상
	식 $20 \div 5$만 썼음.	중
	식을 쓰지 못함.	하

05 같은 상자에 담은 초콜릿의 수가 같아야 합니다.
초콜릿 10개를 남김없이 상자 2개에 똑같이 나누어 담으면 한 상자에 5개씩 담을 수 있습니다.
초콜릿 10개를 남김없이 상자 3개에 똑같이 나누어 담을 수는 없습니다.

06 28에서 7을 4번 빼면 0이 됩니다.
⇨ $28 \div 7 = \mathbf{4}$
빼는 수 (7), 뺀 횟수 (4)

07 (1) $18-3-3-3-3-3-3=0$ (6번)
⇨ 18에서 3을 **6번** 빼면 0이 됩니다.
(2) 풀 18개를 한 명에게 3개씩 나누어 주면 6명에게 나누어 줄 수 있습니다. ⇨ $18 \div 3 = 6$
서술형 가이드 나눗셈식을 쓰고 답을 바르게 구했는지 확인합니다.

채점 기준		
	식 $18 \div 3 = 6$을 쓰고 답을 바르게 구했음.	상
	식 $18 \div 3$만 썼음.	중
	식을 쓰지 못함.	하

08 연필 12자루를 한 필통에 6자루씩 나누어 담으려면 필통은 **2**개 필요합니다.
⇨ $12 \div 6 = \mathbf{2}$

09 **서술형 가이드** 나눗셈식을 쓰고 답을 바르게 구했는지 확인합니다.

채점 기준		
	식 $35 \div 5 = 7$을 쓰고 답을 바르게 구했음.	상
	식 $35 \div 5$만 썼음.	중
	식을 쓰지 못함.	하

10 (필요한 가로등 수)
=(호수의 둘레)÷(간격의 길이)
$= 56 \div 8 = \mathbf{7}$**(개)**

1 STEP 개념 파헤치기 64~69쪽

65쪽

1-1 (1) 4
(2) 5

1-2 (1) 18
(2) 2
(3) 9

2-1 (1) 18, 18
(2) 3, 6

2-2 7, 4 ; 4, 7

67쪽

1-1 (1) 예
(2) 4 (3) 4
(4) 구할 수 있습니다. (5) 4

1-2 (1) 예

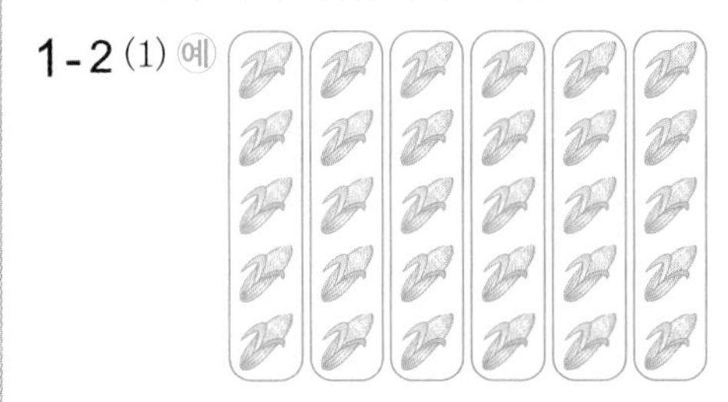

(2) 6 (3) 6
(4) 구할 수 있습니다. (5) 6

2-1 6, 6

2-2 4, 4

69쪽

1-1 4의 단

1-2 ④

2-1 (1) 2, 7
(2) 2의 단, 7의 단
(3) 2, 7
(4) 7

2-2 (1) 4, 5
(2) 4의 단, 5의 단
(3) 4, 5
(4) 5

65쪽

1-1 **생각 열기** ■×▲=● ⇨ ●÷■=▲, ●÷▲=■
(1) $5 \times 4 = 20$ ⇨ $20 \div 5 = \mathbf{4}$
(2) $5 \times 4 = 20$ ⇨ $20 \div 4 = \mathbf{5}$

1-2 (2) $9 \times 2 = 18$ ⇨ $18 \div 9 = \mathbf{2}$
(3) $9 \times 2 = 18$ ⇨ $18 \div 2 = \mathbf{9}$

67쪽

1-1 (4) 8×4=32이므로 32÷8의 몫은 4임을 알 수 있습니다. 따라서 나눗셈의 몫을 곱셈식으로 **구할 수 있습니다.**

참고
나눗셈식으로 나타낼 때, 묶거나 뺄셈식을 이용하여 몫을 구할 수 있지만 곱셈식에서 곱하는 수를 찾아 나눗셈의 몫을 구할 수도 있습니다.

1-2 (4) 5×6=30이므로 30÷5의 몫은 6임을 알 수 있습니다. 따라서 나눗셈의 몫을 곱셈식으로 **구할 수 있습니다.**

2-1 6×9=54이므로 54÷9의 몫은 **6**입니다.

2-2 7×4=28이므로 28÷7의 몫은 **4**입니다.

69쪽

1-1 곱셈과 나눗셈의 관계에서 4×□=28이므로 **4의 단** 곱셈구구를 이용합니다.

1-2 나누는 수가 5인 나눗셈을 찾아보면 ④입니다.
① 6÷2 ⇨ 2의 단 곱셈구구
② 49÷7 ⇨ 7의 단 곱셈구구
③ 27÷9 ⇨ 9의 단 곱셈구구
⑤ 32÷4 ⇨ 4의 단 곱셈구구

참고
나눗셈의 몫을 곱셈구구로 구할 때에는 나누는 수의 단 곱셈구구를 이용합니다.

2-1 (1) 오이를 2개씩 묶으면 7묶음입니다.
(4) 2×□=14이고 2×7=14이므로 □는 7입니다. 따라서 몫은 **7**입니다.

2-2 (1) 가지를 4개씩 묶으면 5묶음입니다.
(4) 4×□=20이고 4×5=20이므로 □는 5입니다. 따라서 몫은 **5**입니다.

2 STEP 개념 확인하기 70~71쪽

01 2, 16 ; 16, 2 ; 16, 2, 8
02 2, 9, 18 ; 9, 2, 18
03 40, 5, 8 ; 40, 8, 5
04
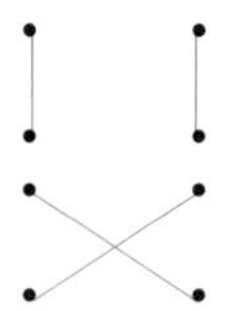
05 6, 3 ; 3 ; 3개
06 5, 5
07 (1) 예
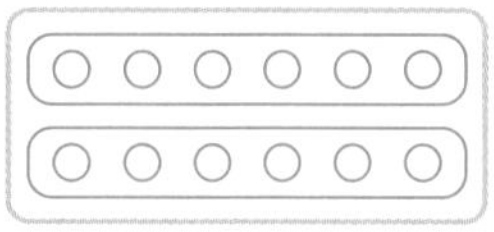
(2) 12÷2=6 ; 6×2=12 또는 2×6=12
(3) 6명
08 7
09 6권
10 15÷5=3 ; 3대
11 예 (위부터) 8, 9 / 8, 9 / 9, 8 / 9 / 8

02 18÷2=9 → **2×9=18** 18÷2=9 → **9×2=18**

03 5×8=40 → **40÷5=8** 5×8=40 → **40÷8=5**

04 28÷7=□ ⇨ 4×7=28 ⇨ 4
45÷9=□ ⇨ 9×5=45 ⇨ 5

05 6×3=18이므로 18÷6의 몫은 3입니다.

06 6×5=30이므로 30÷6의 몫은 **5**입니다.

참고
몫을 구하는 방법으로 다음과 같이 생각해 볼 수 있습니다.
- 30을 6으로 똑같이 나누어서 몫을 구하기
- 30에서 6을 0이 될 때까지 계속 빼서 뺀 횟수를 세어 보기
- 30을 6으로 만들 수 있는 곱셈식 6×5=30을 이용하여 몫 구하기

08 나누는 수인 6의 단 곱셈구구에서 곱이 나누어지는 수 42가 되는 곱셈식을 찾으면 6×7=42입니다.
6×[7]=42 ⇨ 42÷6=[7]

09 8의 단 곱셈구구에서 곱이 48인 곱셈식을 찾으면 $8\times6=48$입니다.

$8\times\boxed{6}=48$ ⇨ $48\div8=\boxed{6}$

10 5의 단 곱셈구구에서 곱이 15인 곱셈식을 찾으면 $5\times3=15$입니다.

$5\times\boxed{3}=15$ ⇨ $15\div5=\boxed{3}$

서술형 가이드 나눗셈식을 쓰고 답을 바르게 구했는지 확인합니다.

채점 기준		
	식 $15\div5=3$을 쓰고 답을 바르게 구했음.	상
	식 $15\div5$만 썼음.	중
	식을 쓰지 못함.	하

11 **생각 열기** 곱셈표에서 72를 찾아 가로와 세로의 수가 무엇인지 알아봅니다.

예 $8\times9=72$

$72\div8=9$ ⇨ 몫 9

$72\div9=8$ ⇨ 몫 8

3 STEP 단원 마무리 평가 72~75쪽

01 몫에 ○표, 나누어지는 수에 ○표, 나누는 수에 ○표

02

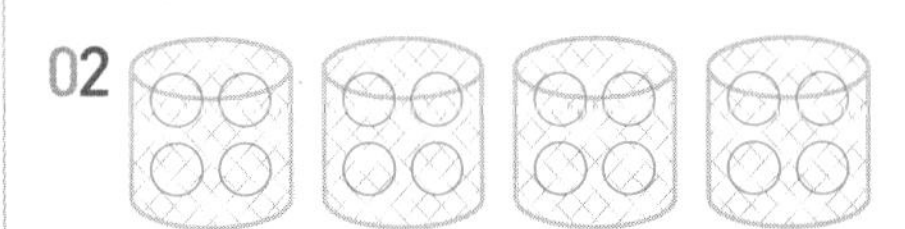

03 4, 4

04 27, 9

05 4

06 8, 7, 56 ; 7, 8, 56

07 45, 9, 5 ; 45, 5, 9

08 ㉡

09 35에 ○표, 5

10 4, 5 ; 5, 4

11 4명

12 >

13 8, 8

14 $25\div5=5$; 5모둠

15 $48-6-6-6-6-6-6-6-6=0$ / $48\div6=8$; 8개

16 8, 6

17 예 $9\times3=27$, 예 $3\times9=27$; 예 $27\div9=3$, 예 $27\div3=9$

18 7, 7

19 9자루

20 7개

창의·융합문제

❶ 예 빵 12개를 2명에게 똑같이 나누어 주려고 하므로 12를 2로 나눕니다. ; 6개

❷ 예 빵 12개를 한 명에게 2개씩 주려고 하므로 12에서 2씩 덜어 내고, 0이 될 때까지 덜어 낸 횟수를 셉니다. ; 6명

❸ (위부터) 예 한 명에게 줄 수 있는 빵 수 / $12\div2=6$; $12\div2=6$ / 6 ; 6 / 예 6명에게 줄 수 있습니다.

01 $14\div2=7$과 같은 식을 나눗셈식이라 하고 '14 나누기 2는 7과 같습니다'라고 읽습니다. 이때 7은 14를 2로 나눈 몫, 14는 나누어지는 수, 2는 나누는 수라고 합니다.

03 (농구공 수)÷(바구니 수) =(바구니 1개에 담을 수 있는 농구공 수)

04 27을 3으로 나누어 몫이 9가 되는 문장을 완성합니다.

05 **생각 열기** 32에서 8을 몇 번 빼어 0이 되는지 알아봅니다.

$32-8-8-8-8=0$ ⇨ $32\div8=4$

4번 / 빼는 수 / 뺀 횟수

06

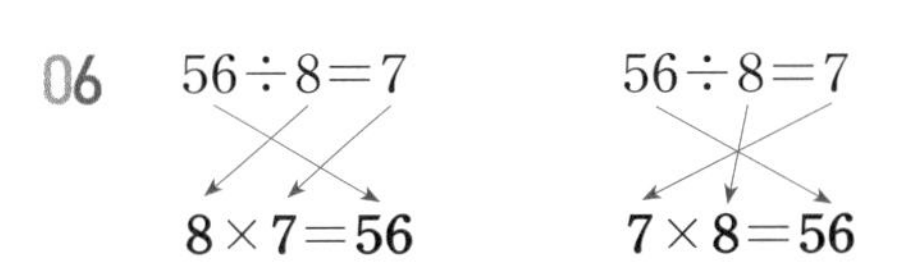

$56\div8=7$ → $8\times7=56$

$56\div8=7$ → $7\times8=56$

07 $9\times5=45$ → $45\div9=5$

$9\times5=45$ → $45\div5=9$

08 나누는 수가 4이므로 4의 단 곱셈구구를 이용하여 곱이 나누어지는 수 28인 곱셈식을 찾습니다.

⇨ ㉡ $4\times7=28$

09 나누는 수인 7의 단 곱셈구구에서 곱이 나누어지는 수 35인 곱셈식을 찾으면 몫은 5입니다.

10

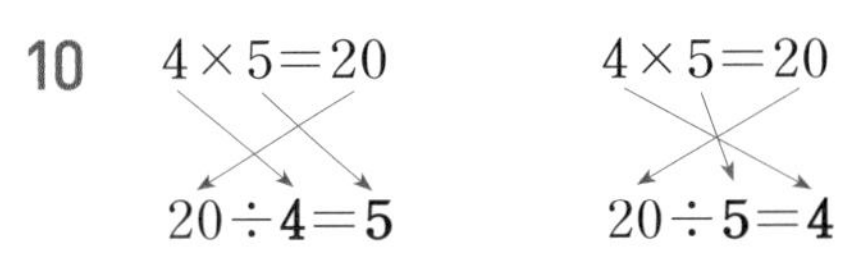

$4\times5=20$ → $20\div4=5$

$4\times5=20$ → $20\div5=4$

11 $7\times4=28$ ⇨ $28\div7=4$
사탕 28개를 한 명에게 7개씩 나누어 주면 **4명**에게 나누어 줄 수 있습니다.

12 $24\div3=8$, $35\div5=7$ ⇨ 8 ⓢ 7

13 $7\times\mathbf{8}=56$이므로 $56\div7$의 몫은 **8**입니다.

14 서술형 가이드 나눗셈식을 쓰고 답을 바르게 구했는지 확인합니다.

채점 기준		
	식 $25\div5=5$를 쓰고 답을 바르게 구했음.	상
	식 $25\div5$만 썼음.	중
	식을 쓰지 못함.	하

15 서술형 가이드 뺄셈식과 나눗셈식을 쓸 수 있는지 확인합니다.

채점 기준		
	뺄셈식과 나눗셈식을 바르게 쓰고 답을 구했음.	상
	둘 중 하나만 바르게 쓰고 답을 구했음.	중
	둘 다 쓰지 못함.	하

16 ① 쿠키 24개를 접시 3개에 똑같이 나누어 놓으려면 한 접시에 **8**개씩 놓으면 됩니다.
⇨ $24\div3=8$
② 쿠키 24개를 접시 4개에 똑같이 나누어 놓으려면 한 접시에 **6**개씩 놓으면 됩니다.
⇨ $24\div4=6$

17 곱셈식을 만들려면
- 9개씩 3줄이므로 $\mathbf{9\times3=27}$로 나타낼 수 있습니다.
- 3개씩 9묶음으로 $\mathbf{3\times9=27}$로 나타낼 수 있습니다.

나눗셈식을 만들려면
- $9\times3=27$이므로 $\mathbf{27\div9=3}$, $\mathbf{27\div3=9}$로 나타낼 수 있습니다.
- $3\times9=27$이므로 $\mathbf{27\div9=3}$, $\mathbf{27\div3=9}$로 나타낼 수 있습니다.

주의
$27\times1=27$, $1\times27=27$, $27\div1=27$, $27\div27=1$도 틀린 것은 아니지만 아직 배우지 않은 계산식이므로 곱셈구구를 이용하여 나타낼 수 있도록 지도합니다.

18 $7\times8=56$이므로 $56\div8$의 몫은 7입니다.

19 생각 열기 연필 3타는 몇 자루인지 구합니다.
연필 3타는 $12+12+12=36$(자루)이므로 한 명이 연필을 $36\div4=\mathbf{9}$**(자루)**씩 가져야 합니다.

20 오전과 오후에 딴 배는 모두 $31+32=63$(개)입니다.
따라서 한 봉지에 배를 $63\div9=\mathbf{7}$**(개)**씩 담았습니다.

창의·융합문제

❶ 뿌치가 구하려는 것은 한 명에게 나누어 줄 수 있는 빵 수입니다.
이 문제를 해결하기 위해 알고 있는 것은 '빵이 12개'인 것과 '2명에게 똑같이 나누어 주려고 한다'는 것입니다.
이와 같이 주어진 조건을 이용하여 문제를 해결해 봅니다.
서술형 가이드 똑같이 나누는 방법을 알고 설명할 수 있는지 확인합니다.

채점 기준		
	똑같이 나누는 방법을 바르게 설명함.	상
	똑같이 나누는 방법을 설명하였으나 미흡함.	중
	똑같이 나누는 방법을 설명하지 못함.	하

❷ 팔랑이가 구하려는 것은 빵을 나누어 줄 수 있는 사람 수입니다.
이 문제를 해결하기 위해 알고 있는 것은 '빵이 12개'인 것과 '한 명에게 2개씩 주려고 한다'는 것입니다.
이와 같이 주어진 조건을 이용하여 문제를 해결해 봅니다.
서술형 가이드 똑같이 나누는 방법을 알고 설명할 수 있는지 확인합니다.

채점 기준		
	똑같이 나누는 방법을 바르게 설명함.	상
	똑같이 나누는 방법을 설명하였으나 미흡함.	중
	똑같이 나누는 방법을 설명하지 못함.	하

❸ 빵은 12개입니다. 2명에게 똑같이 나누어 주거나 한 명에게 2개씩 나누어 주려고 합니다.
나눗셈식으로 나타내면 $\mathbf{12\div2=6}$으로 몫은 **6**이 됩니다.
구하려고 했던 것은 **한 명에게 줄 수 있는 빵 수**, 빵을 나누어 줄 수 있는 사람 수이므로 이것이 몫을 나타냅니다.

4 곱셈

1 STEP 개념 파헤치기 78~83쪽

79쪽

1-1 (1) 8 (2) 80
2-1 3, 30
3-1 6, 6
4-1 (1) 40 (2) 90

1-2 (1) 5 (2) 50
2-2 3, 60
3-2 (위부터) 8, 0, 8
4-2 (1) 60 (2) 20

81쪽

1-1 (1) 8 (2) 4 (3) 48
2-1 28
3-1 2, 42

1-2 (1) 3, 9 (2) 1, 3 (3) 39
2-2 66
3-2 2, 64

83쪽

1-1 8
2-1 (1) 2, 6 (2) 8, 8 (3) 6, 8 (4) 9, 9
3-1 (1) 44 (2) 24

1-2 4, 4
2-2 (1) 62 (2) 96 (3) 84 (4) 84
3-2

79쪽

1-1 십 모형이 $4\times2=\mathbf{8}$이므로 80입니다. ⇨ $40\times2=\mathbf{80}$

1-2 십 모형이 $1\times5=\mathbf{5}$이므로 50입니다. ⇨ $10\times5=\mathbf{50}$

2-1 생각 열기 (몇십)×(몇)은 (몇)×(몇)의 계산 결과에 0을 붙이면 됩니다.
도넛 10개씩 3상자는 $10\times\mathbf{3}$으로 나타낼 수 있습니다. $1\times3=3$이고 계산한 3에 0을 붙이면 **30**입니다.

2-2 생선 20마리씩 3줄은 $20\times\mathbf{3}$으로 나타낼 수 있습니다. $2\times3=6$이고 계산한 6에 0을 붙이면 **60**입니다.

3-1 0은 그대로
$30\times2=\mathbf{60}$
$3\times2=\mathbf{6}$

3-2 0은 그대로
$10\times8=\mathbf{80}$
$1\times8=\mathbf{8}$

4-1 (1) $10\times4=\mathbf{40}$ (2) $30\times3=\mathbf{90}$

4-2 (1) $10\times6=\mathbf{60}$ (2) $10\times2=\mathbf{20}$

81쪽

1-1 일 모형은 $4\times2=\mathbf{8}$이고, 십 모형은 $2\times2=\mathbf{4}$이므로 40입니다. ⇨ $24\times2=8+40=\mathbf{48}$

1-2 일 모형은 $\mathbf{3}\times3=\mathbf{9}$이고, 십 모형은 $\mathbf{1}\times3=\mathbf{3}$이므로 30입니다. ⇨ $13\times3=9+30=\mathbf{39}$

2-1 일 모형은 $4\times2=8$이고, 십 모형은 $1\times2=2$이므로 20입니다. ⇨ $14\times2=8+20=\mathbf{28}$

2-2 일 모형은 $2\times3=6$이고, 십 모형은 $2\times3=6$이므로 60입니다. ⇨ $22\times3=6+60=\mathbf{66}$

3-1 곶감 21개씩 2상자는 21×2로 나타낼 수 있습니다.
⇨ $21\times\mathbf{2}=\mathbf{42}$

3-2 꽃 32송이씩 2묶음은 32×2로 나타낼 수 있습니다.
⇨ $32\times\mathbf{2}=\mathbf{64}$

83쪽

1-1 일의 자리 계산: $1\times8=8$ ⇨ 일의 자리 수: 8
십의 자리 계산: $10\times8=80$ ⇨ 십의 자리 수: **8**
⇨ $11\times8=88$

1-2 일의 자리 계산: $2\times2=4$ ⇨ 일의 자리 수: **4**
십의 자리 계산: $20\times2=40$ ⇨ 십의 자리 수: 4
⇨ $22\times2=44$

2-1 (1) $\begin{array}{r}13\\ \times\ \ 2\\ \hline 6\end{array}$ ⇨ $\begin{array}{r}13\\ \times\ \ 2\\ \hline 26\end{array}$

(2) $\begin{array}{r}22\\ \times\ \ 4\\ \hline 8\end{array}$ ⇨ $\begin{array}{r}22\\ \times\ \ 4\\ \hline 88\end{array}$

(3) $\begin{array}{r}34\\ \times\ \ 2\\ \hline 8\end{array}$ ⇨ $\begin{array}{r}34\\ \times\ \ 2\\ \hline 68\end{array}$

(4) $\begin{array}{r}11\\ \times\ \ 9\\ \hline 9\end{array}$ ⇨ $\begin{array}{r}11\\ \times\ \ 9\\ \hline 99\end{array}$

2-2 (1) $\begin{array}{r}31\\ \times\ \ 2\\ \hline 2\end{array}$ ⇨ $\begin{array}{r}31\\ \times\ \ 2\\ \hline 62\end{array}$

(2) $\begin{array}{r}32\\ \times\ \ 3\\ \hline 6\end{array}$ ⇨ $\begin{array}{r}32\\ \times\ \ 3\\ \hline 96\end{array}$

(3) $\begin{array}{r} 4\,2 \\ \times\ \ 2 \\ \hline 4 \end{array} \Rightarrow \begin{array}{r} 4\,2 \\ \times\ \ 2 \\ \hline 8\,4 \end{array}$

(4) $\begin{array}{r} 2\,1 \\ \times\ \ 4 \\ \hline 4 \end{array} \Rightarrow \begin{array}{r} 2\,1 \\ \times\ \ 4 \\ \hline 8\,4 \end{array}$

3-1 (1) $\begin{array}{r} 1\,1 \\ \times\ \ 4 \\ \hline 4\,4 \end{array}$ (2) $\begin{array}{r} 1\,2 \\ \times\ \ 2 \\ \hline 2\,4 \end{array}$

3-2 $\begin{array}{r} 4\,3 \\ \times\ \ 2 \\ \hline 8\,6 \end{array}$

2 STEP 개념 확인하기 84~85쪽

01 3, 60
02 (1) 40 (2) 80 (3) 70 (4) 60
03
04 90, 90 **05** 40명
06 2, 46 **07** 36
08 (1) 48 (2) 99 (3) 93 (4) 55
09 82 **10** 66
11 <
12 77조각
13 (1) 예 십 모형 3개의 2배인 60을 나타냅니다.
(2) 예 $30 \times 2 = 60$을 나타냅니다.

01 십 모형이 $2 \times 3 = 6$이므로 **60**입니다.

02 (1) $10 \times 4 = \mathbf{40}$ (2) $40 \times 2 = \mathbf{80}$
(3) $10 \times 7 = \mathbf{70}$ (4) $30 \times 2 = \mathbf{60}$

03 $10 \times 5 = 50$, $10 \times 6 = 60$

04 $30 \times 3 = \mathbf{90}$, $10 \times 9 = \mathbf{90}$

05 (버스 2대에 앉을 수 있는 사람의 수)
=(버스 1대에 앉을 수 있는 사람의 수)×(버스의 수)
$= 20 \times 2 = \mathbf{40}$**(명)**

06 일 모형은 $3 \times 2 = 6$이고, 십 모형은 $2 \times 2 = 4$이므로 40입니다.
$\Rightarrow 23 \times 2 = 6 + 40 = \mathbf{46}$

07 12씩 3번 뛰어 세었으므로 $12 \times 3 = \mathbf{36}$입니다.

08 (1) $\begin{array}{r} 1\,2 \\ \times\ \ 4 \\ \hline 4\,8 \end{array}$ (2) $\begin{array}{r} 3\,3 \\ \times\ \ 3 \\ \hline 9\,9 \end{array}$
(3) $\begin{array}{r} 3\,1 \\ \times\ \ 3 \\ \hline 9\,3 \end{array}$ (4) $\begin{array}{r} 1\,1 \\ \times\ \ 5 \\ \hline 5\,5 \end{array}$

09 $\begin{array}{r} 4\,1 \\ \times\ \ 2 \\ \hline 8\,2 \end{array}$ **10** $\begin{array}{r} 3\,3 \\ \times\ \ 2 \\ \hline 6\,6 \end{array}$

11 $11 \times 6 = 66$, $23 \times 3 = 69 \Rightarrow 66 < 69$

12 토끼 한 마리는 하루에 당근을 11조각 먹으므로 7일 동안 먹이려면 당근을 $11 \times 7 = \mathbf{77}$**(조각)** 준비해야 합니다.

13 서술형 가이드 파란색 숫자 6을 십 모형 6개 또는 60으로 썼는지 확인합니다.

채점 기준		
	파란색 숫자 6이 뜻하는 것을 두 가지 모두 바르게 씀.	상
	파란색 숫자 6이 뜻하는 것을 한 가지만 바르게 씀.	중
	파란색 숫자 6이 뜻하는 것을 쓰지 못함.	하

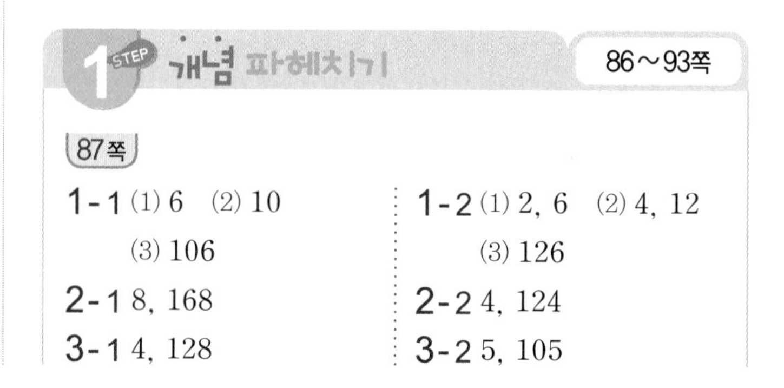

1 STEP 개념 파헤치기 86~93쪽

87쪽

1-1 (1) 6 (2) 10 (3) 106
1-2 (1) 2, 6 (2) 4, 12 (3) 126
2-1 8, 168
2-2 4, 124
3-1 4, 128
3-2 5, 105

89쪽

1-1 1, 2

1-2 2, 2

2-1 (1) 2, 7, 6
(2) 1, 2, 4
(3) 2, 1, 9
(4) 2, 8, 7

2-2 (1) 186 (2) 486
(3) 148 (4) 279

3-1 (1) 189
(2) 246

3-2

91쪽

1-1 (1) 16 (2) 6
(3) 76

1-2 (1) 4, 12 (2) 2, 6
(3) 72

2-1 5, 85

2-2 2, 90

3-1 72

3-2 3, 81

93쪽

1-1 4

1-2 (왼쪽부터) 1, 8, 1, 8

2-1 (위부터)
(1) 2 / 8, 4
(2) 3 / 8, 0
(3) 1 / 4, 2
(4) 1 / 9, 4

2-2 (1) 38 (2) 74
(3) 98 (4) 56

3-1 (1) 90 (2) 98

3-2 96

87쪽

1-1 일 모형은 6개이므로 6이고, 십 모형 10개는 백 모형 1개이므로 100입니다.
⇨ $53\times2=6+100=$**106**

1-2 일 모형은 6개이므로 6이고, 십 모형 12개는 백 모형 1개와 십 모형 2개이므로 120입니다.
⇨ $42\times3=6+120=$**126**

2-1 일 모형은 $1\times8=8$이고, 십 모형은 $2\times8=16$이므로 160입니다. ⇨ $21\times$**8**$=8+160=$**168**

2-2 일 모형은 $1\times4=4$이고, 십 모형은 $3\times4=12$이므로 120입니다. ⇨ $31\times$**4**$=4+120=$**124**

3-1 색종이 32장씩 4묶음은 32×4로 나타낼 수 있습니다. ⇨ $32\times$**4**$=$**128**

3-2 알약 21개씩 5상자는 21×5로 나타낼 수 있습니다.
⇨ $21\times$**5**$=$**105**

89쪽

1-1 일의 자리 계산: $4\times2=8$ ⇨ 일의 자리 수: 8
십의 자리 계산: $60\times2=120$ ⇨ 십의 자리 수: **2**, 백의 자리 수: **1**
⇨ $64\times2=128$

1-2 일의 자리 계산: $1\times2=2$ ⇨ 일의 자리 수: **2**
십의 자리 계산: $50\times2=100$ ⇨ 십의 자리 수: 0, 백의 자리 수: 1
⇨ $51\times2=102$

2-1 (1) 92×3: 6 ⇨ **276**
(2) 62×2: 4 ⇨ **124**
(3) 73×3: 9 ⇨ **219**
(4) 41×7: 7 ⇨ **287**

2-2 (1) 62×3: 6 ⇨ **186**
(2) 81×6: 6 ⇨ **486**
(3) 74×2: 8 ⇨ **148**
(4) 93×3: 9 ⇨ **279**

3-1 (1) $21\times9=$**189** (2) $82\times3=$**246**

3-2 $54\times2=108$

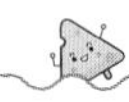

91쪽

1-1 일 모형 16개는 십 모형 1개와 일 모형 6개이므로 16입니다. 십 모형은 6개이므로 60입니다.
⇨ $38\times2=16+60=$**76**

1-2 일 모형 12개는 십 모형 1개와 일 모형 2개이므로 12입니다. 십 모형은 6개이므로 60입니다.
⇨ $24\times3=12+60=$**72**

2-1 일 모형은 $7\times5=35$이고, 십 모형은 $1\times5=5$이므로 50입니다. ⇨ $17\times$**5**$=35+50=$**85**

2-2 일 모형은 $5\times2=10$이고, 십 모형은 $4\times2=8$이므로 80입니다. ⇨ $45\times$**2**$=10+80=$**90**

3-1 초콜릿 36개씩 2상자는 36×2로 나타낼 수 있습니다. ⇨ $36\times2=$**72**

3-2 떡 27개씩 3상자는 27×3으로 나타낼 수 있습니다.
⇨ $27\times$**3**$=$**81**

93쪽

2-1 (1)

$$\begin{array}{r} {}^{2}\ \ \\ 2\ 8 \\ \times\quad 3 \\ \hline 4 \end{array} \Rightarrow \begin{array}{r} {}^{2}\ \ \\ 2\ 8 \\ \times\quad 3 \\ \hline 8\ 4 \end{array}$$

$8\times3=24$ $\quad$ $2\times3=6,\ 6+2=8$

(2)

$$\begin{array}{r} {}^{3}\ \ \\ 1\ 6 \\ \times\quad 5 \\ \hline 0 \end{array} \Rightarrow \begin{array}{r} {}^{3}\ \ \\ 1\ 6 \\ \times\quad 5 \\ \hline 8\ 0 \end{array}$$

$6\times5=30$ $\quad$ $1\times5=5,\ 5+3=8$

(3)

$$\begin{array}{r} {}^{1}\ \ \\ 1\ 4 \\ \times\quad 3 \\ \hline 2 \end{array} \Rightarrow \begin{array}{r} {}^{1}\ \ \\ 1\ 4 \\ \times\quad 3 \\ \hline 4\ 2 \end{array}$$

$4\times3=12$ $\quad$ $1\times3=3,\ 3+1=4$

(4)

$$\begin{array}{r} {}^{1}\ \ \\ 4\ 7 \\ \times\quad 2 \\ \hline 4 \end{array} \Rightarrow \begin{array}{r} {}^{1}\ \ \\ 4\ 7 \\ \times\quad 2 \\ \hline 9\ 4 \end{array}$$

$7\times2=14$ $\quad$ $4\times2=8,\ 8+1=9$

주의
일의 자리에서 올림한 수를 십의 자리 계산에 더해 주는 것을 잊지 않도록 주의합니다.

2-2 (1)

$$\begin{array}{r} {}^{1}\ \ \\ 1\ 9 \\ \times\quad 2 \\ \hline 8 \end{array} \Rightarrow \begin{array}{r} {}^{1}\ \ \\ 1\ 9 \\ \times\quad 2 \\ \hline 3\ 8 \end{array}$$

$9\times2=18$ $\quad$ $1\times2=2,\ 2+1=3$

(2)

$$\begin{array}{r} {}^{1}\ \ \\ 3\ 7 \\ \times\quad 2 \\ \hline 4 \end{array} \Rightarrow \begin{array}{r} {}^{1}\ \ \\ 3\ 7 \\ \times\quad 2 \\ \hline 7\ 4 \end{array}$$

$7\times2=14$ $\quad$ $3\times2=6,\ 6+1=7$

(3)

$$\begin{array}{r} {}^{2}\ \ \\ 1\ 4 \\ \times\quad 7 \\ \hline 8 \end{array} \Rightarrow \begin{array}{r} {}^{2}\ \ \\ 1\ 4 \\ \times\quad 7 \\ \hline 9\ 8 \end{array}$$

$4\times7=28$ $\quad$ $1\times7=7,\ 7+2=9$

(4)

$$\begin{array}{r} {}^{1}\ \ \\ 2\ 8 \\ \times\quad 2 \\ \hline 6 \end{array} \Rightarrow \begin{array}{r} {}^{1}\ \ \\ 2\ 8 \\ \times\quad 2 \\ \hline 5\ 6 \end{array}$$

$8\times2=16$ $\quad$ $2\times2=4,\ 4+1=5$

3-1 (1)

$$\begin{array}{r} {}^{4}\ \ \\ 1\ 8 \\ \times\quad 5 \\ \hline 9\ 0 \end{array}$$

(2)

$$\begin{array}{r} {}^{1}\ \ \\ 4\ 9 \\ \times\quad 2 \\ \hline 9\ 8 \end{array}$$

3-2

$$\begin{array}{r} {}^{1}\ \ \\ 2\ 4 \\ \times\quad 4 \\ \hline 9\ 6 \end{array}$$

2 STEP 개념 확인하기 　94~95쪽

01 126
02 (위부터) 7, 2, 1, 7, 21
03 (1) 288 (2) 159 (3) 168 (4) 546
04 306
05 <
06
07 147 g
08 (1) 76 (2) 75 (3) 56 (4) 74
09 68
10 90
11 23×4에 ○표
12 >
13 72 cm
14 84자루

01 일 모형은 $3\times2=6$이고, 십 모형은 $6\times2=12$이므로 120입니다.
⇨ $63\times2=6+120=$ **126**

02

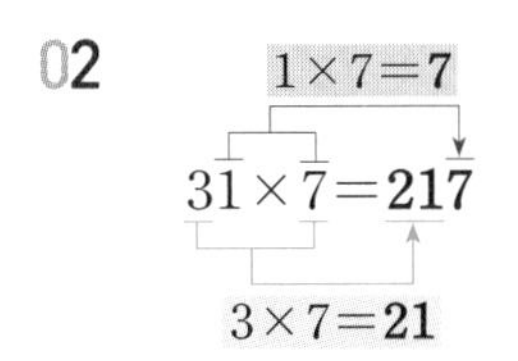

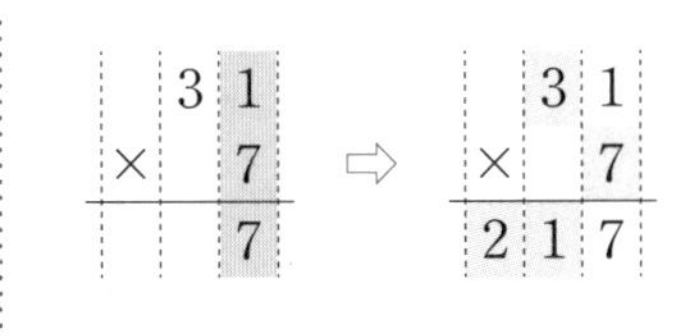

$\begin{array}{r} 3\,1 \\ \times\quad 7 \\ \hline 7 \end{array}$ ⇨ $\begin{array}{r} 3\,1 \\ \times\quad 7 \\ \hline 2\,1\,7 \end{array}$

왼쪽은 31×7을 가로로 계산한 것이고, 오른쪽은 31×7을 세로로 계산한 것입니다. 계산 결과는 같습니다.

03

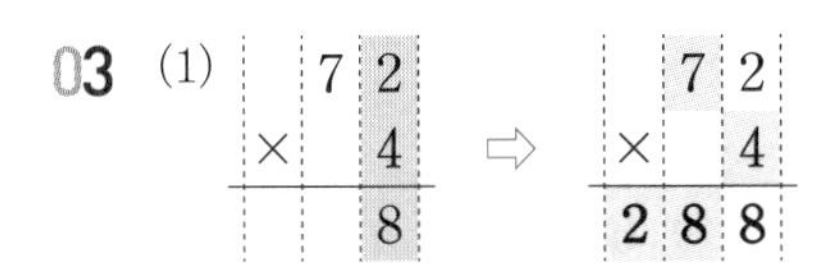

(1) $\begin{array}{r} 7\,2 \\ \times\quad 4 \\ \hline 8 \end{array}$ ⇨ $\begin{array}{r} 7\,2 \\ \times\quad 4 \\ \hline 2\,8\,8 \end{array}$

(2) $\begin{array}{r} 5\,3 \\ \times\quad 3 \\ \hline 9 \end{array}$ ⇨ $\begin{array}{r} 5\,3 \\ \times\quad 3 \\ \hline 1\,5\,9 \end{array}$

(3) $\begin{array}{r} 4\,2 \\ \times\quad 4 \\ \hline 8 \end{array}$ ⇨ $\begin{array}{r} 4\,2 \\ \times\quad 4 \\ \hline 1\,6\,8 \end{array}$

(4) $\begin{array}{r} 9\,1 \\ \times\quad 6 \\ \hline 6 \end{array}$ ⇨ $\begin{array}{r} 9\,1 \\ \times\quad 6 \\ \hline 5\,4\,6 \end{array}$

04 $\begin{array}{r} 5\,1 \\ \times\quad 6 \\ \hline 6 \end{array}$ ⇨ $\begin{array}{r} 5\,1 \\ \times\quad 6 \\ \hline 3\,0\,6 \end{array}$

05 $62\times4=248$, $41\times8=328$ ⇨ $248<328$

06 $21\times8=168$, $64\times2=128$, $32\times4=128$, $84\times2=168$

07 하루 3팩씩 7일 동안 먹은 두유는 $3\times7=21$(팩)입니다. 두유 한 팩에 지방이 7 g 들어 있으므로 7일 동안 두유로 먹은 지방은 $21\times7=$ **147 (g)**입니다.

08

(1) $\begin{array}{r} {\scriptstyle 3}\ \ \\ 1\,9 \\ \times\quad 4 \\ \hline 6 \end{array}$ ⇨ $\begin{array}{r} {\scriptstyle 3}\ \ \\ 1\,9 \\ \times\quad 4 \\ \hline 7\,6 \end{array}$

(2) $\begin{array}{r} {\scriptstyle 1}\ \ \\ 2\,5 \\ \times\quad 3 \\ \hline 5 \end{array}$ ⇨ $\begin{array}{r} {\scriptstyle 1}\ \ \\ 2\,5 \\ \times\quad 3 \\ \hline 7\,5 \end{array}$

(3) $\begin{array}{r} {\scriptstyle 1}\ \ \\ 1\,4 \\ \times\quad 4 \\ \hline 6 \end{array}$ ⇨ $\begin{array}{r} {\scriptstyle 1}\ \ \\ 1\,4 \\ \times\quad 4 \\ \hline 5\,6 \end{array}$

(4) $\begin{array}{r} {\scriptstyle 1}\ \ \\ 3\,7 \\ \times\quad 2 \\ \hline 4 \end{array}$ ⇨ $\begin{array}{r} {\scriptstyle 1}\ \ \\ 3\,7 \\ \times\quad 2 \\ \hline 7\,4 \end{array}$

09 $\begin{array}{r} {\scriptstyle 2}\ \ \\ 1\,7 \\ \times\quad 4 \\ \hline 6\,8 \end{array}$

10 $\begin{array}{r} {\scriptstyle 3}\ \ \\ 1\,5 \\ \times\quad 6 \\ \hline 9\,0 \end{array}$

11 $36\times2=72$, $23\times4=92$, $12\times6=72$

12 $46\times2=92$, $29\times3=87$ ⇨ $92>87$

13 생각 열기 정사각형의 네 변의 길이는 모두 같습니다.
정사각형은 네 변의 길이가 모두 같으므로 정사각형의 네 변의 길이의 합은 정사각형의 한 변의 4배입니다. 따라서 성찬이가 정사각형을 한 개 만드는 데 사용한 끈의 길이는 $18\times4=$ **72 (cm)**입니다.

14 색연필 1타가 12자루이므로 색연필 7타는 $12\times7=$ **84(자루)**입니다.

1 STEP 개념 파헤치기 96~99쪽

97쪽

1-1 (1) 12 (2) 10 (3) 112

1-2 (1) 7, 21 (2) 4, 12 (3) 141

2-1 140

2-2 3, 162

3-1 6, 144

3-2 6, 216

99쪽

1-1 1, 5

1-2 (왼쪽부터) 1, 4, 1, 4

2-1 (위부터)
(1) 1 / 2, 1, 2
(2) 2 / 4, 7, 0
(3) 4 / 1, 8, 9
(4) 4 / 1, 4, 0

2-2 (1) 152 (2) 252 (3) 196 (4) 288

3-1 (1) 210 (2) 504

3-2 185

97쪽

1-1 일 모형 12개는 십 모형 1개, 일 모형 2개이므로 12입니다. 십 모형 10개는 백 모형 1개이므로 100입니다.
⇨ $56\times2=12+100=\mathbf{112}$

1-2 일 모형 21개는 십 모형 2개, 일 모형 1개이므로 21입니다. 십 모형 12개는 백 모형 1개, 십 모형 2개이므로 120입니다.
⇨ $47\times3=21+120=\mathbf{141}$

2-1 일 모형은 $5\times4=20$이고, 십 모형은 $3\times4=12$이므로 120입니다.
⇨ $35\times4=20+120=\mathbf{140}$

2-2 일 모형은 $4\times3=12$이고, 십 모형은 $5\times3=15$이므로 150입니다.
⇨ $54\times\mathbf{3}=12+150=\mathbf{162}$

3-1 크레파스 24개씩 6상자는 24×6으로 나타낼 수 있습니다. ⇨ $24\times\mathbf{6}=\mathbf{144}$

3-2 호두과자 36개씩 6상자는 36×6으로 나타낼 수 있습니다. ⇨ $36\times\mathbf{6}=\mathbf{216}$

99쪽

2-1 (1) 53×4: 일의 자리 2 (올림 1), $3\times4=12$ ⇨ **212**, $5\times4=20,\ 20+1=21$

(2) 94×5: 일의 자리 0 (올림 2), $4\times5=20$ ⇨ **470**, $9\times5=45,\ 45+2=47$

(3) 27×7: 일의 자리 9 (올림 4), $7\times7=49$ ⇨ **189**, $2\times7=14,\ 14+4=18$

(4) 28×5: 일의 자리 0 (올림 4), $8\times5=40$ ⇨ **140**, $2\times5=10,\ 10+4=14$

2-2 (1) 38×4: 일의 자리 2 (올림 3), $8\times4=32$ ⇨ **152**, $3\times4=12,\ 12+3=15$

(2) 42×6: 일의 자리 2 (올림 1), $2\times6=12$ ⇨ **252**, $4\times6=24,\ 24+1=25$

(3) 28×7: 일의 자리 6 (올림 5), $8\times7=56$ ⇨ **196**, $2\times7=14,\ 14+5=19$

(4) 32×9: 일의 자리 8 (올림 1), $2\times9=18$ ⇨ **288**, $3\times9=27,\ 27+1=28$

3-1 (1) 42×5 (올림 1) $=\mathbf{210}$ (2) 63×8 (올림 2) $=\mathbf{504}$

3-2 37×5 (올림 3) $=\mathbf{185}$

2 STEP 개념 확인하기 100~101쪽

01 180

02 ( ) (○)

03
$$\begin{array}{r} 46 \\ \times\ \ 4 \\ \hline 24 \\ 160 \\ \hline 184 \end{array}$$

04 (1) 152 (2) 161 (3) 258 (4) 192

05 (선 잇기)

06 198

07 116

08 296, 207

09 >

10 252, 280

11 75, 525

12 252점

13 128

01 일 모형은 $5\times4=20$이고, 십 모형은 $4\times4=16$이므로 160입니다. ⇨ $45\times4=20+160=$**180**

02
$$\begin{array}{r} {\scriptstyle 3} \\ 27 \\ \times\ \ 5 \\ \hline 5 \end{array} \Rightarrow \begin{array}{r} {\scriptstyle 3} \\ 27 \\ \times\ \ 5 \\ \hline 135 \end{array}$$

03 •보기•는 일의 자리부터 계산한 것이므로 46×4를 일의 자리부터 계산해 봅니다.
$$\begin{array}{r} 46 \\ \times\ \ 4 \\ \hline 24 \end{array} \Rightarrow \begin{array}{r} 46 \\ \times\ \ 4 \\ \hline 24 \\ 160 \end{array} \Rightarrow \begin{array}{r} 46 \\ \times\ \ 4 \\ \hline 24 \\ 160 \\ \hline 184 \end{array}$$

04 (1) $\begin{array}{r} {\scriptstyle 7} \\ 19 \\ \times\ \ 8 \\ \hline \mathbf{152} \end{array}$ (2) $\begin{array}{r} {\scriptstyle 2} \\ 23 \\ \times\ \ 7 \\ \hline \mathbf{161} \end{array}$

(3) $\begin{array}{r} {\scriptstyle 1} \\ 43 \\ \times\ \ 6 \\ \hline \mathbf{258} \end{array}$ (4) $\begin{array}{r} {\scriptstyle 1} \\ 32 \\ \times\ \ 6 \\ \hline \mathbf{192} \end{array}$

05 $\begin{array}{r} {\scriptstyle 2} \\ 24 \\ \times\ \ 5 \\ \hline 120 \end{array}$, $\begin{array}{r} {\scriptstyle 2} \\ 35 \\ \times\ \ 4 \\ \hline 140 \end{array}$

06 $\begin{array}{r} {\scriptstyle 1} \\ 66 \\ \times\ \ 3 \\ \hline \mathbf{198} \end{array}$

07 $29\times4=116$이므로 계산기에 나타날 수는 **116**입니다.

08 $\begin{array}{r} {\scriptstyle 2} \\ 23 \\ \times\ \ 9 \\ \hline \mathbf{207} \end{array}$, $\begin{array}{r} {\scriptstyle 1} \\ 74 \\ \times\ \ 4 \\ \hline \mathbf{296} \end{array}$

09 $\begin{array}{r} {\scriptstyle 6} \\ 39 \\ \times\ \ 7 \\ \hline 273 \end{array}$ ⓢ> $\begin{array}{r} {\scriptstyle 2} \\ 56 \\ \times\ \ 4 \\ \hline 224 \end{array}$

10 $63\times4=$**252**, $8\times35=35\times8=$**280**

11 $15\times5=$**75**, $75\times7=$**525**

12 생각 열기 ■×▲=▲×■
(3점 슛으로 얻은 점수)=3×(3점 슛을 성공시킨 개수)
=$3\times84=84\times3=$**252**(점)

13 생각 열기 곱셈과 나눗셈의 관계를 이용하여 주어진 나눗셈식을 곱셈식으로 바꾸어 봅니다.
□÷8=16은 8×16=□로 바꿀 수 있습니다.
□=8×16=16×8=**128**입니다.

3 STEP 단원 마무리 평가 102~105쪽

01 ㉡
02 3, 51
03 4, 40
04 3, 48
05 (◯) (   )
06 (1) 48 (2) 248
07 (선 잇기)
08 213
09 (위부터) 279, 62
10 <
11 52×3에 ◯표
12 예 일의 자리에서 올림한 수를 십의 자리 계산에 더하지 않았습니다. ; $\begin{array}{r} 27 \\ \times\ \ 3 \\ \hline 81 \end{array}$
13 69
14 $13\times3=39$; 39개
15 메추리알
16 ㉢, ㉡, ㉠
17

㉠1	2	㉡4
		1
㉢1	㉣8	6
	0	

18 5
19 7
20 120점

창의·융합문제

❶ 예 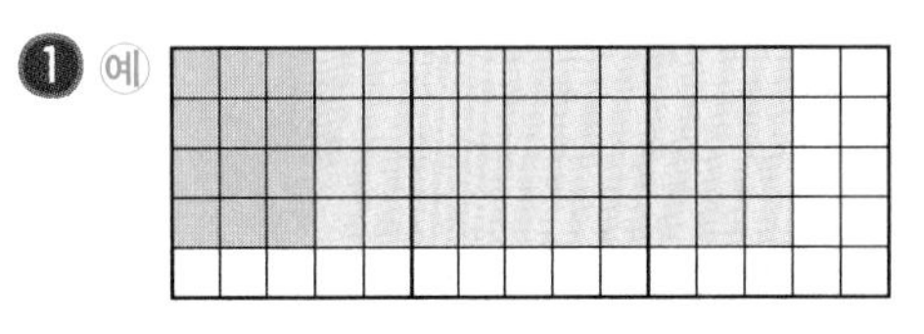 ; $\begin{array}{r} 13 \\ \times\ \ 4 \\ \hline 12 \\ 40 \\ \hline 52 \end{array}$

❷ 예 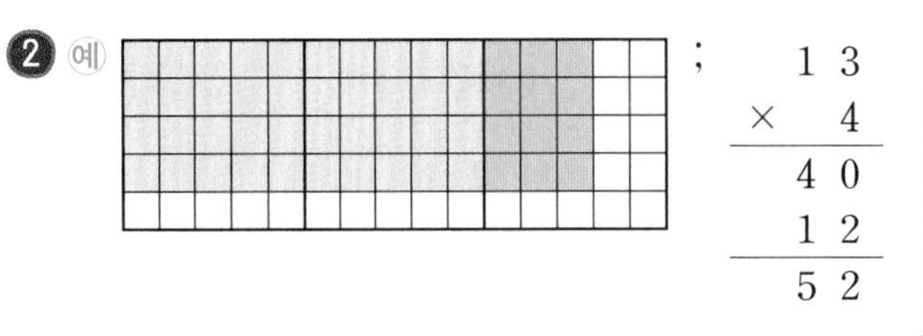 ; $\begin{array}{r} 13 \\ \times\ \ 4 \\ \hline 40 \\ 12 \\ \hline 52 \end{array}$

03 달걀 10개씩 4판은 10×4로 나타낼 수 있습니다. $1\times4=4$이고 계산한 4에 0을 붙이면 **40**입니다.

04 16씩 3번 뛰어 세었으므로 $16\times$**3**$=$**48**입니다.

05 $\begin{array}{r} {\scriptstyle 1} \\ 26 \\ \times\ \ 3 \\ \hline 78 \end{array}$ 일의 자리 계산 $6\times3=18$에서 일의 자리에서 올림한 수를 십의 자리 계산에 반드시 더합니다.

06 (1) $\begin{array}{r} 24 \\ \times\ \ 2 \\ \hline \mathbf{48} \end{array}$ (2) $\begin{array}{r} 62 \\ \times\ \ 4 \\ \hline \mathbf{248} \end{array}$

07 $21\times3=63$, $11\times9=99$

08

$$\begin{array}{r} 7\ 1 \\ \times\ \ \ 3 \\ \hline 2\ 1\ 3 \end{array}$$

09

$$\begin{array}{r} 3\ 1 \\ \times\ \ \ 9 \\ \hline 2\ 7\ 9 \end{array},\quad \begin{array}{r} 3\ 1 \\ \times\ \ \ 2 \\ \hline 6\ 2 \end{array}$$

10 $41\times5=205$, $52\times4=208$
⇨ $205<208$

11 $31\times6=186$, $52\times3=156$, $93\times2=186$

12 서술형 가이드 일의 자리에서 올림이 있는 곱셈을 계산하는 방법을 바르게 알고 있는지 확인합니다.

채점 기준		
	잘못된 이유를 쓰고 바르게 고쳤음.	상
	잘못된 이유를 썼으나 바르게 고치지 못함.	중
	잘못된 이유를 쓰지 못하고 바르게 고치지도 못함.	하

13 가장 큰 수: 23, 가장 작은 수: 3
⇨ $23\times3=$**69**

14 서술형 가이드 초콜릿의 수를 곱셈을 이용하여 바르게 계산했는지 확인합니다.

채점 기준		
	식 $13\times3=39$를 쓰고 답을 바르게 구했음.	상
	식 13×3만 썼음.	중
	식을 쓰지 못함.	하

15 달걀: $44\times8=352$ (g)
메추리알: $9\times40=40\times9=360$ (g)
⇨ $360>352$이므로 **메추리알**이 더 무겁습니다.

16 ㉠ 서울: $14\times8=112$ (cm)
㉡ 부산: $4\times47=47\times4=188$ (cm)
㉢ 제주도: $38\times5=190$ (cm)
⇨ $190>188>112$이므로 ㉢>㉡>㉠입니다.

17 가로 ㉠ $31\times4=124$, ㉢ $62\times3=186$
세로 ㉡ $52\times8=416$, ㉣ $20\times4=80$

18

$$\begin{array}{r} {}^{2}\ \ \ \\ \square\ 5 \\ \times\ \ \ 4 \\ \hline 0 \end{array} \Rightarrow \begin{array}{r} {}^{2}\ \ \ \\ \square\ 5 \\ \times\ \ \ 4 \\ \hline 2\ 2\ 0 \end{array}$$

① 일의 자리를 계산한 값은 $5\times4=20$입니다.
② 십의 자리를 계산한 값은 일의 자리를 계산한 값 20에서 20을 더하여 220이므로 200입니다.
⇨ $\square0\times4=200$, $\square=$**5**

19

$$\begin{array}{r} {}^{3}\ \ \ \\ 2\ 8 \\ \times\ \ \ 4 \\ \hline 2 \end{array} \Rightarrow \begin{array}{r} {}^{3}\ \ \ \\ 2\ 8 \\ \times\ \ \ 4 \\ \hline 1\ 1\ 2 \end{array}$$

$8\times4=32$　　$2\times4=8$, $8+3=11$

$28\times4=112$이므로 $16\times\square=112$입니다.
$6\times\square=$■2에서 $6\times\boxed{2}=12$, $6\times\boxed{7}=42$이므로
$\square=2$ 또는 $\square=7$입니다.
$\square=2$일 때 $16\times2=32(\times)$
$\square=7$일 때 $16\times7=112(\bigcirc)$
따라서 $\square=$**7**입니다.

20 20점에 3번 맞혔으므로 $20\times3=60$(점)을 얻었고, 15점에 4번 맞혔으므로 $15\times4=60$(점)을 얻었습니다.
따라서 승윤이가 얻은 점수는 모두
$60+60=$**120(점)**입니다.

창의·융합 문제

생각 열기 13×4는 모눈종이에 13씩 4줄을 색칠해서 나타낼 수 있습니다.

1 지우가 계산한 방법은 일의 자리부터 계산하는 것입니다.

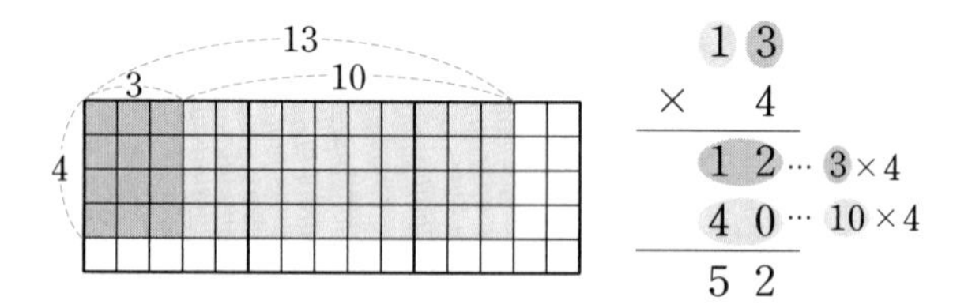

13×4를 지우와 같은 방법으로 계산하려면 위의 그림과 같이 모눈종이를 3씩 4줄과 10씩 4줄을 색칠하고 3×4의 곱과 10×4의 곱을 더하면 됩니다.
$3\times4=12$, $10\times4=40$이므로
$13\times4=12+40=52$입니다.

2 수아가 계산한 방법은 십의 자리부터 계산하는 것입니다.

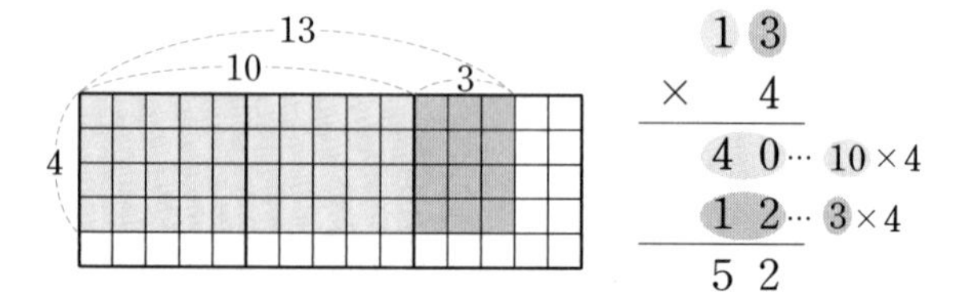

13×4를 수아와 같은 방법으로 계산하려면 위의 그림과 같이 모눈종이를 10씩 4줄과 3씩 4줄을 색칠하고 10×4의 곱과 3×4의 곱을 더하면 됩니다.
$10\times4=40$, $3\times4=12$이므로
$13\times4=40+12=52$입니다.

5 길이와 시간

1STEP 개념 파헤치기 108 ~ 113쪽

109쪽

1-1 1

1-2 10

2-1 6 mm, 6 밀리미터

2-2 4 cm 1 mm, 4 센티미터 1 밀리미터

3-1 6 mm

3-2 4 mm

4-1 34

4-2 7, 8

111쪽

1-1 1

1-2 1000

2-1 7 km, 7 킬로미터

2-2 2 km 100 m, 2 킬로미터 100 미터

3-1 2, 300

3-2 7, 405

4-1 4700

4-2 6, 100

113쪽

1-1 예 약 5 cm, 5 cm 2 mm

1-2 예 약 4 cm, 3 cm 6 mm

2-1 (1) mm에 ○표 (2) cm에 ○표

2-2 (1) cm (2) km

3-1 ( ) ( ) (○)

3-2 ㉡

4-1 2 km

4-2 버스 정류장

109쪽

1-2 1 cm는 **10 mm**입니다.

3-1 생각 열기 1 mm가 ■칸이면 ■ mm입니다.
1 mm가 6칸이므로 **6 mm**입니다.

3-2 1 mm가 4칸이므로 연필심의 길이는 **4 mm**입니다.

4-1 3 cm 4 mm = 3 cm + 4 mm = 30 mm + 4 mm
= **34 mm**

4-2 78 mm = 70 mm + 8 mm = 7 cm + 8 mm
= **7 cm 8 mm**

111쪽

1-1~1-2 1000 m를 1 km라 씁니다.

3-1 2 km보다 300 m 더 먼 거리: **2 km 300 m**

3-2 7 km보다 405 m 더 먼 거리: **7 km 405 m**

4-1 4 km 700 m = 4 km + 700 m = 4000 m + 700 m
= **4700 m**

4-2 6100 m = 6000 m + 100 m = 6 km + 100 m
= **6 km 100 m**

113쪽

1-1 5 cm보다 2 mm 더 길므로 **5 cm 2 mm**입니다.

1-2 3 cm보다 6 mm 더 길므로 **3 cm 6 mm**입니다.

2-1 생각 열기 cm일 때와 mm일 때의 길이를 어림하고 물건의 길이와 비교해 봅니다.
(1) 10 cm와 10 mm를 각각 어림한 후 개념 해결의 법칙 책의 두께와 비교해 보면 개념 해결의 법칙 책의 두께는 약 10 **mm**입니다.
(2) 18 cm와 18 mm를 각각 어림한 후 필통 긴 쪽의 길이와 비교해 보면 필통 긴 쪽의 길이는 약 18 **cm**입니다.

2-2 (1) 운동화 긴 쪽의 길이는 약 22 **cm**입니다.
(2) 지리산의 높이는 약 2 **km**입니다.

주의
운동화 긴 쪽의 길이는 mm, 지리산의 높이는 m로 나타낼 수도 있으므로 □ 앞의 수를 보고 알맞은 단위를 찾습니다.
예 운동화 긴 쪽의 길이는 약 220 mm입니다.
예 지리산의 높이는 약 2000 m입니다.

3-1 버스의 길이와 3층 건물의 높이는 1 km보다 짧습니다. 지구에서 달까지의 거리는 1 km보다 깁니다.

3-2 ㉠ 빨대의 길이와 ㉢ 친구의 키는 1 km보다 짧습니다.
㉡ 서울에서 부산까지의 거리는 약 400 km입니다.

4-1 학교에서 공원까지의 거리가 약 1 km이고 학교에서 서점까지의 거리는 학교에서 공원까지의 거리의 2배 정도이므로 학교에서 서점까지의 거리는 약 **2 km**입니다.

4-2 학교에서 공원까지의 거리가 약 1 km이고 3 km는 1 km의 3배이므로 학교에서 공원까지의 거리의 3배 정도가 되는 곳을 찾으면 **버스 정류장**입니다.

2 STEP 개념 확인하기 114 ~ 115쪽

01 (1) 예
(2) 예

02 (1) 63 (2) 2, 9
03 5 cm 7 mm, 57 mm
04 52 mm
05
06 2, 400
07 아저씨
08 >
09 예 둘레길의 전체 길이는 약 2 km입니다.
10 (1) 12 m (2) 5 cm (3) 2 m 30 cm
11 병원

02 **생각 열기** 1 cm=10 mm ⇨ ■ cm=■0 mm
(1) 6 cm 3 mm=60 mm+3 mm=**63 mm**
(2) 29 mm=20 mm+9 mm=**2 cm 9 mm**

03 장수풍뎅이의 길이를 자로 재어 보면 5 cm보다 7 mm 더 길므로 **5 cm 7 mm**입니다.
5 cm 7 mm=50 mm+7 mm=**57 mm**

04 자석의 오른쪽 끝은 6 cm보다 2 mm 더 길므로 6 cm 2 mm입니다. 6 cm 2 mm=62 mm이고 자석의 왼쪽 끝이 1 cm에서 시작했으므로 자석의 길이는 62 mm−10 mm=**52 mm**입니다.

05 1800 m=1000 m+800 m=1 km+800 m
=1 km 800 m
3 km 900 m=3000 m+900 m=3900 m

06 2 km보다 400 m 더 길므로 **2 km 400 m**입니다.

참고
2 km와 3 km 사이의 길이는 1 km이고 1 km는 1000 m입니다. 1000 m를 10칸으로 똑같이 나누었으므로 작은 눈금 한 칸의 길이는 100 m입니다.

07 사람의 키는 1 km보다 작습니다.

08 **생각 열기** 1 km=1000 m를 이용하여 두 길이를 같은 단위로 나타낸 뒤 길이를 비교합니다.
3 km 204 m=3000 m+204 m=3204 m
⇨ 3240>3204이므로 3240 m>3 km 204 m입니다.

09 **서술형 가이드** 둘레길의 전체 길이를 나타내는 데 알맞은 단위를 알고 있는지 확인합니다.

채점 기준		
	문장을 바르게 고쳤음.	상
	문장을 고쳤으나 미흡함.	중
	문장을 고치지 못함.	하

10 **생각 열기** •보기•에 주어진 길이를 여러 가지 방법으로 어림해 봅니다.
(1) 버스의 길이는 약 **12 m**입니다.
(2) 엄지손가락의 길이는 약 **5 cm**입니다.
(3) 교실 문의 높이는 약 **2 m 30 cm**입니다.

11 선영이네 집에서 학교까지의 거리가 약 500 m이고 1 km는 500 m의 2배이므로 선영이네 집에서 학교까지의 거리의 2배 정도가 되는 곳을 찾으면 **병원**입니다.

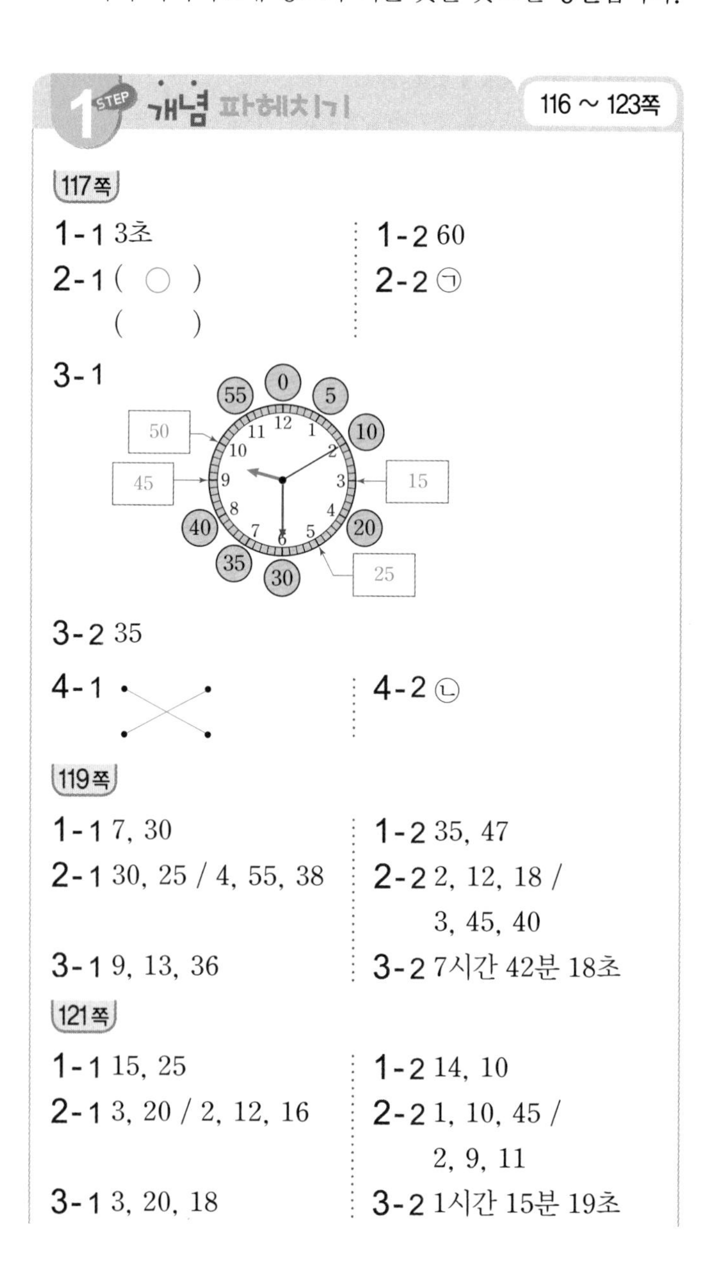

1 STEP 개념 파헤치기 116 ~ 123쪽

117쪽

1-1 3초
1-2 60
2-1 (○)
( )
2-2 ㉠
3-1

3-2 35
4-1
4-2 ㉡

119쪽

1-1 7, 30
1-2 35, 47
2-1 30, 25 / 4, 55, 38
2-2 2, 12, 18 / 3, 45, 40
3-1 9, 13, 36
3-2 7시간 42분 18초

121쪽

1-1 15, 25
1-2 14, 10
2-1 3, 20 / 2, 12, 16
2-2 1, 10, 45 / 2, 9, 11
3-1 3, 20, 18
3-2 1시간 15분 19초

123쪽

1-1 6, 16, 5 ; 6, 16, 5
1-2 1, 55 ; 1, 55
2-1 91 / 1 / 2, 31, 15
2-2 1 / 4, 10, 55
3-1 60 / 34, 53
3-2 60 / 3, 53, 20

117쪽

1-1 생각 열기 초바늘이 작은 눈금 ■칸을 지나는 데 걸리는 시간은 ■초입니다.
초바늘이 작은 눈금 3칸을 지나는 데 걸리는 시간은 **3초**입니다.

1-2 초바늘이 시계를 한 바퀴 도는 데 걸리는 시간은 **60초**입니다.

2-1~2-2 "똑딱"하고 말하는 데 약 1초가 걸리므로 "똑딱"하고 말하는 동안 할 수 있는 일을 찾아봅니다.

3-1 생각 열기 시계의 초바늘이 가리키는 숫자가 1씩 커짐에 따라 나타내는 초는 5초씩 커집니다.
시계의 초바늘이 가리키는 숫자가 3이면 **15초**, 5이면 **25초**, 9이면 **45초**, 10이면 **50초**를 나타냅니다.

참고

초바늘이 가리키는 숫자	1	2	3	4	5	6
나타내는 시각(초)	5	10	15	20	25	30
초바늘이 가리키는 숫자	7	8	9	10	11	12
나타내는 시각(초)	35	40	45	50	55	0

3-2 초바늘이 가리키는 숫자가 7이므로 **35초**입니다.

4-1 생각 열기 60초=1분 ⇨ 60초×■=■분
120초=60초×2=2분, 180초=60초×3=3분

4-2 ㉠ 1분 10초=60초+10초=70초
㉡ 2분 30초=120초+30초=150초

119쪽

2-1
만화 영화가 시작한 시각 + 만화 영화가 방영된 시간 = 만화 영화가 끝나는 시각
⇨ 4시 25분 13초 + 30분 25초 = **4시 55분 38초**

2-2
책 읽기를 시작한 시각 + 책을 읽은 시간 = 책 읽기를 끝낸 시각
⇨ 1시 33분 22초 + 2시간 12분 18초 = **3시 45분 40초**

3-1 시간은 시간끼리, 분은 분끼리, 초는 초끼리 더합니다.
7시간 13분 20초 + 2시간 16초 = **9시간 13분 36초**

3-2 3시간 27분 18초 + 4시간 15분 = **7시간 42분 18초**
(시간)+(시간)=(시간)이므로 계산 결과는 7시간 42분 18초입니다.

121쪽

2-1
음악이 끝난 시각 − 음악이 연주된 시간 = 음악을 듣기 시작한 시각
⇨ 2시 15분 36초 − 3분 20초 = **2시 12분 16초**

2-2
부산에 도착한 시각 − 서울에서 출발한 시각 = 서울에서 부산까지 이동하는 데 걸린 시간
⇨ 3시 19분 56초 − 1시 10분 45초 = **2시간 9분 11초**

3-1 시는 시끼리, 분은 분끼리, 초는 초끼리 뺍니다.
8시 36분 18초 − 5시간 16분 = **3시 20분 18초**

3-2 3시간 15분 28초 − 2시간 9초 = **1시간 15분 19초**
(시간)−(시간)=(시간)이므로 계산 결과는 1시간 15분 19초입니다.

123쪽

1-1 생각 열기 시간을 더했을 때 초끼리의 합이 60초이거나 60초를 넘으면 60초를 1분으로 받아올림하여 계산합니다.
6시 15분 55초 + 10초 = 6시 15분 65초 → 65초 −60초, +1분 → **6시 16분 5초**
⇨ 6시 15분 55초에서 10초가 지난 시각은 **6시 16분 5초**입니다.

1-2 생각 열기 5분에서 10분을 뺄 수 없으므로 1시간을 60분으로 받아내림하여 계산합니다.
2시 5분 − 10분 (2시 → 1, 60) = **1시 55분**
⇨ 2시 5분의 10분 전 시각은 **1시 55분**입니다.

2-1

1시	51분	10초
+	40분	5초
1시	91분	15초
+1시간 ⇦	−60분	
2시	31분	15초

2-2

1 1시	40분	50초
+2시간	30분	5초
4시	10분	55초

60분을 1시간으로 받아올림한 것은 시간 위에 받아올림한 수 1을 작게 쓰는 것으로 나타낼 수도 있습니다.

3-1 생각 열기 18초에서 25초를 뺄 수 없으므로 1분을 60초로 받아내림하여 계산합니다.

56 ~~57~~분	60 18초
−22분	25초
34분	53초

3-2 생각 열기 43분에서 50분을 뺄 수 없으므로 1시간을 60분으로 받아내림하여 계산합니다.

6 ~~7~~시	60 43분	30초
−3시간	50분	10초
3시	53분	20초

2 STEP 개념 확인하기 124 ~ 125쪽

01 11, 35, 23
02 220초에 ○표
03 (위부터) 45, 123, 1, 29
04 (1) 분 (2) 초 (3) 시간
05 (1) 5분 35초 (2) 15분 14초
06

3시	16분	
+	5분	30초
3시	21분	30초

07 1시간 50분 5초
08 2시간 18분
09 7시간 38분 11초
10 4시 24분 32초
11 1시간 21분 15초
12 10시 3분 57초

01 짧은바늘이 숫자 11과 12 사이에 있으므로 11시입니다. 긴바늘이 숫자 7과 7 다음 작은 눈금 사이에 있으므로 35분입니다. 초바늘이 숫자 4에서 작은 눈금 3칸 더 갔으므로 23초입니다.
⇨ 11시 35분 23초

02 1분=60초이므로 3분=60초×3=180초입니다.
3분 10초=180초+10초=190초
⇨ 190<220이므로 더 긴 시간은 220초입니다.

03 다혜: 105초=60초+45초=1분 **45**초
민지: 2분 3초=120초+3초=**123**초
수호: 89초=60초+29초=**1**분 **29**초

04 생각 열기 단위 앞의 수를 보고 상황에 알맞은 시간의 단위를 찾습니다.
(1) 아침 식사를 하는 시간: 20**분**
(2) 물 한 모금을 마시는 시간: 3**초**
(3) 극장에서 영화를 보는 시간: 2**시간**

주의
같은 상황이라도 여러 가지 단위로 나타낼 수 있으므로 □ 앞의 수를 보고 알맞은 단위를 찾습니다.
예 극장에서 영화를 보는 시간: 165분

05 분은 분끼리, 초는 초끼리 계산합니다.

(1)

2분	10초
+3분	25초
5분	**35초**

(2)

32분	28초
−17분	14초
15분	**14초**

06 시는 시끼리, 분은 분끼리, 초는 초끼리 더해야 하는데 승찬이는 서로 다른 단위끼리 더해서 틀렸습니다.

07 생각 열기 시간의 차는 더 긴 시간에서 더 짧은 시간을 빼서 구합니다.
3시간 55분 20초>2시간 5분 15초이므로

3시간	55분	20초
−2시간	5분	15초
1시간	**50분**	**5초**

08

달리기를 끝낸 시각		10시	33분
− 달리기를 시작한 시각	⇨	− 8시	15분
달린 시간		**2시간**	**18분**

09

4시간	21분	43초
+3시간	16분	28초
7시간	37분	71초
	+1분 ⇦	−60초
7시간	**38분**	**11초**

10 생각 열기 30초에서 58초를 뺄 수 없으므로 1분을 60초로 받아내림하여 계산합니다.

	42	60
6시	43분	30초
− 2시간	18분	58초
4시	**24분**	**32초**

11 왼쪽 시계: 4시 54분 30초
오른쪽 시계: 6시 15분 45초

	5	60	
	6시	15분	45초
⇨	− 4시	54분	30초
	1시간	**21분**	**15초**

12 생각 열기 1시간 38분 5초 후의 시각은 1시간 38분 5초를 더해서 구합니다.
시계가 나타내는 시각: 8시 25분 52초

	1		
	8시	25분	52초
⇨	+ 1시간	38분	5초
	10시	**3분**	**57초**

3 STEP 단원 마무리 평가 126 ~ 129쪽

01 8　　02 5, 7
03 예 (그림)
04 (1) mm (2) cm
05 ( ) (○) ( )　　06 뿌치　　07 (그림)
08 (1) 8, 3 (2) 585　　09 ㉡
10 (위부터) 4, 800, 4300　　11 6, 39, 45
12 2, 47　　13 8시 48분 47초
14 예 양치질하는 데 3분이 걸렸습니다.
15 용주　　16 2시간 39분
17 도영　　18 5시 10분 15초
19 도서관, 경찰서, 공원　　20 7시 43분 33초

창의·융합 문제

❶ (1) 2, 800 (2) 2, 900
❷ 2, 900, 2, 800, 100, 소망 1길과 소망 2길에 ○표, 소망 4길과 소망 3길에 ○표, 100

01 초바늘이 숫자 1에서 작은 눈금 3칸을 더 갔으므로 **8**초입니다.

02 5 cm보다 7 mm 더 길므로 **5** cm **7** mm입니다.

03 6 cm보다 3 mm 더 길게 긋습니다.

04 생각 열기 어림해야 하는 길이와 수를 보고 알맞은 길이의 단위를 찾습니다.
(1) 쌀 한 톨의 길이는 약 6 **mm**입니다.
(2) 은수의 한 걸음의 길이는 약 50 **cm**입니다.

05 생각 열기 "똑딱"하고 말하는 데 약 1초가 걸립니다.
"똑딱"하고 말하는 동안 할 수 있는 일을 찾아보면 자리에서 일어날 수 있습니다.
아침 식사를 하는 것과 색종이로 카네이션을 접는 데에는 1초보다 더 긴 시간이 필요합니다.

06 생각 열기 1 km는 1 m를 1000개 모은 길이입니다.
공중화장실 줄의 길이는 1 km보다 짧습니다.
한라산의 높이는 1 km보다 깁니다.

> 참고
> 한라산의 높이는 약 2 km입니다.

07 2분 45초 = 120초 + 45초 = 165초
3분 15초 = 180초 + 15초 = 195초

> 참고
> 2분 = 60초 × 2 = 120초, 3분 = 60초 × 3 = 180초

08 (1) 83 mm = 80 mm + 3 mm = **8** cm **3** mm
(2) 58 cm 5 mm = 580 mm + 5 mm = **585** mm

09 ㉡ 3 cm보다 2 mm 더 긴 길이는 3 cm 2 mm입니다.
3 cm 2 mm = 30 mm + 2 mm = 32 mm
⇨ 32 > 23이므로 3 cm 2 mm가 23 mm보다 더 깁니다.

10 1 km(= 1000 m)를 10칸으로 똑같이 나누었으므로 작은 눈금 한 칸의 길이는 100 m입니다.
4800 m = 4000 m + 800 m = **4** km **800** m입니다.
4 km보다 300 m 더 길므로 4 km 300 m = **4300** m입니다.

11 시간은 시간끼리, 분은 분끼리, 초는 초끼리 더합니다.

4시간	25분	30초
+ 2시간	14분	15초
6시간	**39**분	**45**초

12 생각 열기 42초에서 55초를 뺄 수 없으므로 1분을 60초로 받아내림하여 계산합니다.

	12	60
	~~13~~분	42초
−	10분	55초
	2분	47초

13 시는 시끼리, 분은 분끼리, 초는 초끼리 더합니다.

	5시	18분	21초
+	3시간	30분	26초
	8시	48분	47초

(시각)+(시간)=(시각)이므로 계산 결과는 8시 48분 47초입니다.

14 서술형 가이드 양치질하는 데 걸리는 시간을 나타내는 데 알맞은 시간의 단위를 알고 있는지 확인합니다.

채점 기준		
	문장을 바르게 고쳤음.	상
	문장을 고쳤으나 미흡함.	중
	문장을 고치지 못함.	하

15 선미: 교실의 높이가 약 3 m이고 학교가 3층이면 학교의 높이는 약 9 m입니다.

16

	부산에 도착한 시각	⇨		12시	57분
−	대전에서 출발한 시각		−	10시	18분
	대전에서 부산까지 가는 데 걸린 시간			2시간	39분

17 생각 열기 도착한 시각에서 출발한 시각을 빼면 50 m를 달리는 데 걸린 시간을 구할 수 있습니다.

도영: 초바늘이 작은 눈금 13칸을 지났으므로 도영이의 기록은 13초입니다.

태용:

	9시	10분	24초
−	9시	10분	10초
			14초

이므로 태용이의 기록은 14초입니다.

⇨ 13<14이고 달리는 데 걸린 시간이 짧을수록 더 빨리 달린 것이므로 **도영**이가 더 빨리 달렸습니다.

18 생각 열기 1시간 30분 후의 시각은 1시간 30분을 더해서 구합니다.

시계가 나타내는 시각: 3시 40분 15초

	1		
	3시	40분	15초
+	1시간	30분	
	5시	10분	15초

19 학교에서 도서관까지의 거리만 몇 km 몇 m로 나타내었으므로 몇 m로 나타내어 봅니다.

1 km=1000 m이므로

1 km 45 m=1000 m+45 m=1045 m입니다.

1045<1087<1214이므로 학교에서 가까운 순서대로 장소를 쓰면 **도서관, 경찰서, 공원**입니다.

20 시계가 나타내는 시각: 10시 11분 25초

2시간 27분 52초 전의 시각은 2시간 27분 52초를 빼서 구합니다.

	9	60 10	60
	~~10~~시	~~11~~분	25초
−	2시간	27분	52초
	7시	43분	33초

창의·융합문제

❶ 생각 열기 길이의 합을 구할 때에는 km는 km끼리, m는 m끼리 더하여 구합니다.

(1) 소망 1길과 소망 2길의 거리의 합을 구해 보면

		700 m
+	2 km	100 m
	2 km	800 m

입니다.

(2) 소망 4길과 소망 3길의 거리의 합을 구해 보면

	1 km	500 m
+	1 km	400 m
	2 km	900 m

입니다.

❷ 생각 열기 길이의 차를 구할 때에는 km는 km끼리, m는 m끼리 빼서 구합니다.

소망 1길과 소망 2길의 거리의 합과 소망 4길과 소망 3길의 거리의 합을 비교하면

2 km 900 m<2 km 900 m이므로 소망 4길과 소망 3길의 거리의 합이 더 깁니다.

두 산책길의 거리의 차를 구하기 위해 소망 4길과 소망 3길의 거리의 합에서 소망 1길과 소망 2길의 거리의 합을 빼면

	2 km	900 m
−	2 km	800 m
		100 m

입니다.

따라서 소망 1길과 소망 2길로 가는 길이 소망 4길과 소망 3길로 가는 길보다 **100 m** 더 짧습니다.

6 분수와 소수

1 STEP 개념 파헤치기 132 ~ 137쪽

133쪽

1-1 나, 다, 바

1-2 나, 라, 바

2-1 다

2-2 나

3-1

3-2

135쪽

1-1 1

1-2 2, 2

2-1 $\frac{1}{2}$

2-2 $\frac{1}{3}$

3-1 6, 5, $\frac{5}{6}$

3-2 $\frac{3}{4}$, 4분의 3

137쪽

1-1

1-2 (1) $\frac{3}{4}$
(2) 예

2-1 $\frac{4}{6}$, $\frac{2}{6}$

2-2 $\frac{4}{9}$, $\frac{5}{9}$

3-1 예

3-2 예

133쪽

1-1 나: 똑같이 둘로 나누어졌습니다.
다: 똑같이 둘로 나누어졌습니다.
바: 똑같이 넷으로 나누어졌습니다.

1-2 가: 똑같이 셋으로 나누어졌습니다.
다: 똑같이 둘로 나누어졌습니다.
마: 똑같이 둘로 나누어졌습니다.

2-1 가: 똑같이 둘로 나누어졌습니다.
나: 똑같이 셋으로 나누어졌습니다.
다: 똑같이 넷으로 나누어졌습니다.

2-2 가: 똑같이 둘로 나누어졌습니다.
다: 똑같이 여섯으로 나누어졌습니다.

135쪽

1-2 전체를 똑같이 3으로 나눈 것 중의 2이므로 $\frac{2}{3}$입니다.

> 참고
> 전체를 똑같이 3으로 나눈 것 중의 2
> ⇨ 쓰기: $\frac{2}{3}$, 읽기: 3분의 2

2-1 빨간색 부분은 전체 2칸 중에서 1칸에 색칠되어 있으므로 빨간색 부분은 전체의 $\frac{1}{2}$입니다.

2-2 노란색 부분은 전체 3칸 중에서 1칸에 색칠되어 있으므로 노란색 부분은 전체의 $\frac{1}{3}$입니다.

3-1 전체를 똑같이 나눈 수: 6
색칠한 부분의 수: 5 ⇨ $\frac{5}{6}$

> 참고
> 5 ← 분자(색칠한 부분의 수)
> 6 ← 분모(전체를 똑같이 나눈 수)

3-2 전체 4칸 중에서 3칸을 색칠했습니다.
⇨ 쓰기: $\frac{3}{4}$, 읽기: 4분의 3

137쪽

1-2 (1) 시루떡은 4조각 중에서 1조각이 남아 있으므로 지금 조각과 똑같은 조각이 3조각 더 있어야 합니다.

> 다른 풀이
> (2) 전체는 여러 가지 모양이 나올 수 있습니다.

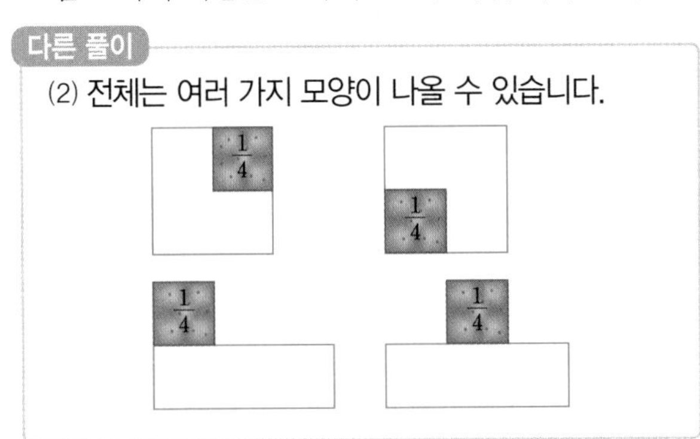

2-1 전체를 똑같이 6으로 나눈 것 중 4만큼 색칠하고 2만큼은 색칠하지 않았습니다.
⇨ 색칠한 부분 $\frac{4}{6}$, 색칠하지 않은 부분 $\frac{2}{6}$

2-2 전체를 똑같이 9로 나눈 것 중 4만큼 색칠하고 5만큼은 색칠하지 않았습니다.
⇨ 색칠한 부분 $\frac{4}{9}$, 색칠하지 않은 부분 $\frac{5}{9}$

3-1 전체 3칸 중에서 1칸을 색칠합니다.

3-2 전체 6칸 중에서 3칸을 색칠합니다.

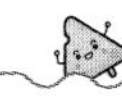

2 STEP 개념 확인하기 138 ~ 139쪽

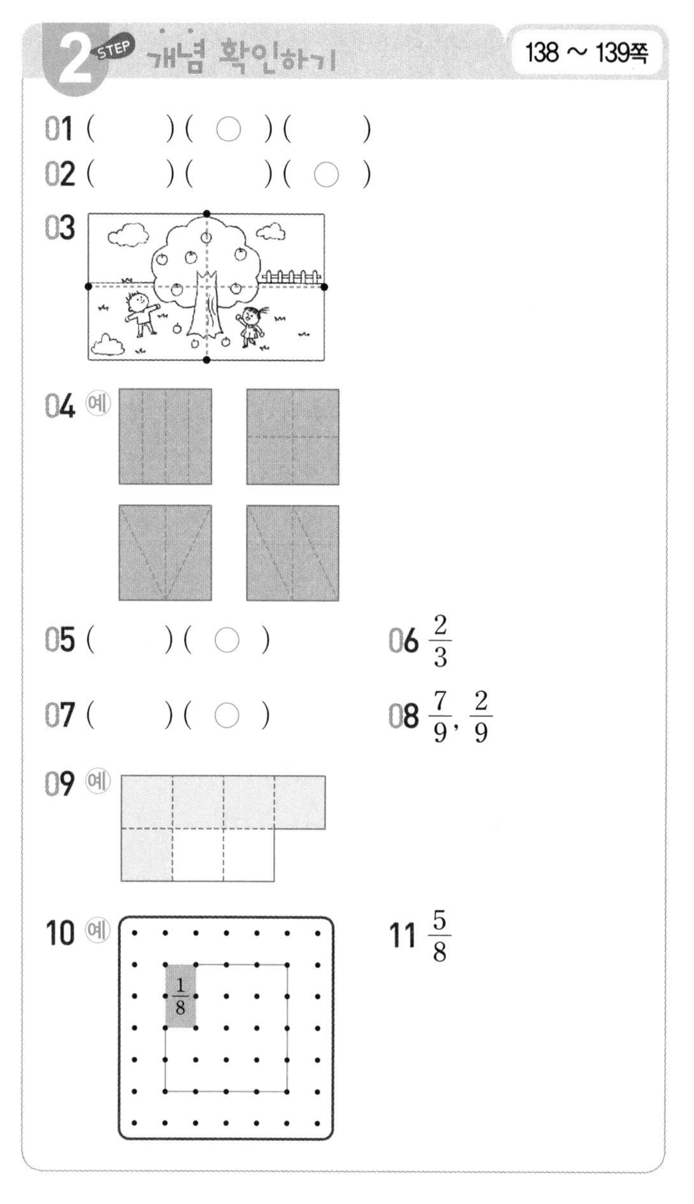

01 나누어진 부분들의 크기와 모양이 같아야 합니다.

02 체코: 똑같이 나누어지지 않았습니다.
벨기에: 똑같이 셋으로 나누어졌습니다.
모리셔스: 똑같이 넷으로 나누어졌습니다.

03 크기와 모양이 같도록 넷으로 나눕니다.

> **참고**
> 주어진 점을 이용하면 쉽게 나눌 수 있습니다.

04 크기와 모양이 같도록 여러 가지 방법으로 넷으로 나눌 수 있습니다.

> **다른 풀이**

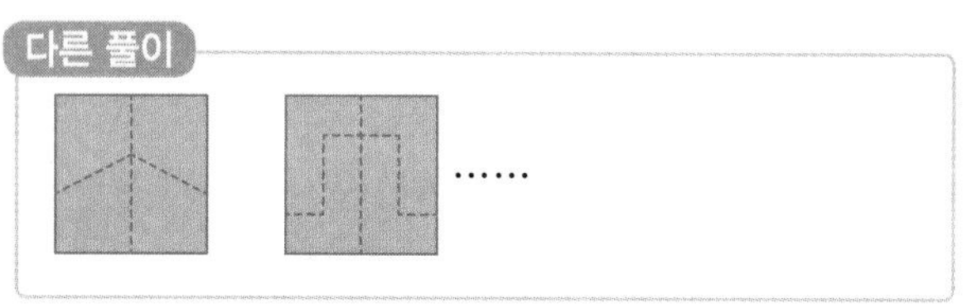

05 왼쪽 그림은 전체를 5로 나눈 것 중의 3을 색칠한 것입니다.

06 전체 3칸 중에서 2칸에 색칠되어 있으므로 빨간색 부분은 전체의 $\frac{2}{3}$입니다.

07 전체 6칸 중에서 5칸이 색칠된 것을 찾으면 오른쪽 그림입니다.

08 전체를 똑같이 9로 나눈 것 중 7만큼 색칠하고 2만큼은 색칠하지 않았습니다.

09 $\frac{5}{7}$: 전체 7칸 중에서 5칸에 색칠합니다.

> **참고**
> 색칠하지 않은 부분은 전체 7칸 중에서 2칸이므로 색칠하지 않은 부분은 분수로 $\frac{2}{7}$입니다.

10 지금 조각과 똑같은 조각이 7조각 더 있어야 합니다.

> **다른 풀이**
> 전체는 여러 가지 모양이 나올 수 있습니다.

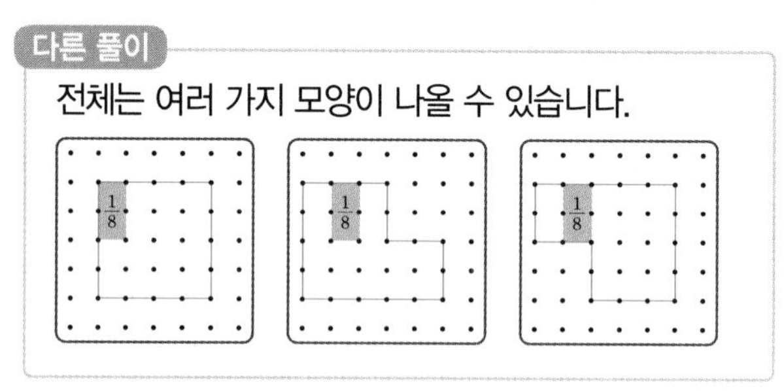

11 남은 부분은 전체 8조각 중 5조각이므로 $\frac{5}{8}$입니다.

1 STEP 개념 파헤치기 140 ~ 143쪽

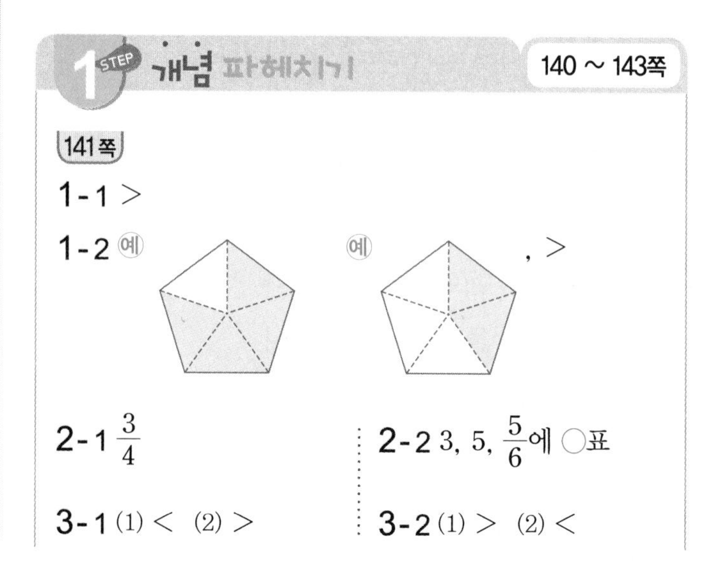

143쪽

1-1 $>$

1-2 예 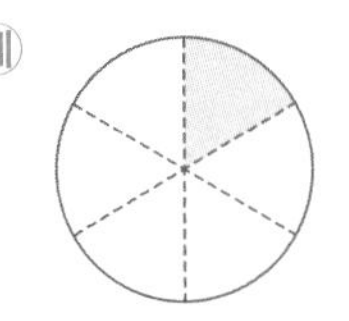 예 , $<$

2-1 (1) $<$ (2) $>$

2-2 (1) $<$ (2) $>$

3-1 $\frac{1}{4}$에 ○표

3-2 $\frac{1}{2}$, $\frac{1}{3}$, $\frac{1}{8}$

141쪽

1-2 $\frac{4}{5}$: 전체 5칸 중에서 4칸에 색칠합니다.

$\frac{2}{5}$: 전체 5칸 중에서 2칸에 색칠합니다.

색칠한 부분을 보면 $\frac{4}{5}$가 더 넓으므로 $\frac{4}{5}$가 더 큽니다.

2-1 $3>2$이므로 $\frac{3}{4}$이 더 큽니다.

2-2 $\frac{3}{6}$은 $\frac{1}{6}$이 3개, $\frac{5}{6}$는 $\frac{1}{6}$이 5개이므로 $\frac{3}{6}$과 $\frac{5}{6}$ 중에서 $\frac{1}{6}$이 더 많은 수는 $\frac{5}{6}$입니다.

따라서 더 큰 분수는 $\frac{5}{6}$입니다.

3-1 (1) $1<3$이므로 $\frac{1}{5}<\frac{3}{5}$입니다.

(2) $5>3$이므로 $\frac{5}{7}>\frac{3}{7}$입니다.

참고

분모가 같은 분수는 분자가 클수록 더 큰 수입니다.

3-2 생각 열기 분모가 같으므로 분자의 크기를 비교합니다.

(1) $6>2$이므로 $\frac{6}{8}>\frac{2}{8}$입니다.

(2) $3<8$이므로 $\frac{3}{20}<\frac{8}{20}$입니다.

143쪽

1-1 색칠한 부분을 보면 $\frac{1}{4}$이 더 넓으므로 $\frac{1}{4}$이 더 큽니다.

1-2 $\frac{1}{6}$: 전체 6칸 중에서 1칸을 색칠합니다.

$\frac{1}{2}$: 전체 2칸 중에서 1칸을 색칠합니다.

색칠한 부분을 보면 $\frac{1}{2}$이 더 넓으므로 $\frac{1}{2}$이 더 큽니다.

2-1 (1) $5>3$이므로 $\frac{1}{5}<\frac{1}{3}$입니다.

(2) $8<10$이므로 $\frac{1}{8}>\frac{1}{10}$입니다.

2-2 생각 열기 단위분수는 분모가 작을수록 더 큰 수입니다.

(1) $7>2$이므로 $\frac{1}{7}<\frac{1}{2}$입니다.

(2) $4<14$이므로 $\frac{1}{4}>\frac{1}{14}$입니다.

3-1 생각 열기 단위분수이므로 가장 큰 분수는 분모가 가장 작은 분수입니다.

$4<9<12$이므로 $\frac{1}{4}>\frac{1}{9}>\frac{1}{12}$입니다.

3-2 $2<3<8$이므로 $\frac{1}{2}>\frac{1}{3}>\frac{1}{8}$입니다.

2 STEP 개념 확인하기 144 ~ 145쪽

01 예 $\frac{3}{5}$ $\frac{4}{5}$

; 3, 4, 작습니다에 ○표

02 예 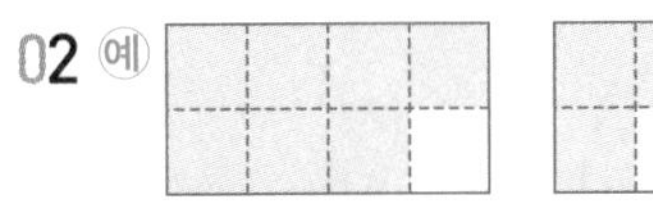  , $>$

03 (1) $>$ (2) $<$

04 (1) $\frac{7}{8}$에 ○표 (2) $\frac{8}{12}$에 ○표

05 연아

06 6, 7, 8, 9

07 $\frac{17}{20}$, $\frac{13}{20}$, $\frac{8}{20}$, $\frac{4}{20}$, $\frac{1}{20}$

08 단위분수

09 (1) $>$ (2) $>$

10 (○) (   )

11 $\frac{1}{7}$, $\frac{1}{5}$, $\frac{1}{3}$

12 $\frac{1}{2}$, $\frac{1}{64}$

13 5, 6, 7

01 생각 열기 $\frac{▲}{■}$는 $\frac{1}{■}$이 ▲개입니다.

$\frac{3}{5}$: 전체 5칸 중에서 3칸에 색칠합니다.

$\frac{4}{5}$: 전체 5칸 중에서 4칸에 색칠합니다.

$\frac{3}{5}$은 $\frac{1}{5}$이 3개, $\frac{4}{5}$는 $\frac{1}{5}$이 4개입니다.

$3<4$이므로 $\frac{3}{5}$은 $\frac{4}{5}$보다 더 **작습니다.**

02 $\frac{7}{8}$: 전체 8칸 중에서 7칸에 색칠합니다.

$\frac{5}{8}$: 전체 8칸 중에서 5칸에 색칠합니다.

$7>5$이므로 $\frac{7}{8}$은 $\frac{5}{8}$보다 더 큽니다.

03 (1) $8>7$이므로 $\frac{8}{9}>\frac{7}{9}$입니다.

(2) $10<11$이므로 $\frac{10}{14}<\frac{11}{14}$입니다.

04 **생각 열기** 분모가 같은 분수는 분자가 클수록 더 큰 수입니다.

(1) $4<7$이므로 $\frac{4}{8}<\frac{7}{8}$입니다.

(2) $8>5$이므로 $\frac{8}{12}>\frac{5}{12}$입니다.

05 $\frac{9}{11}>\frac{6}{11}$이므로 **연아**가 가진 리본이 더 깁니다.

06 분모가 13으로 같으므로 분자의 크기 비교는 분수의 크기 비교와 같은 방향입니다.
$5<\square<10$이므로 $\square$=**6, 7, 8, 9**입니다.

07 $17>13>8>4>1$이므로
$\frac{17}{20}>\frac{13}{20}>\frac{8}{20}>\frac{4}{20}>\frac{1}{20}$입니다.

08 **참고**

단위분수 중에서 가장 큰 수는 $\frac{1}{2}$입니다.

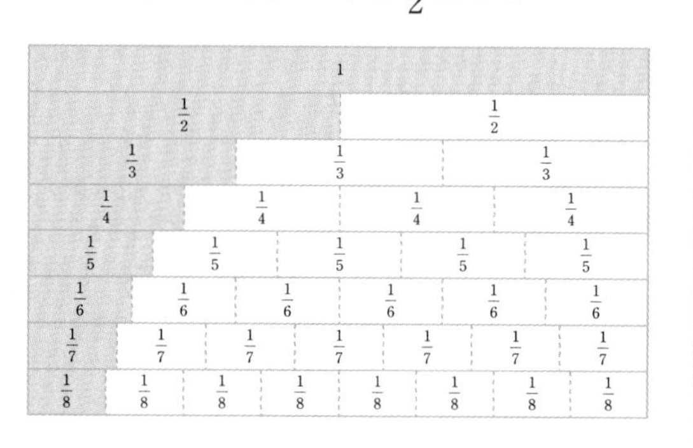

09 (1) $5<8$이므로 $\frac{1}{5}>\frac{1}{8}$입니다.

(2) $9<12$이므로 $\frac{1}{9}>\frac{1}{12}$입니다.

주의

$\frac{1}{5}$ (>) $\frac{1}{8}$ 분모의 크기 비교와 반대 방향입니다.

5 (<) 8

10 단위분수는 분모가 작을수록 더 큰 수입니다.

⇨ $10>4$이므로 $\frac{1}{10}<\frac{1}{4}$입니다.

11 단위분수는 분모가 클수록 더 작은 수이므로 분모가 큰 수부터 차례로 씁니다.

⇨ $7>5>3$이므로 $\frac{1}{7}<\frac{1}{5}<\frac{1}{3}$입니다.

따라서 작은 수부터 차례로 쓰면 $\frac{1}{7}$, $\frac{1}{5}$, $\frac{1}{3}$입니다.

12 $64>32>16>8>4>2$에서
$\frac{1}{64}<\frac{1}{32}<\frac{1}{16}<\frac{1}{8}<\frac{1}{4}<\frac{1}{2}$이므로
가장 큰 분수는 $\frac{1}{2}$, 가장 작은 분수는 $\frac{1}{64}$입니다.

13 **생각 열기** 단위분수의 크기 비교는 분모의 크기 비교와 반대 방향입니다.
$\frac{1}{8}<\frac{1}{\square}<\frac{1}{4}$에서 $8>\square>4$이므로
$\square$=**7, 6, 5**입니다.

1 STEP 개념 파헤치기 146 ~ 153쪽

147쪽

1-1 $\frac{6}{10}$, 0.6
1-2 (1) $\frac{7}{10}$ (2) 0.7
2-1 (선 잇기)
2-2 0.8, 영 점 팔
3-1 (1) 0.1 (2) 0.5
3-2 (1) 3 (2) $\frac{1}{10}$
4-1 (1) 0.4 (2) 0.9
4-2 (1) $\frac{8}{10}$ (2) $\frac{5}{10}$

149쪽

1-1 3.4
1-2 5.7, 오 점 칠
2-1 1.2
2-2 예 (수직선 0, 1, 2, 3)
3-1 (1) 1.6 (2) 8.1
3-2 (1) 48 (2) 62
4-1 (1) 2.7 (2) 1.5
4-2 (1) 5.3 (2) 3.9

151쪽

1-1 (1) 예

0.3 (0 ~ 1)

0.7 (0 ~ 1)

(2) 0.7

1-2 (1) 6개 (2) 2개 (3) 0.6

2-1 예 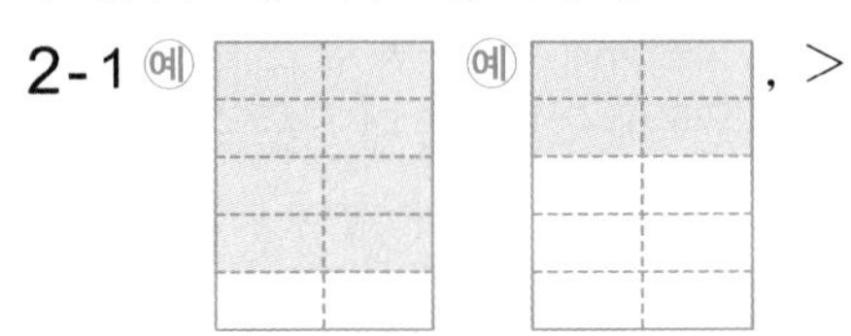 예 , >

2-2 예  예 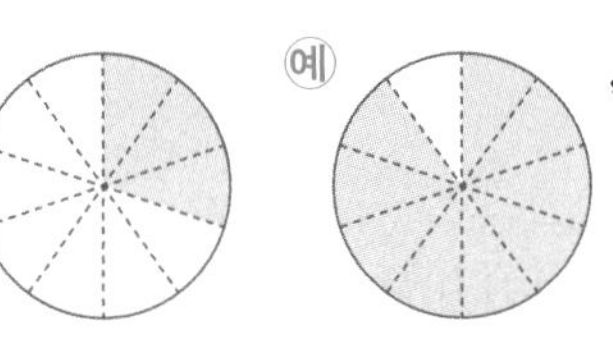 , <

3-1 (1) > (2) <

3-2 (1) > (2) >

153쪽

1-1 >

1-2 <

2-1 (1) < (2) >

2-2 (1) > (2) <

3-1 ㉡

3-2 ㉡

147쪽

1-1 $\frac{6}{10}=0.6$

1-2 전체를 똑같이 10으로 나눈 것 중 7만큼 색칠했으므로 분수로 나타내면 $\frac{7}{10}$, 소수로 나타내면 **0.7**입니다.

2-1 0.4 ⇨ 영 점 사, 0.6 ⇨ 영 점 육

참고

0.1 ⇨ 영 점 일　　0.2 ⇨ 영 점 이
0.3 ⇨ 영 점 삼　　0.4 ⇨ 영 점 사
0.5 ⇨ 영 점 오　　0.6 ⇨ 영 점 육
0.7 ⇨ 영 점 칠　　0.8 ⇨ 영 점 팔
0.9 ⇨ 영 점 구

2-2 $\frac{8}{10}=0.8$ ⇨ **영 점 팔**

3-1 (1) 0.7은 **0.1**이 7개입니다.
(2) 0.1이 5개이면 **0.5**입니다.

참고

0.■는 0.1이 ■개입니다.

3-2 (1) $\frac{1}{10}$이 3개이면 $\frac{3}{10}=0.3$입니다.
(2) $\frac{1}{10}$이 4개이면 $\frac{4}{10}=0.4$입니다.

참고

$\frac{1}{10}$이 1개 ⇨ $\frac{1}{10}=0.1$　　$\frac{1}{10}$이 2개 ⇨ $\frac{2}{10}=0.2$
$\frac{1}{10}$이 3개 ⇨ $\frac{3}{10}=0.3$　　$\frac{1}{10}$이 4개 ⇨ $\frac{4}{10}=0.4$
$\frac{1}{10}$이 5개 ⇨ $\frac{5}{10}=0.5$　　$\frac{1}{10}$이 6개 ⇨ $\frac{6}{10}=0.6$
$\frac{1}{10}$이 7개 ⇨ $\frac{7}{10}=0.7$　　$\frac{1}{10}$이 8개 ⇨ $\frac{8}{10}=0.8$
$\frac{1}{10}$이 9개 ⇨ $\frac{9}{10}=0.9$

4-1 (1) $\frac{4}{10}=\mathbf{0.4}$ (2) $\frac{9}{10}=\mathbf{0.9}$

참고

$\frac{■}{10}$=0.■입니다.

4-2 (1) $0.8=\frac{8}{10}$ (2) $0.5=\frac{5}{10}$

149쪽

2-1 1과 0.2만큼은 **1.2**입니다.

2-2 2.6은 0.1이 26개이므로 26칸을 색칠합니다.

3-1 생각 열기 0.1이 ■▲개이면 ■.▲입니다.
(1) 0.1이 16개 ⇨ **1.6**
(2) 0.1이 81개 ⇨ **8.1**

3-2 생각 열기 ■.▲는 0.1이 ■▲개입니다.
(1) 4.8 ⇨ 0.1이 **48**개
(2) 6.2 ⇨ 0.1이 **62**개

4-1 생각 열기 ■ cm ▲ mm=■.▲ cm
(1) 7 mm=0.7 cm이므로
2 cm 7 mm=2 cm+7 mm=2 cm+0.7 cm
=**2.7** cm입니다.
(2) 5 mm=0.5 cm이므로
1 cm 5 mm=1 cm+5 mm=1 cm+0.5 cm
=**1.5** cm입니다.

4-2 10 mm=1 cm임을 이용합니다.
(1) 53 mm=50 mm+3 mm=5 cm+0.3 cm
=**5.3** cm
(2) 39 mm=30 mm+9 mm=3 cm+0.9 cm
=**3.9** cm

151쪽

1-1 (1) 0.3은 0.1이 3개이므로 3칸을 색칠합니다.
0.7은 0.1이 7개이므로 7칸을 색칠합니다.
(2) 색칠한 부분을 비교해 보면 **0.7**은 0.3보다 더 큽니다.

1-2 (1) 0.6은 0.1이 **6**개입니다.
(2) 0.2는 0.1이 **2**개입니다.
(3) 0.1이 더 많은 수가 더 크므로 **0.6**은 0.2보다 더 큽니다.

2-1

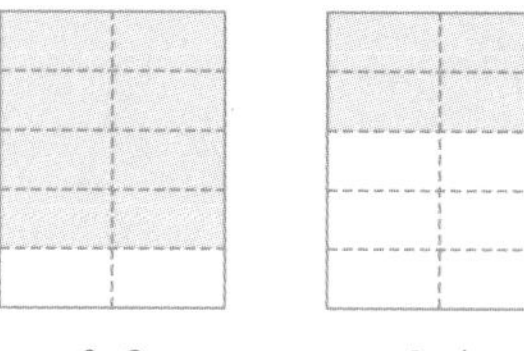

0.8 0.4

⇨ 색칠한 부분을 비교해 보면 0.8은 0.4보다 더 큽니다.

2-2

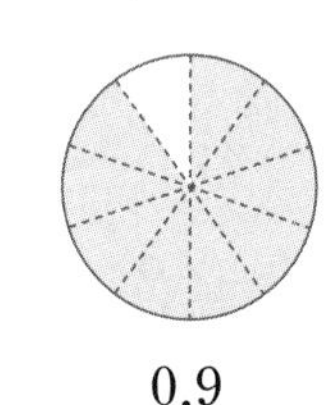

0.3 0.9

⇨ 색칠한 부분을 비교해 보면 0.3은 0.9보다 더 작습니다.

3-1 (1) 6>5이므로 0.6>0.5입니다.
(2) 2<8이므로 0.2<0.8입니다.

참고
소수 0.■의 크기를 비교할 때는 소수점 오른쪽의 수가 클수록 더 큽니다.

3-2 (1) 0.9는 0.1이 9개이므로 0.9가 더 큽니다.
(2) 0.8은 0.1이 8개이므로 0.8이 더 큽니다.

다른 풀이
(1) 0.1이 7개인 수는 0.7입니다.

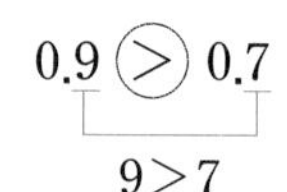

0.9 (>) 0.7
9>7

(2) 0.1이 3개인 수는 0.3입니다.
0.8 (>) 0.3
8>3

153쪽

1-1 1.8 (0, 1, 2)
1.3 (0, 1, 2)

색칠한 부분을 비교해 보면 1.8은 1.3보다 더 큽니다.
⇨ 1.8>1.3

1-2 2, 2.3, 2.7, 3

2.7이 2.3의 오른쪽에 있으므로 2.7은 2.3보다 더 큽니다.

참고
• 수직선에서는 오른쪽에 있을수록 더 큰 수입니다.
• 수직선에서는 왼쪽에 있을수록 더 작은 수입니다.

2-1 (1) 1.9<4.3
1<4
(2) 4.8>2.7
4>2

참고
• 두 소수의 크기 비교 순서
소수점 왼쪽의 수를 확인합니다.
① 다르면 큰 쪽이 더 큽니다.
② 같으면 소수점 오른쪽의 수가 큰 쪽이 더 큽니다.

2-2 소수점 왼쪽의 수가 같으면 소수점 오른쪽의 수가 큰 쪽이 더 큽니다.
(1) 7.5>7.2
5>2
(2) 6.4<6.6
4<6

3-1 0.1이 26개인 수는 2.6입니다.
2.4<2.6
4<6
따라서 더 큰 수는 ㉡입니다.

다른 풀이
2.4는 0.1이 24개인 수이므로 0.1이 26개인 수가 더 큽니다.

3-2 생각 열기 $\frac{1}{10}$은 0.1이므로 0.1이 38개이면 3.8이고 0.1이 19개이면 1.9입니다.
㉠ 3.8 ㉡ 1.9 ⇨ 3.8>1.9
3>1

다른 풀이
㉠ $\frac{1}{10}$은 0.1이므로 0.1이 38개인 수
㉡ 0.1이 19개인 수
⇨ 38>19이므로 더 작은 수는 ㉡입니다.

2 STEP 개념 확인하기 154 ~ 155쪽

01 0.4, 0.7
02 (1) 2 (2) 0.5
03 (1) 0.3 (2) 0.9
04 0.6
05 1.5
06
07 3.4
08 2.6
09 $<$
10 (○)(×)(○)
11 도서관
12 32, 37, 3.7
13 현우
14 6, 7, 8, 9에 ○표

02 (1) 0.2는 0.1이 **2**개입니다.
(2) 0.1이 5개이면 **0.5**입니다.

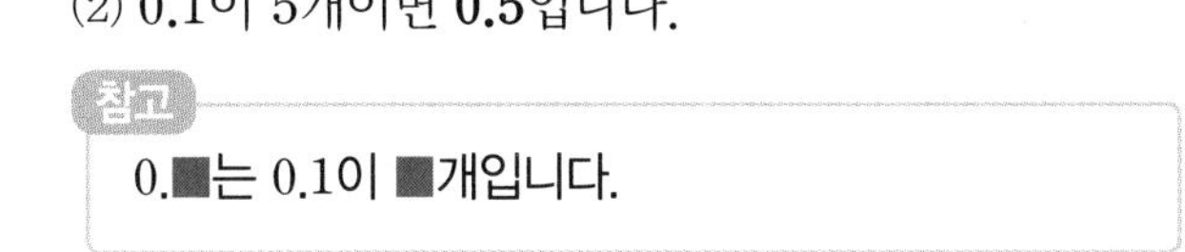

참고

0.■는 0.1이 ■개입니다.

03 생각 열기 $1\,\text{mm}=\frac{1}{10}\,\text{cm}=0.1\,\text{cm}$

(1) $3\,\text{mm}=\frac{3}{10}\,\text{cm}=\mathbf{0.3}\,\text{cm}$

(2) $9\,\text{mm}=\frac{9}{10}\,\text{cm}=\mathbf{0.9}\,\text{cm}$

04 남은 피자는 10조각 중 10−4=6(조각)이므로 $\frac{6}{10}$입니다. ⇨ $\frac{6}{10}=\mathbf{0.6}$

06 6 mm=0.6 cm이므로 2 cm 6 mm=2.6 cm입니다.
2 mm=0.2 cm이므로 6 cm 2 mm=6.2 cm입니다.

07 클립의 길이는 3 cm 4 mm입니다.
4 mm=0.4 cm이므로 3 cm 4 mm=**3.4** cm입니다.

08 2와 0.6만큼이므로 **2.6**입니다.

10 $0.8>0.5$ ($8>5$) $0.6>0.3$ ($6>3$) $0.2<0.5$ ($2<5$)

11 $0.5<0.7<0.8$이므로 윤우네 집에서 가장 먼 곳은 **도서관**입니다.

12 3.2는 0.1이 **32**개입니다.
3.7은 0.1이 **37**개입니다.
⇨ $32<37$이므로 **3.7**이 더 큽니다.

13 $6.8<7.2$ ($6<7$) 따라서 **현우**가 찍은 나뭇잎이 더 깁니다.

14 소수점 왼쪽의 수가 3으로 같으므로 □는 5보다 커야 합니다.
⇨ 5보다 큰 수를 찾으면 6, 7, 8, 9입니다.

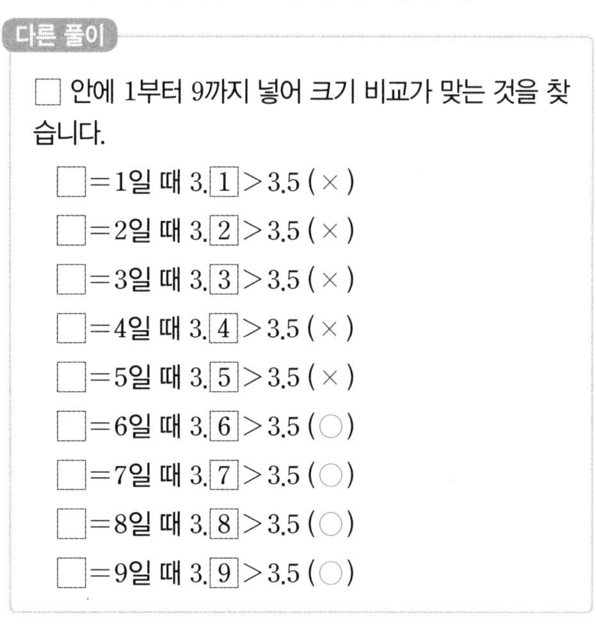

다른 풀이

□ 안에 1부터 9까지 넣어 크기 비교가 맞는 것을 찾습니다.

□=1일 때 $3.\boxed{1}>3.5$ (×)
□=2일 때 $3.\boxed{2}>3.5$ (×)
□=3일 때 $3.\boxed{3}>3.5$ (×)
□=4일 때 $3.\boxed{4}>3.5$ (×)
□=5일 때 $3.\boxed{5}>3.5$ (×)
□=6일 때 $3.\boxed{6}>3.5$ (○)
□=7일 때 $3.\boxed{7}>3.5$ (○)
□=8일 때 $3.\boxed{8}>3.5$ (○)
□=9일 때 $3.\boxed{9}>3.5$ (○)

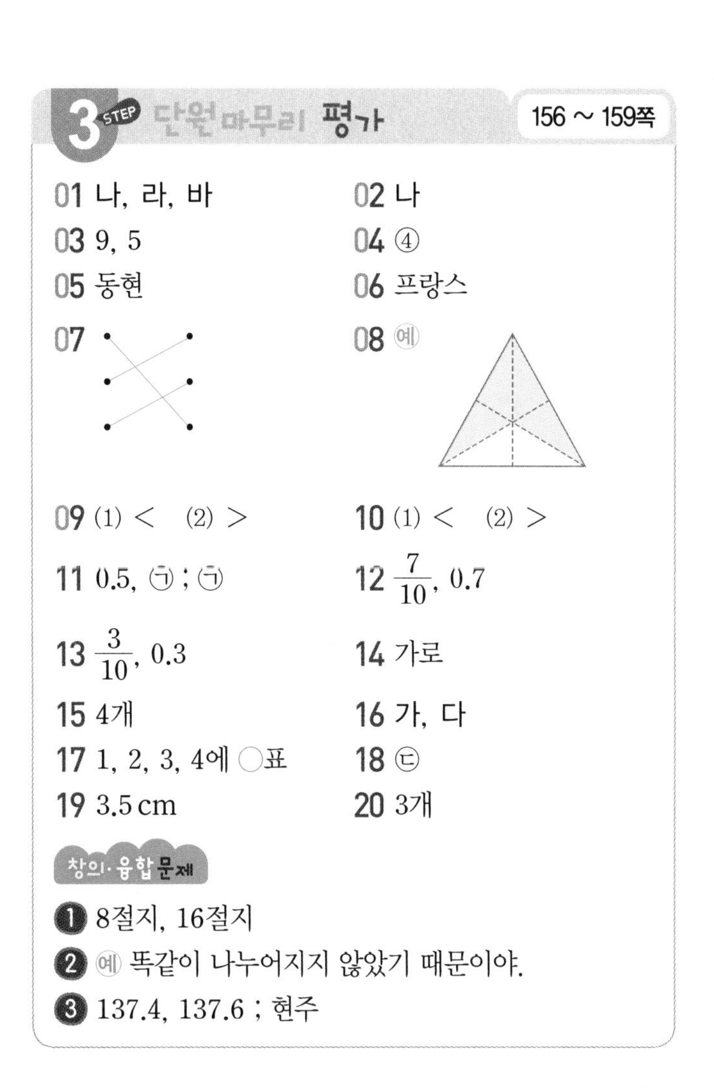

3 STEP 단원 마무리 평가 156 ~ 159쪽

01 나, 라, 바
02 나
03 9, 5
04 ④
05 동현
06 프랑스
07
08 예
09 (1) $<$ (2) $>$
10 (1) $<$ (2) $>$
11 0.5, ㉠ ; ㉠
12 $\frac{7}{10}$, 0.7
13 $\frac{3}{10}$, 0.3
14 가로
15 4개
16 가, 다
17 1, 2, 3, 4에 ○표
18 ㉢
19 3.5 cm
20 3개

창의·융합 문제

❶ 8절지, 16절지
❷ 예 똑같이 나누어지지 않았기 때문이야.
❸ 137.4, 137.6 ; 현주

01~02 나: 똑같이 여섯으로 나누어졌습니다.
라, 바: 똑같이 넷으로 나누어졌습니다.

03 전체를 똑같이 나눈 수: 9
색칠한 부분의 수: 5

04 $\frac{1}{8}$이 5개이면 $\frac{5}{8}$입니다.

05 성훈이는 도형을 똑같이 나누지 않았습니다.

06 인도네시아: 똑같이 둘로 나누어졌습니다.
프랑스: 똑같이 셋으로 나누어졌습니다.
콜롬비아: 똑같이 나누어지지 않았습니다.

07 $1\,\text{mm}=\frac{1}{10}\,\text{cm}=0.1\,\text{cm}$임을 이용합니다.

$4\,\text{mm}=\frac{4}{10}\,\text{cm}=0.4\,\text{cm}$,

$7\,\text{mm}=\frac{7}{10}\,\text{cm}=0.7\,\text{cm}$,

$2\,\text{mm}=\frac{2}{10}\,\text{cm}=0.2\,\text{cm}$

08 전체 6칸 중에서 4칸을 색칠합니다.

09 (1) $5<6$이므로 $\frac{5}{7}<\frac{6}{7}$입니다.

(2) $5<15$이므로 $\frac{1}{5}>\frac{1}{15}$입니다.

10 (1) $2.7<4.3$ ($2<4$) (2) $\frac{2}{10}=0.2$ ⇨ $0.6>0.2$ ($6>2$)

11 서술형 가이드 소수 0.5를 알아보고, 0.7과 0.5의 크기를 바르게 비교했는지 확인합니다.

채점 기준		
	소수 0.5를 알고, 두 소수의 크기를 비교하여 답을 바르게 구했음.	상
	소수 0.5는 알고 있으나 두 소수의 크기를 비교하는 과정에서 실수가 있어서 답이 틀림.	중
	소수 0.5를 모름.	하

12 전체 10칸 중 7칸을 색칠했습니다.
⇨ $\frac{7}{10}=0.7$

13 전체 10칸 중 3칸을 색칠하지 않았습니다.
⇨ $\frac{3}{10}=0.3$

14 $0.3<0.4$이므로 **가로**가 더 짧습니다.
$3<4$

15 생각 열기 단위분수는 분자가 1인 분수입니다.
$\frac{1}{2}$, $\frac{1}{3}$, $\frac{1}{5}$, $\frac{1}{10}$로 모두 4개입니다.

16 가 다

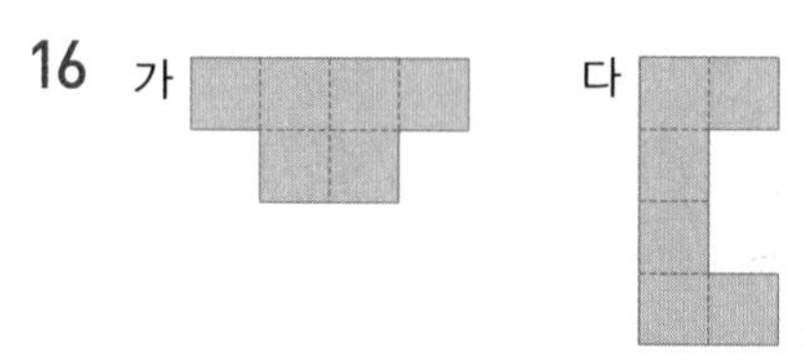

가, 다: 전체를 똑같이 6으로 나눈 것 중의 3입니다.

나 라

나, 라: 전체를 똑같이 5로 나눈 것 중의 3입니다.

17 $0.\square<0.5$ ⇨ □는 5보다 작은 수이므로 1, 2, 3, 4입니다.
$\square<5$

18 ㉠ 4.6 ㉡ 4.3 ㉢ 4.8
$4.8>4.6>4.3$이므로 가장 큰 수는 ㉢ 4.8입니다.

19 생각 열기 ■▲ mm=■.▲ cm임을 이용합니다.
$35\,\text{mm}=30\,\text{mm}+5\,\text{mm}$
$=3\,\text{cm}+0.5\,\text{cm}=\mathbf{3.5\,cm}$

20 생각 열기 분모가 10인 분수를 $\frac{\square}{10}$라 합니다.

$\frac{4}{10}<\frac{\square}{10}<\frac{8}{10}$에서 $4<\square<8$, $\square=5, 6, 7$입니다.

따라서 $\frac{5}{10}$, $\frac{6}{10}$, $\frac{7}{10}$로 모두 **3개**입니다.

창의·융합 문제

❶ 전지를 똑같이 8로 나누었으므로 **8절지**이고, 전지를 똑같이 16으로 나누었으므로 **16절지**입니다.

❷ 서술형 가이드 똑같이 나누어지지 않았다고 썼는지 확인합니다.

채점 기준		
	문장을 바르게 썼음.	상
	문장을 썼으나 미흡함.	중
	문장을 쓰지 못함.	하

❸ $137.4<137.6$ ⇨ **현주**가 더 큽니다.
$4<6$

배움으로 행복한 내일을 꿈꾸는

천재교육 커뮤니티 안내

교재 안내부터 구매까지 한 번에!

천재교육 홈페이지

자사가 발행하는 참고서, 교과서에 대한 소개는 물론
도서 구매도 할 수 있습니다. 회원에게 지급되는 별을 모아
다양한 상품 응모에도 도전해 보세요!

다양한 교육 꿀팁에 깜짝 이벤트는 덤!

천재교육 인스타그램

천재교육의 새롭고 중요한 소식을 가장 먼저 접하고 싶다면?
천재교육 인스타그램 팔로우가 필수!
깜짝 이벤트도 수시로 진행되니 놓치지 마세요!

수업이 편리해지는

천재교육 ACA 사이트

오직 선생님만을 위한, 천재교육 모든 교재에 대한 정보가 담긴
아카 사이트에서는 다양한 수업자료 및 부가 자료는 물론
시험 출제에 필요한 문제도 다운로드하실 수 있습니다.

https://aca.chunjae.co.kr

천재교육을 사랑하는 샘들의 모임

천사샘

학원 강사, 공부방 선생님이시라면 누구나 가입할 수 있는 천사샘!
교재 개발 및 평가를 통해 교재 검토진으로 참여할 수 있는 기회는 물론
다양한 교사용 교재 증정 이벤트가 선생님을 기다립니다.

아이와 함께 성장하는 학부모들의 모임공간

튠맘 학습연구소

튠맘 학습연구소는 초·중등 학부모를 대상으로 다양한 이벤트와 함께
교재 리뷰 및 학습 정보를 제공하는 네이버 카페입니다.
초등학생, 중학생 자녀를 둔 학부모님이라면 튠맘 학습연구소로 오세요!

참 잘했어요

수학의 모든 개념 문제를 풀 정도로
실력이 성장한 것을 축하하며
이 상장을 드립니다.

이름 ________________

날짜 ______ 년 ____ 월 ____ 일

찐 천재님들의 거짓없는 솔직 후기

천재교육 도서의 사용 후기를 남겨주세요!

이벤트 혜택

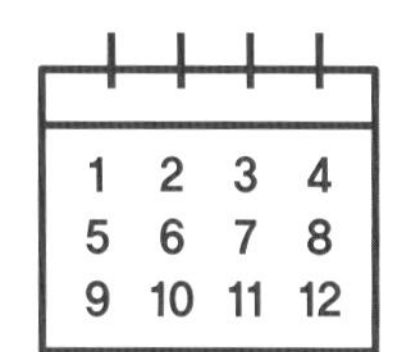

매월

100명 추첨

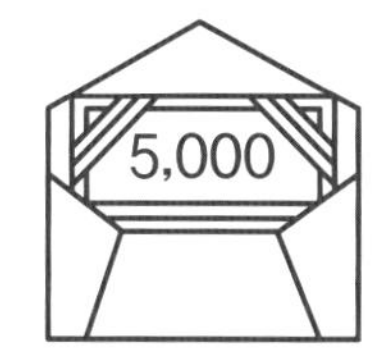

상품권 5천원권

이벤트 참여 방법

STEP 1

온라인 서점 또는 블로그에 리뷰(서평) 작성하기!

STEP 2

왼쪽 QR코드 접속 후 작성한 리뷰의 URL을 남기면 끝!

※ 상기 내용은 변동될 수 있으며, 자세한 내용은 QR코드 페이지를 참고해주세요.